Der Neandertaler

MICHAEL BOLUS / RALF W. SCHMITZ

Der Neandertaler

 JAN THORBECKE VERLAG

FÜR MARIA (MB)
SUSANNE UND TIM GEWIDMET (RWS)

BIBLIOGRAFISCHE INFORMATION DER DEUTSCHEN BIBLIOTHEK
DIE DEUTSCHE BIBLIOTHEK VERZEICHNET DIESE PUBLIKATION IN DER DEUTSCHEN NATIONAL-
BIBLIOGRAFIE; DETAILLIERTE BIBLIOGRAFISCHE DATEN SIND IM INTERNET ÜBER
HTTP://DNB.DDB.DE ABRUFBAR.

© 2006 BY JAN THORBECKE VERLAG DER SCHWABENVERLAG AG, OSTFILDERN
WWW.THORBECKE.DE · INFO@THORBECKE.DE

DIESES BUCH IST AUS ALTERUNGSBESTÄNDIGEM PAPIER NACH DIN-ISO 9706 HERGESTELLT.
GESTALTUNG: FINKEN & BUMILLER, STUTTGART
GESAMTHERSTELLUNG: JAN THORBECKE VERLAG, OSTFILDERN
PRINTED IN GERMANY
ISBN-10: 3-7995-9088-9
ISBN-13: 978-3-7995-9088-4

KAPITEL 1 UND TEILE VON KAPITEL 7 (MOLEKULARE ARCHÄOLOGIE, DER WEG ZUR ERSTEN DNA-
SEQUENZ EINES NEANDERTALERS, WEITERE SEQUENZEN VON NEANDERTALERN, VERMISCHUNGEN
MIT ANATOMISCH MODERNEN MENSCHEN) WURDEN VON RALF W. SCHMITZ VERFASST, DIE ÜBRIGEN
TEXTE MIT AUSNAHME DER VORWORTE STAMMEN VON MICHAEL BOLUS.

Inhalt

Vorwort von Nicholas J. Conard

Nur die wenigsten heute tätigen Forscher haben vor fünfzig Jahren bereits als Fachkollegen das hundertjährige Jubiläum der Entdeckung des namengebenden Neandertalers erlebt, und mit einiger Gewissheit werden nur einzelne heute aktive Forscher das Jubiläumsjahr 2056 miterleben können. Diese biologisch bedingten Gegebenheiten bieten Anlass, das Jahr 2006 sowohl in der Fachwelt als auch darüber hinaus als Jahr des Neandertalers zu begehen. In diesem Zusammenhang werden zahlreiche Tagungen und Ausstellungen stattfinden, und es werden viele Fachbeiträge und eine wissenschaftliche Monographie erscheinen. Ferner sind viele Berichte in den Druck- und elektronischen Medien sowie Dokumentarfilme geplant.

Anlässlich dieser Feierlichkeiten werden sich viele interessierte Laien und Studierende fragen, wo sie verständliche und gleichzeitig hochwertige aktuelle Informationen über den Neandertaler und seine Welt erhalten können. Mit dem hier vorgelegten Buch von Michael Bolus und Ralf Schmitz erhalten sie eine hervorragende Antwort auf diese Frage. Im Gegensatz zu manchen fachfremden Autoren oder Journalisten, die Veröffentlichungen zu dieser Thematik geschrieben haben, arbeiten beide Autoren an der Universität Tübingen an der Forschungsfront.

Michael Bolus ist Privatdozent an der Universität Tübingen und einer der führenden Forscher zum Themenkomplex der letzten Neandertaler und des frühen *Homo sapiens sapiens* in Europa. Sein aktuelles Forschungsgebiet liegt in Südwestdeutschland, aber er verfügt über außergewöhnlich reiche Kenntnisse, die weit über dieses Gebiet hinausreichen. Seine zahlreichen Veröffentlichungen sowohl für Fachkreise als auch für eine breitere Öffentlichkeit sind stets auf hohem Niveau. Zur Zeit bearbeitet Michael Bolus Fundinventare aus dem Geißenklösterle, einer der berühmtesten Höhlen der Schwäbischen Alb, die gleichzeitig ein Schlüsselfundplatz ist für die Untersuchung der letzten Neandertaler und der ersten anatomisch modernen Menschen in Europa.

Ralf Schmitz, ebenfalls Privatdozent in Tübingen, verfügt über gleichermaßen weit reichende Erfahrung im Fach und ist besonders bekannt für seine Forschungen und Ausgrabungen im Rheinland. Neben vielen anderen Forschungstätigkeiten ist hier besonders seine Zusammenarbeit mit Genetikern hervorzuheben, die dazu geführt hat, dass 1997 erstmals die DNA, also die Erbinformation eines Neandertalers isoliert und untersucht werden konnte. Darüber hinaus waren es die Geländearbeiten zusammen mit seinem Kollegen Jürgen Thissen, die vor wenigen Jahren zur Identifizierung und Ausgrabung der Sedimente aus der Kleinen Feldhofer Grotte führten, in denen das namengebende Neandertalerskelett einst gelegen hatte. Diese Arbeiten lieferten zum ersten Mal auch mehrere hundert Steinartefakte von diesem bedeutenden Fundplatz. Schließlich muss die sensationelle Entdeckung von rund siebzig weiteren Neandertalerknochen erwähnt werden, unter ihnen auch Knochenfragmente, die an einige der 1856 geborgenen Knochen angesetzt werden konnten und damit den endgültigen Beweis für die überragende Bedeutung der Wiederentdeckung lieferten.

Bei diesen Autoren können die Leserinnen und Leser des Buches mit Recht eine ebenso fundierte wie zuverlässige Darstellung der heutigen Kenntnisse über die Neandertaler und ihre Welt erwarten. In der Tat bietet das vorliegende Buch eine allgemein verständliche und zugleich anspruchsvolle Zusammenfassung des aktuellen Forschungsstandes, sozusagen aus erster Hand, und die Leserschaft wird erkennen, dass die Autoren bestens informiert und in der Lage sind, ihr fundiertes Wissen einem breiten Publikum angemessen zu präsentieren.

In diesem Sinne wird sie das Buch nicht enttäuschen, welches alle Facetten aus dem Leben der Neandertaler behandelt. Am Anfang stehen die spannende Entdeckungsgeschichte des Fundes von 1856 und die nicht minder spannende, vom Verantwortlichen selbst erzählte Geschichte der Wiederentdeckung. Im Anschluss daran finden sich Kapitel über die Zeit der Neandertaler, die zu wesentlichen Teilen der mittleren Altsteinzeit, dem Mittelpaläolithikum, entspricht, über die Verbreitung und die charakteristischen Knochenmerkmale des Neandertalers und schließlich über die Umweltbedingungen, unter denen er lebte. Ein umfangreicher Abschnitt ist dem täglichen Leben der Neandertaler gewidmet, wie wir es aus ihren materiellen Hinterlassenschaften rekonstruieren können. Die Autoren geben aber auch einen Einblick in die so schwer fassbare geistige Welt dieser Menschenform. Angemessen gewürdigt wird darüber hinaus die Spätphase der Neandertaler, und es wird schließlich möglichen Gründen für ihr geheimnisvolles Verschwinden vor etwa 30.000 Jahren nachgespürt.

Jede Leserin und jeder Leser wird aus diesem Buch eine intellektuelle und ganz persönliche Bereicherung für das eigene Leben gewinnen, weil wir nur über eine profunde Kenntnis der Vergangenheit die Entstehung unserer eigenen Art und unseren Platz auf dieser Erde begreifen können.

Vorwort von Fred H. Smith

Die Neandertaler üben auf Wissenschaftler wie auf die breite Öffentlichkeit gleichermaßen eine große Faszination aus. Es sind Menschen, die lange Zeit vor uns gelebt haben, aber wiederum nicht so sehr lange im Maßstab der biologischen Entwicklungsgeschichte der Menschheit. Es sind Menschen, die uns selbst in vielerlei Hinsicht so ähnlich waren, aber doch auch so anders als wir. Es sind Menschen, die uns einen einzigartigen Blick auf uns selbst gewähren – darauf, was es bedeutet, sowohl in der äußeren Erscheinung als auch im Verhalten menschlich zu sein. Es sind Menschen, die von der Erde verschwanden, und ihr Verschwinden veranlasst uns, über unser eigenes Schicksal nachzudenken. Werden wir genauso verschwinden wie die Neandertaler? Für viele von uns ist ein solcher Gedanke absurd, aber bedenken wir Folgendes: Neandertaler überlebten in Europa, Westasien und Teilen Zentralasiens über mindestens 200.000 Jahre; sie waren vorzüglich an ihre Umwelt angepasst, und alles deutet darauf hin, dass sie hochintelligente, erfindungsreiche Menschen waren. Dennoch verließen sie die Bühne des Lebens vor etwa 30.000 Jahren. Ihr Verschwinden resultierte vermutlich aus zwei Faktoren: aus Klimaänderungen und Klimaunbeständigkeit sowie der Einwanderung moderner Menschen in ihren Siedlungsraum. Neue Daten zeigen uns, dass moderne Menschen erstmals vor etwa 160.000 Jahren in Ostafrika auftraten, wir also etwa 80 Prozent der Überlebensspanne der Neandertaler hinter uns haben. Wie nah stehen wir davor, die Bühne zu verlassen? Es ist zwar unwahrscheinlich, dass uns eine neue Menschenform ersetzen wird, es ist aber sehr gut möglich, dass unser eigenes Verursachen von Klimaunbeständigkeit und Klimawandel für uns zum gleichen Ergebnis führen wird, wie es natürliche Klimaänderungen und -schwankungen für die Neandertaler taten. Wenn sie den „Weg des Dodo" gehen und von der Erde verschwinden konnten, können wir es auch.

Meine Kollegen Michael Bolus und Ralf Schmitz von der Universität Tübingen zeichnen im vorliegenden Buch ein lebendiges Bild von den Neandertalern. Es spiegelt die enorme Menge dessen wieder, was wir über diese Menschen wissen, eingeschlossen Hinweise auf die Art ihrer Ernährung, Radiokohlenstoffdatierungen ihrer zahlreichen Skelette und schließlich ein Schlaglicht auf ihre genetische Ausstattung. Es ist nahezu unglaublich, dass wir aus den Überresten stabiler Isotope Kenntnisse über die Nahrung gewinnen können oder dass genügend organische Substanz erhalten bleibt, um kurze Sequenzen mitochondrialer DNA herauszuziehen, und das alles an Knochen, die nicht weniger als 42.000 Jahre alt sind! Diese und andere Einblicke in die Biologie und das Verhalten der Neandertaler machen deutlich, dass die modernen Menschen nicht direkt aus ihnen hervorgegangen sind. Moderne Menschen tauchen in Afrika in der gleichen Zeit auf, als die Neandertaler in Europa so zahlreich sind, und sie erreichen Europa erst vor etwa 35.000 Jahren. Es ist jedoch unklar, was passierte, wenn diese Einwanderer aus dem Süden Neandertalergruppen begegneten, als sie sich langsam in das westliche Eurasien hinein ausbreiteten. Wurden die Neandertaler einfach ersetzt, nachdem sie der „überlegenen" kulturellen Anpassung, der unterschiedlichen demographischen Struktur oder vielleicht sogar neuen Krankheiten unterlegen waren, die die frühen modernen Menschen charakterisierten? Viele meiner Kollegen glauben, dass die Neandertaler eine von uns verschiedene Art waren und dass sie ausstarben wie so viele Arten im Verlaufe der Geschichte des Lebens auf der Erde.

Es gibt jedoch auch eine andere Meinung, welche die Neandertaler als regionale Unterart oder biologische Rasse des *Homo sapiens* sieht, als eine Population, die sowohl genetisch als auch demographisch durch die Wellen der zahlenmäßig größeren modernen Populationen überrollt wurde. Wenn diese Ansicht zutrifft, starben die Neandertaler aus; es handelte sich jedoch um ein Aussterben durch – zumindest teilweise erfolgte – Assimilation in diese größeren Populationen. Es gibt verlockende Hinweise auf solche Wechselbeziehungen im archäologischen und fossilen Befund. Leider umfassen diese Interaktionen lediglich einige Jahrtausende und erfolgten zu einer Zeit, als die Ablagerungen aus den europäischen Höhlenfundplätzen eher herauserodiert wurden als dass sie sich in ihnen ansammelten. Wir müssen sorgfältig nach solchen Hinweisen Ausschau halten, wenn neue Fundplätze ausgegraben werden, und wir müssen sensibel dafür sein, dass solche Hinweise wahrscheinlich immer sehr flüchtig sein werden.

Es ist interessant, dass trotz allem, was wir über Neandertaler wissen, die Frage, ob sie eine von *Homo sapiens* verschiedene Art oder eine alte Rasse sind, ein wesentlicher Streitpunkt vor 150 Jahren war, als das erste Neandertalerskelett erkannt wurde, und es auch heute noch ist. Als Johann Carl Fuhlrott im August 1856 die mögliche Bedeutung der Skelettteile aus der Kleinen Feldhofer Grotte erkannte, entstanden verschiedene Schulen, deren Denken darum kreiste, welcherart die wahre Bedeutung dieses Fundes ist. Drei wesentlich Richtungen entwickelten sich im Verlaufe des nächsten Vierteljahrhunderts. Einige Wissenschaftler sahen im Neandertaler eine eigene Art, und 1864 stellte William King das Taxon *Homo neanderthalensis* auf. Andere, darunter Hermann Schaaffhausen, der Erstbeschreiber des Fundes, argumentierten, die moderne Gehirngröße des Neandertalers mache es unmöglich, dass es sich um etwas anderes als *Homo sapiens* handelt. Schaaffhausen und andere nahmen an, dass die Neandertaler eine primitive Menschenrasse darstellten, die lange vor dem Auftreten der Zivilisation existierte. Rudolf Virchow jedoch entgegnete, dass das Individuum aus dem Neandertal selbst für eine primitive Menschenrasse ein zu hohes Lebensalter erreicht hätte und dass seine ungewöhnliche Morphologie auf eine Reihe pathologischer Veränderungen – unter anderem Rachitis – an einer modernen Person zurückzuführen sei. Virchows Argument wurde durch die Tatsache gestützt, dass es keine direkten Hinweise auf das Alter des Fundes gab, weder Steinartefakte noch ausgestorbene Tiere.

Die Auffindung der 1856 – bei der Entdeckung des Neandertalerskelettes – aus der Kleinen Feldhofer Grotte ausgeräumten Ablagerungen durch Ralf Schmitz und Jürgen Thissen bewies, dass der Neandertaler ursprünglich mit Belegen für sein hohes Alter ausgestattet war. Man kann nur darüber spekulieren, wie anders die frühe Geschichte der Erforschung des Neandertalers verlaufen wäre, wenn man diese Informationen schon 1856 gehabt hätte. Die Analyse dieses neuen Fundmaterials, das auch menschliche Fossilreste umfasst – und zwar sowohl solche, die an das 1856 entdeckte Exemplar passen, als auch andere, die mindestens zwei weitere Neandertalerindividuen repräsentieren – wird durch verschiedene Bearbeiter an der Universität Tübingen fortgesetzt. Ein Unternehmen, an dem ich mit Stolz beteiligt bin. Dies ist jedoch nicht der erste bedeutende Beitrag der Universität Tübingen zur Erforschung des Neandertalers. Der Entdecker eines Neandertalerfundplatzes, dem wir unser heutiges Bild vom Neandertaler verdanken, promovierte 1879 in Tübingen mit einer Dissertation über fossile Fische. Damals noch unter dem Namen Karl Kramberger, grub Dragutin Gorjanović-Kramberger zwischen 1899 und 1905 die Fundstelle Krapina in Kroatien aus und beschrieb und analysierte die Neandertalerfossilien, die Fauna und die archäologischen Hinterlassenschaften, die er dort fand. Wenn wir den hundertfünfzigsten Jahrestag der Entdeckung des Namen gebenden Neandertalers feiern, feiern wir ebenso den hundertsten Jahrestag der ersten detaillierten vergleichenden Monographie über die Neandertaler, nämlich Gorjanović-Krambergers „Der diluviale Mensch von Krapina in Kroatien: Ein Beitrag zur Paläoanthropologie", veröffentlicht im Jahre 1906. Dank Gorjanović-Kramberger, Ralf Schmitz' Neandertalprojekt, der Abteilung Ältere Urgeschichte und Quartärökologie der Universität Tübingen und vieler anderer wissen wir eine Menge über Neandertaler. Dieses Wissen spiegelt sich in diesem Buch. Wir wissen jedoch immer noch nicht, ob der Neandertaler biologisch eine eigene Art darstellt oder die eingeborene Rasse von uns selbst. Die Suche nach der endgültigen Antwort auf diese Frage verspricht, dass unsere Faszination für die Neandertaler bis zum zweihundertsten Jahrestag der Entdeckung in der Kleinen Feldhofer Grotte lebendig bleibt.

Einleitung

Noch ein Buch über Neandertaler? So wird sich vielleicht die eine oder andere Leserin, der eine oder andere Leser fragen. Schließlich sind – nicht zuletzt auch aus der Feder der Autoren des vorliegenden Werkes – in den letzten Jahren einige mehr oder weniger umfangreiche Arbeiten zum Neandertaler und seiner Zeit für ein breiteres Publikum erschienen (Schmitz und Thissen 2000; Auffermann und Orschiedt 2002; Bolus 2004a; Husemann 2005; Jöris 2005; Kuckenburg 2005; Schrenk und Müller 2005), und man kann sich zu Recht fragen, ob es so viel Neues zu berichten gibt, dass ein weiteres Buch gerechtfertigt ist. Wir meinen: Ja! Zwar sind die Neandertaler mit Abstand die am besten bekannte fossile Menschenform, doch immer noch geben die Knochen neue Geheimnisse aus ihrem Leben preis, und der Neandertaler hat sowohl in der Fachwelt als auch in der breiten Öffentlichkeit nichts von seiner Faszination eingebüßt.

Es ist sicherlich kein reiner Zufall, dass das Jahr, in dem das Buch erscheint, auch für den Neandertaler ein ganz besonderes Jahr ist: 150 Jahre ist es nun her, dass in einem kleinen Tal bei Düsseldorf Knochen gefunden wurden, die, zunächst achtlos beiseite geräumt, schon bald die damals noch in den Kinderschuhen steckende Urgeschichtsforschung revolutionieren sollten.

Es war auch ganz und gar kein Zufall, dass 1997 einer der Autoren (RWS) zusammen mit Jürgen Thissen die Fundstelle von 1856 mit Sicherheit lokalisieren konnte, nachdem diese schon kurz nach der Auffindung der Neandertalerknochen dem Kalkabbau zum Opfer gefallen und deshalb in ihrer genauen Lage nicht mehr bekannt war. Jahrelanges minuziöses Quellenstudium war der Wiederentdeckung vorausgegangen, und jedem noch so kleinen Hinweis wurde mit unermüdlicher Sorgfalt nachgegangen.

Die Mühe hat sich zweifellos gelohnt: Die Wiederentdeckung der Fundstelle, aber auch die zahlreichen archäologischen Funde, die bei den Ausgrabungen in den Jahren 1997 und 2000 gemacht wurden, gaben den Anstoß für eine völlig neue Diskussion nicht nur um das namengebende Fossil, sondern um den Neandertaler als solchen und seine Zeit. Vieles, was bisher spekulativ und mit Fragezeichen behaftet war, gewann nun eine größere Wahrscheinlichkeit, wenn nicht gar Gewissheit. Nicht zuletzt wurde, sozusagen nebenbei, die Familie der deutschen Neandertaler um zwei Mitglieder bereichert.

Und damit sind wir wieder bei der Motivation für dieses Buch: Es gilt, einen ganz besonderen „Jubilar" zu ehren, der mit seinen 150 Jahren so jugendlich ist wie nie zuvor. Seit seiner Entdeckung 1856 stand das Skelett aus dem Neandertal im Mittelpunkt des Interesses – und im Mittelpunkt kontroverser, zum Teil erbittert geführter wissenschaftlicher Diskussionen. Auch wenn es zwischenzeitlich um die nur sechzehn damals aufgefundenen Knochen etwas ruhiger geworden war, geriet der Neandertaler-Fund nie ganz in Vergessenheit, zumal er viele Geheimnisse noch nicht offenbart hatte. So wurde zwar immer wieder vermutet, es habe sich um eine Bestattung gehandelt, doch ließen die geborgenen Knochen letztlich kaum eine konkrete Aussage zu. Fraglich blieb auch, ob die Knochen einst ohne jeglichen archäologischen Kontext in der Kleinen Feldhofer Grotte gelegen hatten. Immer wieder kam deswegen der Wunsch auf, in den ausgeräumten alten Höhlenablagerungen danach zu suchen. Dafür musste dieser Aushub aber erst einmal wiedergefunden und damit die Position der ehemaligen Kleinen Feldhofer Grotte lokalisiert werden – ein Unterfangen, das, wie gerade erwähnt, erst vor wenigen Jahren gelang. Von der Wiederentdeckung einer der bekanntesten altsteinzeitlichen Fundstellen überhaupt und ihren Folgen für unsere Kenntnisse über den Neandertaler soll im ersten Kapitel unseres Buches angemessen ausführlich die Rede sein.

Alles in allem versuchen wir, den Neandertaler als Menschen in allen Facetten seines Lebens vor den Augen der interessierten Leserschaft sichtbar werden zu lassen. Dennoch wollen wir versuchen, die Gewichtung ein wenig anders zu legen, als dies sonst in Beiträgen zum Neandertaler und seiner Zeit, dem Mittelpaläolithikum, meist der Fall ist. Natürlich sind Steingeräte eine wichtige Informationsquelle für die Zeit des Neandertalers, und selbstverständlich werden sie auch im vorliegenden Buch entsprechend zu behandeln sein. Auf der anderen Seite ist inzwischen so viel über die Steine geschrieben worden, dass wir uns auf das in unseren Augen Wichtigste beschränken wollen. Auch das ist schon eine ganze Menge. Und auch die im engeren Sinne anthropologischen Fakten sollen nicht im Vordergrund stehen. Dafür gibt es Fachliteratur, die an entsprechender Stelle genannt wird. Statt dessen soll größeres Augenmerk auf sonst nicht oder nur wenig beachtete Aspekte aus der Welt der Neandertaler eingegangen werden, zum Beispiel die Nutzung pflanzlicher Ressourcen, Krankheiten und Verletzungen sowie die geistige Welt. Ein wichtiges Thema ist auch die Gesamtverbreitung der Neandertalerfossilien sowie der kulturellen Hinterlassenschaften dieser Menschen. Wir möchten zum Beispiel zeigen, dass die Schwerpunkte der geographischen Verbreitung der Skelettreste durchaus anders liegen, als es die Masse der bisher verfügbaren Kartierungen zeigt. Die Lebenswelt der Neandertaler ist dadurch erheblich größer geworden und zwingt uns zu einer neuen Sichtweise auf das Mittelpaläolithikum.

Sehr wahrscheinlich ist der Neandertaler in seiner Spätphase einer ihm fremden Menschenform begegnet: dem vor etwa 40.000 Jahren ursprünglich aus Afrika nach Europa gekommenen anthropologisch modernen Menschen, *Homo sapiens sapiens*. Wie die auf die Ankunft der modernen Menschen folgende Phase einer Koexistenz beider Menschenformen im Einzelnen verlief, ist ebenso spannend wie letztlich ungeklärt. Wir versuchen im Buch eine Annäherung an die Problematik und begeben uns bei der Frage, ob wir heutigen Menschen mit den Neandertalern verwandt sind, auf das Gebiet allerneuester naturwissenschaftlicher Forschungsmethoden, deren Anwendung zu einem guten Teil durch die Neuuntersuchung des scheinbar so bekannten Skeletts von 1856 initiiert wurde.

Nach wie vor geheimnisvoll ist das Ende der Neandertaler vor knapp 30.000 Jahren, und wir versuchen den Gründen nachzugehen, warum es diese über so lange Zeit erfolgreiche Menschenform heute nicht mehr gibt.

Das Buch wendet sich in erster Linie an einen breiten Leserkreis, es soll jedoch auch Studierende über den aktuellen Forschungsstand zum Neandertaler und seine Welt informieren, und wir hoffen, dass sogar die Fachwelt aus der einen oder anderen Information Nutzen ziehen wird. Wir haben bewusst darauf verzichtet, allzu exzessiv zu zitieren. Zum einen erschweren in Klammern gesetzte Zitate den Lesefluss des Textes, zum anderen befindet sich die Primärliteratur ohnehin oft in für die breite Öffentlichkeit nicht zugänglichen Publikationen. Wenn vorhanden, wird bevorzugt deutschsprachige Literatur angegeben, an einigen Stellen jedoch ließ sich das Zitieren ausländischer Fachpublikationen nicht vermeiden.

Tauchen wir also ein in die spannende Welt des Neandertalers, denn so können wir auch viel über uns selbst und unsere Zeit lernen.

DANKSAGUNG

Ein Buch wie das vorliegende kann nicht ohne die Unterstützung zahlreicher Personen entstehen, denen an dieser Stelle der gebührende Dank gezollt werden soll. Zunächst ist dabei an alle Kolleginnen und Kollegen zu denken, die sich der Erforschung des Neandertalers verschrieben haben und deren Ergebnisse wir ausgewertet haben. Es ist unmöglich, sie hier alle namentlich aufzuführen. Einige von ihnen werden im Text genannt, andere werden sich zumindest in den Literaturzitaten wiederfinden. Alle übrigen werden die Tatsache, dass sie in der Anonymität verbleiben, hoffentlich nicht als Missachtung ihrer wissenschaftlichen Erkenntnisse werten.

Zu Dank verpflichtet sind wir auch allen, die uns in kooperativer und unbürokratischer Art und Weise Abbildungsmaterial zur Verfügung gestellt haben. Dieser Aspekt kann gar nicht genug betont werden, denn ein Buch wie das vorliegende lebt nicht zuletzt auch von seiner Bebilderung. Dank schulden wir Prof. Nicholas J. Conard Ph.D, der uns als seinen Mitarbeitern in kollegialer Weise die Möglichkeit gewährte, das vorliegende Buch an der Abteilung Ältere Urgeschichte und Quartärökologie der Eberhard-Karls-Universität Tübingen zu schreiben. Dr. Shara Bailey, Dr. Marco Peresani und Mag. Bence Viola danken wir für Hintergrundinformationen zur Verbreitung der Neandertaler. Der Beitrag, den Dr. Jordi Serangeli für die Entstehung der Verbreitungskarten vor allem von technischer Seite her sowie durch seine profunden Kenntnisse der italienischen Urgeschichte, geleistet hat, kann gar nicht hoch genug eingeschätzt werden. Unser besonderer Dank gilt ihm genauso wie dem Jan Thorbecke Verlag für die Anregung zur Entstehung des Buches und die angenehme Zusammenarbeit bei der Entstehung.

Ralf W. Schmitz dankt darüber hinaus zahlreichen Personen und Institutionen, die in besonderer Weise das Projekt „Neandertal" unterstützt haben. Zu nennen sind hier zunächst die früheren Direktoren des Rheinischen LandesMuseums Bonn, Prof. Dr. Frank Günter Zehnder und Dr. Hartwig Lüdtke, sowie die gegenwärtige Direktorin, Dr. Gabriele Uelsberg, für die seit 1991 gewährte Unterstützung des Projektes zur wissenschaftlichen Neubearbeitung des Neandertalerfundes von 1856; in den Dank eingeschlossen sind der frühere Fachreferent für Urgeschichte am Museum, Prof. Dr. Hans-Eckart Joachim, und sein Nachfolger Dr. Michael Schmauder für ihr Entgegenkommen. Die Grabungen 1997 und 2000 im Neandertal wären nicht möglich gewesen ohne die Unterstützung durch den ehemaligen Direktor des Rheinischen Amtes für Bodendenkmalpflege Bonn, Prof. Dr. Harald Koschik, und Herrn Peter Küpper, Rheinisch Westfälische Kalkwerke Dornap. Dem heutigen Direktor des Rheinischen Amtes für Bodendenkmalpflege, Prof. Dr. Jürgen Kunow, sei für die Fortsetzung der Unterstützung des Amtes gedankt. Nicht unerwähnt bleiben darf die finanzielle Förderung der Grabungen im Neandertal und der nachfolgenden Auswertungsarbeiten durch das Ministerium für Städtebau und Wohnen, Kultur und Sport des Landes NRW, die Deutsche Stiftung Denkmalschutz, das Verlagshaus Gruner & Jahr, Hamburg, die Leakey Foundation, USA, Familie Hillgruber, Hamburg, und H.-W. Bungartz, Jüchen. Susanne C. Feine M. A. und Felix Hillgruber M. A., Tübingen, gebührt Dank für ihr unvergleichliches Engagement während der Grabung Neandertal 2000, der großen Schlämmaktion im Folgejahr, der Fundbearbeitung Neandertal und des weiteren Projektverlaufes bis auf den heutigen Tag. Der Stiftung Neanderthal Museum, vertreten durch Prof. Dr. Gerd-Christian Weniger, Mettmann, ist für die Genehmigung zur Fortführung der Ausgrabungen auf dem Fundstellengelände im Jahr 2000 und die Unterbringung von Mitarbeitern in den Räumlichkeiten des Museums zu danken.

Zu guter Letzt aber danken wir Maria Freericks M.A. und Susanne C. Feine M.A., die die gesamte Entstehung des Buches mit fachlich-kritischem Blick verfolgt haben; Maria Freericks hat auf so manche Unstimmigkeit oder schwer verständliche Passage im ursprünglichen Manuskript hingewiesen. Und nicht zuletzt haben es beide hingenommen, dass dem Buch mehr als nur die eine oder andere Stunde eines geregelten Familienlebens zum Opfer gefallen ist.

1 Der Neandertaler – Stationen einer Entdeckung

Heute erscheint es uns selbstverständlich, dass der Mensch Vorfahren besitzt und eine Entwicklungsgeschichte hat. Das war es nicht immer: Die Neandertaler sind die erste von der Wissenschaft wahrgenommene urtümliche Menschenform. Entdeckt wurden sie allerdings erst vor 150 Jahren. Dahinter steht ein langwieriger Prozess, der einer veränderten Sicht der Natur bedurfte. Hierbei war insbesondere der Weg zur Erkenntnis, dass es nicht nur „fossile", ausgestorbene Tierarten als solche gibt, sondern dass Menschen zeitgleich mit diesen lebten, äußerst mühsam. Um die Mitte des 17. Jahrhunderts setzte John Lightfood, Vizekanzler der Universität Cambridge, das Datum der Schöpfung recht präzise fest: 9 Uhr am Morgen, 17. September 3928 vor Christus. Der irische Erzbischof Ussher kam zu einem ähnlichen Ergebnis: Die Schöpfung müsse in der Nacht zum 23. Oktober des Jahres 4004 vor Christus stattgefunden haben, so seine These. Für die kirchliche Lehre war es unvorstellbar, dass einst „Präadamiten", also Menschen vor Adam, gelebt haben. Mit dem 18. Jahrhundert zog jedoch auch für Literatur, Philosophie und Naturwissenschaften eine Zeit der Umbrüche herauf – nun begann auch die Suche nach den biologischen Wurzeln des Menschengeschlechts. Der französische Naturforscher Lois Leclerc de Buffon zweifelte daran, dass die Welt in sechs Tagen erschaffen worden ist. Er nahm ihr Alter bereits mit Jahrzehntausenden an. Dies schloss Vorstellungen von der Veränderung der Organismen in der Zeit mit ein. Buffon konzipierte eine „Stufenleiter" der Entwicklung, jedoch noch ohne Berücksichtigung des Menschen.

Zu dieser Zeit erfolgte auch die wissenschaftliche Einordnung von Lebewesen durch den Schweden Carl von Linné. 1758 erhielt nun auch der Mensch seine systematische Zuweisung und den wissenschaftlichen Namen „*Homo sapiens*" (Wuketits 1988).

Ein weiterer bedeutender Schritt war die 1809 erschienene „Philosophie Zoologique" von Jean Baptiste de Lamarck. Als Mitarbeiter des Pariser Museums für Naturgeschichte forschte er an Wirbellosen und gewann die Überzeugung, dass Organismen nicht konstant, sondern veränderlich sind. Er nahm an, dass man von einer entwicklungsgeschichtlichen Bedeutung der einzelnen Stufen auszugehen habe, sah hierfür große Zeiträume und bezog sogar vorsichtig den Menschen mit ein. Fünfzig Jahre später würdigte Charles Darwin ausdrücklich die Bedeutung der Arbeiten Lamarcks für die Entwicklung der Evolutionstheorie, doch zu Lamarcks Zeiten fand sie im französischen Paläontologen und Anatomen Georges Cuvier einen starken Gegner. Er hatte die „Katastrophentheorie" entwickelt, der zufolge Zerstörung und Wiedererschaffung der Lebewelt sich mehrfach wiederholt haben. Kraft seiner Autorität verhinderte er die Verbreitung der Lehre Lamarcks.

In die Zeit der Umbrüche des 18. Jahrhunderts fallen auch die ersten bezeugten Hinterlassenschaften des eiszeitlichen Menschen: Herzog Eberhard Ludwig von Württemberg ließ im Jahre 1700 in Cannstatt nach fossilen Tierknochen graben. Die Funde führte man jedoch als „Fossiles Einhorn" der Hofapotheke zu. Darunter befanden sich zahlreiche Stoßzähne des Mammuts und Knochen großer Säugetiere. Als wichtigster Fund gilt ein menschliches Schädeldach (Abb. 1).

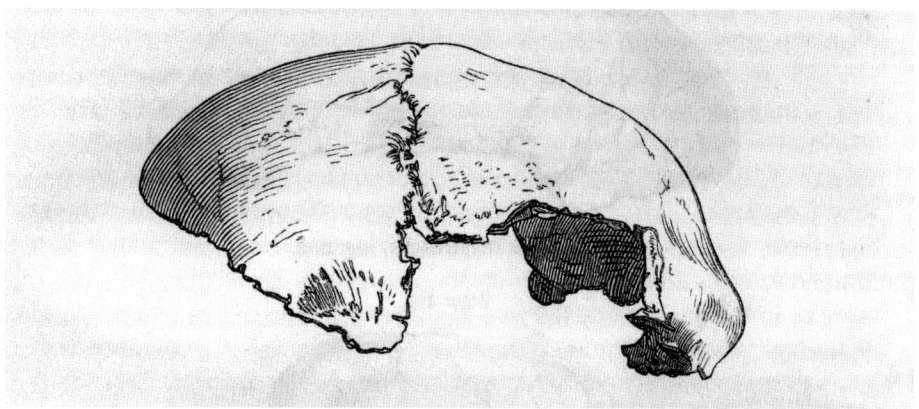

ABB. 1: MENSCHLICHES SCHÄDELDACH, GEFUNDEN 1700 IN CANNSTATT.

Die Wissenschaft dieser Zeit war jedoch noch nicht soweit, eine Beteiligung des frühen Menschen an der Knochenansammlung anzunehmen.

Zu Beginn des 19. Jahrhunderts publizierte John Frere Knochen von Elefanten, Nashörnern und Nilpferden aus Hoxne in Suffolk. Vergesellschaftet fanden sich aus Feuerstein hergestellte Faustkeile. Freres Theorie, diese Geräte seien von Menschen hergestellt worden, die zeitgleich mit den ausgestorbenen Tieren in England lebten, fand aber keine Anerkennung.

Ein trauriges Kapitel der Forschungsgeschichte spielt wiederum in Cannstatt: 1816 entdeckte man hier neben anderen Knochen dreizehn Mammut-Stoßzähne, die wie von Menschenhand gestapelt wirkten. König Friedrich I. von Württemberg ließ es sich nicht nehmen, die Bergung trotz schlechter Witterung persönlich zu überwachen. Er befahl, die Stoßzähne freizulegen, in Fundlage zu zeichnen und komplett nach Stuttgart zu bringen.

Die Vorstellung, dass hier frühe Menschen beteiligt gewesen sein könnten, faszinierte ihn so sehr, dass er bei nasskalter Witterung wiederholt Geländebesuche unternahm. Dabei zog er sich eine Erkrankung zu, der er wenige Tage später erlag. Seine These geriet vorerst wieder in Vergessenheit; es ist wahrscheinlich, dass Württemberg bereits zu dieser Zeit eine bedeutende Rolle bei der Erforschung des fossilen Menschen zugefallen wäre, hätte der engagierte König überlebt.

Die Mehrzahl der Autoritäten versagte jedoch zu Beginn des 19. Jahrhunderts der Gleichzeitigkeit von Mensch und Mammut die Anerkennung. Dies lässt sich kaum besser in Worte fassen als mit einer Aussage Cuviers: *Es gibt keine fossilen Menschenknochen*. Cuviers Schüler erhoben sie später zum Dogma.

Erschwerend kam hinzu, dass berühmte andere Gelehrte wie etwa der Pariser Geologe L. Élie de Beaumont ebenfalls zu Ungunsten des fossilen Menschen votierten. Aber die Morgenröte der Erkenntnis zog langsam herauf, auch wenn es noch manchen Rückschlag gab.

Beispielsweise publizierte 1823 William Buckland in seinem Werk „*Reliquiae Diluvianae*" ein menschliches Skelett aus einer Höhle in Wales. Von besonderer Bedeutung ist eine Streuung roter Mineralfarbe auf dem Skelett, weiterhin Elfenbeinschmuck und die Vergesellschaftung mit Knochen und Stoßzähnen ausgestorbener Tiere (Abb. 2).

William Buckland war nahe daran, die richtigen Schlüsse zu ziehen; so beschreibt er, dass der Elfenbeinschmuck aus jenen Stoßzähnen gefertigt war, die

ABB. 2: DIE HÖHLE GOAT HOLE (PAVILAND) IN WALES.

ebenfalls in der Höhle lagen. Auch merkt er an, dass der Schmuck zu einer Zeit hergestellt worden war, als das Elfenbein noch hart und unverwittert war. Diese Beobachtungen brachten ihn zu der Annahme, dass die Funde ein sehr hohes Alter haben (Buckland, 2. Aufl. 1824: 83 ff.).

Seine Abhängigkeit von der Kirche verbot ihm jedoch letztlich eine objektive Einschätzung. So führt er weiter aus, dass Menschen zur römischen Besatzungszeit in der Höhle gegraben und das Elfenbein zu Schmuck verarbeitet haben. Damit verstrich die große Chance, die Gleichzeitigkeit von Mammut und Mensch anhand dieser Bestattung zu beweisen.

Heute wird die Bestattung von Paviland, bekannt als „Red Lady", dem Gravettien zugeordnet.

Wenige Jahre nach Bucklands Werk forschten die Franzosen Paul Tournal und Jules de Christol ebenfalls in Höhlenablagerungen. Die Ausgräber und der berühmte Geologe Desnoyer zogen den Schluss, dass Menschen und Eiszeittiere zeitgleich lebten. Die französische Akademie der Wissenschaften bestritt dies vehement.

Ablehnung wurde auch dem Lütticher Mediziner Philippe-Charles Schmerling zuteil, der 1833 Funde aus einer Höhle im belgischen Engis bekannt gab (Schmerling 1833). Trotz hervorragender Publikation erfuhren die menschlichen Schädel in Vergesellschaftung mit eiszeitlichen Faunenresten und Steinartefakten kaum Beachtung.

Buckland und andere argumentierten, die menschlichen Spuren seien später in die Schichten mit den fossilen Tierknochen eingemischt worden. Tatsächlich handelt es sich dabei jedoch um einen erwachsenen Cro-Magnon-Menschen aus dem Jungpaläolithikum und ein erst hundert Jahre nach der Ausgrabung identifiziertes Neandertaler-Kind.

Berühmt geworden ist auch die Geschichte um Jaques Boucher de Perthes, der wenige Jahre nach Schmerling der Pariser Akademie der Wissenschaften Steingeräte aus den Kiesgruben des Sommetales vorlegte. Unter den Fundstücken befanden sich Faustkeile (Abb. 3), die seit 1828 mit Resten ausgestorbener Elefanten und Nashörner zutage getreten waren.

Seine These, es handele sich dabei um Werkzeuge des „vorsintflutlichen Menschen", wurde zum Ziel des Spotts der Akademiemitglieder, die verkündeten: *„Ein Haufen Steine ohne Wert, zufällig aufgelesen"* (Adam 1973; Pfannenstiel 1973; Kühn 1976: 48).

Seit etwa 1840 förderten Bodeneingriffe infolge der industriellen Revolution bei der Anlage von Bahnstrecken, Straßen und Steinbrüchen in kurzer Folge weitere Funde zutage. Der weit überwiegende Teil der wissenschaftlichen Gemeinschaft ging jedoch nach wie vor entweder mit allen Mitteln gegen diese Entdeckungen vor oder ignorierte sie schlicht. Bezeichnend dafür ist, dass einer der besterhaltenen und aussagekräftigsten Neandertaler-Schädel Europas ohne nennenswerte Diskussion wieder in der Schublade verschwand. Bereits vor 1848 hatten Stein-

ABB. 3: FAUSTKEILE AUS DEM SOMME-TAL (FRANKREICH).

brucharbeiter auf Gibraltar das Fundstück freigelegt. Wäre es damals bereits als Beleg einer urtümlichen Menschenform erkannt worden, so hätte man mit einiger Wahrscheinlichkeit den Menschentyp nicht nach dem Neandertal, sondern nach diesem Fundort benannt. Demzufolge würden wir heute nicht von Neandertalern, sondern vielleicht von Gibraltar-Menschen sprechen.

Immerhin wurde der Schädel nur in die Schublade verbannt und nicht aus Unwissenheit auf einem Friedhof bestattet, wie dies Anno 1852 den Skelettresten im französischen Aurignac wiederfuhr. Hier gingen der Wissenschaft die Reste von siebzehn eiszeitlichen Menschen verloren.

Edouard Lartet suchte acht Jahre später den Friedhof auf, doch es konnte oder wollte sich niemand mehr erinnern, wo die Skelette bestattet worden waren. Zwar führte er an der Fundstelle eine erfolgreiche Nachgrabung durch, doch wies die Pariser Akademie der Wissenschaften das Manuskript zurück.

Manche Funde existieren sogar nur noch in der Beschreibung eines einzelnen Menschen, der sie einst sah. So berichtete 1853 Friedrich Anton Spring von sehr schnell zerfallenden Skelettresten aus einer Höhle bei Namur in Belgien. Diese wiesen eine fliehende Stirn und große Nasenöffnungen auf. Spring sah in diesen Merkmalen den Beleg dafür, dass die Schädelreste zu einer heute in Westeuropa nicht mehr bekannte Menschenrasse gehörten. Es ist faszinierend und bedauerlich zugleich, dass Spring hier aller Wahrscheinlichkeit nach Neandertalerschädel vor sich hatte, die zu dieser Zeit nicht vor dem Zerfall gerettet werden konnten. So blieben nur seine schriftlichen Anmerkungen und Gedanken zu jenem Fund, die aber ebenfalls keinen Wiederhall fanden.

Zu jener Zeit zogen jedoch zwei Ereignisse herauf, deren Zusammenfallen eine Revolution des wissenschaftlichen Weltbildes auslösen sollte.

Dabei handelt es sich um die Entdeckung des Skeletts von 1856 im Neandertal und die Veröffentlichung der Evolutionstheorie durch Charles Darwin drei Jahre später (Darwin 1859).

Im dreizehn Kilometer östlich von Düsseldorf gelegenen Neandertal hatte der Düsselbach im Verlaufe von Jahrzehntausenden ein sehr enges Tal in den Kalkfels geschnitten. Dabei war ein bereits existierendes Höhlensystem geöffnet worden, das damit für den eiszeitlichen Menschen zugänglich wurde.

Noch um die Mitte des 19. Jahrhunderts war das Neandertal – die Einheimischen nannten es auch „Gesteins" oder „Hundsklipp" – eine wildromantische Schlucht, die man mit der schweizerischen Hinterrheinschlucht Via Mala verglich. In den bis zu sechzig Meter hoch aufragenden Felsklippen dieser pittoresken Landschaft befanden sich mindestens neun Höhlen und Felsdächer. Das Tal wurde von Besuchern aus nah und fern häufig aufgesucht. Viele Abbildungen aus der ersten Hälfte des 19. Jahrhunderts verdanken wir insbesondere den Künstlern der Düsseldorfer Malerschule, welche die Abgeschiedenheit des Tals für ihre Arbeit suchten und hier auch Feste feierten. Dazu diente insbesondere die größte Höhle des Tals, die Neanderhöhle auf dem nördlichen Düsselufer. Aber auch die größere der beiden Feldhofer Grotten auf dem anderen Ufer, die so genannte Feldhofer Kirche, diente als Festhalle. Das wissenschaftliche Potential blieb einigen Forschern nicht verborgen; beispielsweise besuchte 1852 der bekannte Bonner Geologe Johann Jakob Noeggerath das Neandertal. Über die Besichtigung einer Höhle schrieb die Kölnische Zeitung: *Der Boden der Höhle besteht aus Lehm. Der Lehm der Höhle, welcher gewiß in der wissenschaftlich so genannten Diluvialperiode der Erde gebildet worden ist, scheint noch nicht durchsucht zu sein. Nach der Analogie eines solchen Vorkommens in anderen Kalksteinhöhlen ist es nicht unwahrscheinlich, daß man in denselben urweltliche Thierknochen von Höhlenbären, Hyänen, Vielfraß u. dgl. finden könnte. Dieses läßt daher die Nachgrabung in diesem Lehme sehr geraten erscheinen, vielleicht ließen sich mit einem glücklichen Funde naturhistorische Sammlungen bereichern* (Abb. 4).

Die Romantik des alten Neandertals fand ihr jähes Ende mit dem Einsetzen der industriellen Revolution. Von England ausgehend erreichte sie Deutschland und hier schließlich auch strukturschwache Regionen wie das Bergische Land. Der zuvor wertlose Kalkfels erfuhr nun die Wertschätzung der jungen Industrie. Man benutzte ihn als Zuschlagsstoff in den Hochöfen und für die Herstellung von Zement. Innerhalb weniger Jahrzehnte wurde so das romantische Tal in eine wüste Steinbruchlandschaft verwandelt (Abb. 5).

Es ist aus heutiger Sicht kaum nachvollziehbar, dass eine solche Naturschönheit mit Schießpulver und später Dynamit zerstört wurde. Heute würde man sie unter Naturschutz stellen. Es gab zwar auch damals mahnende Stimmen gegen den Abbau, doch ließ er sich letztlich nicht verhindern.

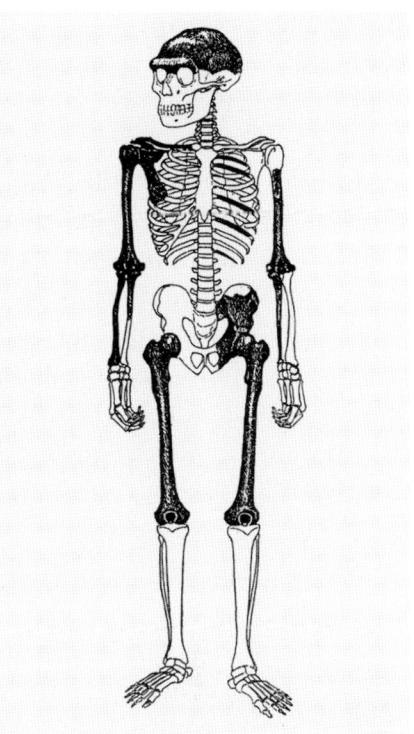

ABB. 4 (OBEN LINKS): DER ÖSTLICHE TEIL DES »GESTEINS« MIT DEN RABENSTEIN-KLIPPEN VOR 1835. DER
STANDORT DES BETRACHTERS BEFINDET SICH AUF DEM NÖRDLICHEN DÜSSELUFER OBERHALB DER NEAN-
DERHÖHLE. AUF DEM SÜDLICHEN DÜSSELUFER IST DER SPITZBOGIGE EINGANG DER HÖHLE »FELDHOFER
KIRCHE« ZU ERKENNEN. DER ZU DIESER ZEIT UNPASSIERBARE EINGANG ZUR KLEINEN FELDHOFER GROTTE,
DER FUNDSTELLE DES NEANDERTALERS, LÄGE KNAPP AUßERHALB DES RECHTEN BILDRANDES.
ABB. 5 (UNTEN): KALKABBAU IM NEANDERTAL IN DEN 1870ER JAHREN. DIE STEINBRUCHARBEITER ENT-
SORGEN SCHUTT MIT IHREN SCHUBKARREN ÜBER EINE BÖSCHUNG.
ABB. 6 (OBEN RECHTS): DIE 1856 GEBORGENEN SKELETTELEMENTE (SCHWARZ AUSGEFÜLLT).

Im Sommer 1856 waren zwei Steinbrucharbeiter nicht überlieferten Namens damit beschäftigt, die so genannten Feldhofer Grotten auf dem südlichen Düsselufer auszuräumen. Das in den Höhlen enthaltene Erdreich, das sich während Jahrzehntausenden abgelagert hatte, entfernte man als störende Verunreinigung des Kalksteines. Nach Entfernung der Höhlendächer lockerte man es mit der Spitzhacke und schaufelte es als Abraum zwanzig Meter tief in das Tal hinunter. Bei diesem Vorgang fanden die Steinbrucharbeiter in der Kleinen Feldhofer Grotte ein Skelett, das sie nicht weiter beachteten und schlicht mit dem Abraum in das Tal hinunterwarfen. Das Skelett wäre verloren gegangen, wenn nicht zufällig in diesem Augenblick Wilhelm Beckershoff, der Steinbruchbesitzer, vorübergekommen wäre. Er befahl den Arbeitern, die Knochen aufzuheben. Dies tat er so nachdrücklich, dass seine Arbeiter sogar den beschwerlichen Weg in das Tal hinunterkletterten, um in dem bereits herausgeworfenen Sediment ebenfalls nach Knochen zu suchen. Beckershoff ging davon aus, dass es sich um Höhlenbärenknochen handelt. Nichtsdestoweniger ist er als Retter des Neandertalerfundes zu nennen.

Durch die unsachgemäße Bergung lagen 1856 neben der Kalotte nur fünfzehn weitere Stücke vor (Abb. 6). Die meisten dieser Knochen zeigen durch die Werkzeuge der Arbeiter verursachte Brüche und Absplitterungen.

Der andere Steinbruchbesitzer, Friedrich Wilhelm Pieper, benachrichtigte den Lehrer Johann Carl Fuhlrott aus dem benachbarten Elberfeld, dessen Interesse an Fossilien bekannt war.

Fuhlrott besuchte einige Wochen später Pieper auf dessen Gut oberhalb des Neandertals und begutachtete die Knochen, die er bei dieser Gelegenheit als Geschenk erhielt. Dabei erkannte er, dass es sich nicht um das Skelett eines Bären, sondern um das eines Menschen handelt.

Fuhlrott vermutete später, dass er nur der irrigen Annahme, es handele sich um Bärenknochen, die Übereignung der Skelettreste zu verdanken habe. So schrieb er denn auch in seiner berühmt gewordenen Veröffentlichung von 1859 (Fuhlrott 1859: 137):

Es ist dabei nicht uninteressant, dass man – bei der auffallend abnormen Beschaffenheit der Schädeldecke und in Rücksicht auf das bekannte Vorkommen thierischer Ueberreste in andern Höhlen – nicht menschliche, sondern Höhlenbären-Knochen aufgefunden zu haben glaubte, und dass ich diesem Irrthum wahrscheinlich die Acquisition des Neanderthaler Fundes zu verdanken habe.

Denkt man an die Beisetzung der Skelettreste von Aurignac vier Jahre zuvor, so erscheint Fuhlrots Einschätzung nicht abwegig.

Er beobachtete auch, dass dieses Skelett vom heutigen Menschen abweichende anatomische Merkmale aufweist. Dies versetzte Fuhlrott in helle Aufregung, denn ein so urtümliches menschliches Skelett hatte bisher wohl noch niemand zu Gesicht bekommen.

Er setzte sich sorgfältig mit dem Fund auseinander, zog einen Arzt seines Wohnortes zu Rate und schlussfolgerte schließlich, dass es sich um Skelettreste einer urtümlichen Menschenform handelt.

Es spricht für Fuhlrott, dass er schnell erkannte, dass eine Untersuchung durch einen erfahrenen Anatomen vonnöten ist. Der zwischenzeitlich entstandene Kontakt zur Bonner Universität nahm eine wissenschaftsgeschichtlich bedeutsame Wendung dahingehend, dass infolge Erkrankung eines älteren Kollegen der gerade 40-jährige Anatom Hermann Schaaffhausen die Bearbeitung des Neandertaler-Fundes übernahm.

Schaaffhausen, ein fortschrittlich denkender Gelehrter, kann als Begründer der Paläoanthropologie in Deutschland gelten (Schaaffhausen 1853, 1858; Zängl-Kumpf 1990). Er hatte bereits 1853 einen Beitrag mit dem Titel „Über Beständigkeit und Umwandlung der Arten" verfasst, war der aufkommenden Evolutionstheorie also nicht abgeneigt. Im Winter 1856/57 untersuchte er das Skelett und vertrat fortan in Wort und Schrift dessen hohes Alter. 1858 veröffentlichte er einen umfassenderen Beitrag; die Beschreibung der Entdeckung, der geologischen Verhältnisse am Fundort und eine Einschätzung des Fundes durch Fuhlrott erschien im Folgejahr. In den „Verhandlungen des naturhistorischen Vereines der preussischen Rheinlande und Westphalens" spricht sich Fuhlrott für das hohe Alter des Skeletts aus (Fuhlrott 1859: 136):

Der Fund besteht in einer Anzahl zusammengehöriger menschlicher Gebeine, die durch die Eigenthümlichkeit ihres osteologischen Charakters und die localen Bedingungen ihres Vorkommens zu der Ansicht verleiten können, dass sie aus der vorhistorischen Zeit, wahrscheinlich aus der Diluvialperiode stammen und daher einem urtypischen Individuum unseres Geschlechts einstens angehört haben.

Am Ende seines Artikels verleiht er seiner Zuversicht bezüglich dieser Interpretation Ausdruck (1859: 153):

Gewiss ist nur, was ich hiemit ohne Rückhalt bekenne, dass mich die strengste Kritik der einschläglichen Thatsachen der Ueberzeugung von der Fossilität des vorliegenden Fundes immer näher gebracht hat. Es mögen dafür die Thatsachen sprechen, die ich sorgfältig beobachtet und constatirt habe. Die damit verbundenen Arbeiten und Studien haben auf einem für mich fast neuen Gebiete des Wissens so viel Gewinn gebracht, dass ich vollkommen damit zufrieden, auf jeden Versuch einer Propaganda für meine Ueberzeugung gern verzichte, und das entscheidende Urtheil über die Existenz fossiler Menschen der Zukunft anheim stelle.

Die Redaktion des Naturhistorischen Vereins schrieb ebenfalls Forschungsgeschichte, indem sie ohne jede Rücksprache mit dem Autor folgende Zeilen unter den Beitrag druckte:

Anm. der Redaction: Wir haben den vorstehenden Aufsatz des geehrten Herrn Verfassers unverkürzt wiedergegeben, können aber nicht umhin zu bemerken, dass wir die vorgetragenen Ansichten nicht theilen können, wie denn namentlich die Möglichkeit, dass der Mensch oder die Leiche durch irgend einen Zufall in die kleine Grotte hineingelangt sei, in keiner Weise widerlegt ist. Die Beweise von der

Existenz diluvialer Menschenknochen werden immer nur durch Einschlüsse in feste Gesteine nicht lockere Schuttmassen geliefert werden können, falls nicht ganz besondere Umstände eine secundäre Einschliessung auf das Bestimmteste widerlegen. Dass die Dendriten nichts beweisen liegt auf der Hand, da sie an jedem in der Erde liegenden Schädel vorkommen können und nur ein mangan- oder eisenhaltiges Wasser dazu gehört um sie in wenigen Stunden zu erzeugen.

Mit diesem Nachsatz, der Fuhlrott äußerst verärgerte, formulierte die Redaktion die Ansicht vieler Zeitgenossen, denn mit seiner Theorie begab sich er sich in einen krassen Widerspruch zur vorherrschenden wissenschaftlichen Lehrmeinung. Auch war ein Konflikt mit der Kirche vorprogrammiert, die nach wie vor ein Alter der Erde von nur wenigen tausend Jahren annahm. Wie eingangs beschrieben, waren zwar bereits vor der Entdeckung im Neandertal fossile Menschen entdeckt worden, man hatte sie jedoch kaum diskutiert und nie als solche akzeptiert. Die Funde verschwanden in aller Regel in den Schubladen der Gelehrten und harrten dort der Zukunft. Die Zeit war schlicht noch nicht reif für einen fossilen Menschen.

Es bedurfte des Zusammenfallens zweier herausragender Ereignisse, um hier eine Wende herbeizuführen: der Entdeckung des Neandertalers im Sommer 1856, veröffentlicht durch Fuhlrott 1859, und der Veröffentlichung der Evolutionstheorie durch Charles Darwin im selben Jahr. Darwin diskutiert in diesem auf jahrzehntelanger Forschung basierenden Werk, dass alle Säugetiere sich aus einfacheren Vorformen entwickelt haben; er selbst wagte zu dieser Zeit aber noch nicht, den Menschen in diese Betrachtungen ausführlich einzubeziehen. Dass er aber wohl den Menschen gedanklich mit einschloss, belegt der berühmte Satz: *Light will be thrown on the origin of man and his history.*

Viele Zeitgenossen wollten dem Evolutionsgedanken jedoch nicht folgen und bezeichneten Gelehrte wie Darwin, Fuhlrott und Schaaffhausen als Ketzer. Während Fuhlrott und Schaaffhausen den Fund aus dem Neandertal als urtümliche Menschenform betrachteten, gab es zahlreiche abweichende Deutungen anderer Wissenschaftler. Bekannt geworden ist beispielsweise die These des Bonner Anatomen Mayer, der annahm, es handele sich um Skelettreste eines Kosaken aus den napoleonischen Kriegen. Andere sahen darin einen „Kelten", einen „alten Holländer" oder aufgrund der Schädelform einen Schwachsinnigen. Die wissenschaftlich fundierteste Gegenmeinung stammt aber ohne jeden Zweifel aus der Feder des Berliner Mediziners und Pathologen Rudolf Virchow, der auch archäologische Untersuchungen durchführte.

Der zu den größten Gelehrten des 19. Jahrhunderts zählende Verfasser der bahnbrechenden „Cellularpathologie" hatte erstaunlicherweise erst 1872 Zugang zum Originalskelett des Neandertalers. Er nutzte hierzu die reisebedingte Abwesenheit Fuhlrotts, um sich die Knochen zur Begutachtung vorlegen zu lassen (Virchow 1872; 1901: 85):

Ich war in der glücklichen Lage, eines guten Tages die Reste des Neanderthalers ... noch in dem Hause des ursprünglichen Entdeckers, des Herrn Fullrott in Elberfeld, zu sehen. Dieser machte ein grosses Geheimniss aus den Originalstücken. Was man erhalten konnte, war ein Abguss des Schädels, den Schaaffhausen hatte herstellen lassen, aber das Uebrige wurde sequestrirt. Es gab eine gewisse Periode, wo man gar nicht an die Originalstücke herankommen konnte. In dieser Periode befand ich mich eines Tages in Elberfeld und kam auf den nahe liegenden Gedanken, ob es nicht möglich sein sollte, an die Knochen selbst zu kommen. Es stellte sich glücklicher Weise heraus, dass Fullrott eine kleine Reise gemacht hatte, dass aber seine Frau zu Hause war; diese war so liebenswürdig, auf mein Flehen einzugehen und die gesammten Knochen mir vorzulegen.

Was wie ein Husarenstück der Urgeschichtsforschung klingt, ist aktenkundige Realität. Bei dieser unter irregulären Umständen zustande gekommenen Untersuchung erkannte Virchow am Skelett einige aus heutiger Sicht zu bestätigende krankheits- und verletzungsbedingte Veränderungen, auf die zum Teil bereits Schaaffhausen hingewiesen hatte.

Tragisch ist jedoch, dass Virchow im Gegensatz zu Schaaffhausen auch die natürlichen anatomischen Abweichungen vom Skelett des heutigen Menschen als krankheitsbedingt diagnostizierte. Hiermit beschritt er einen Irrweg, den er zeitlebens nicht mehr verlassen sollte. Insgesamt war in den Jahrzehnten nach der Entdeckung die Stimmung dem Neandertaler gegenüber – wesentlich beeinflusst durch Virchows Votum – in Deutschland und dem benachbarten Ausland eher negativ. Fuhlrott und Schaaffhausen hatten infolgedessen heftig mit Anfeindungen aus dem Kollegenkreis zu kämpfen. Die Fossilität und das hohe Alter des Fundes wurden von den meisten Anatomen bestritten, die Bedeutung des Fundes nicht erkannt oder heruntergespielt.

Unterstützung kam insbesondere aus England. So hatte 1860 der große, fortschrittlich denkende Geologe Charles Lyell in Begleitung Fuhlrotts das Neandertal und die Fundstelle besucht.

Lyell war infolge des Fehlens von Schichtzusammenhängen zwar skeptisch bezüglich der Altersansprache des Fundes, sorgte aber dafür, dass der Neandertaler in der wissenschaftlichen Diskussion auf den Britischen Inseln eine faire Chance erhielt. Beispielsweise überließ er dem Zoologen Thomas Henry Huxley, glühender Verteidiger der Darwinschen Thesen, einen Abguss der Schädelkalotte, woraufhin dieser sich ebenfalls mit dem Neandertaler zu beschäftigen begann. Huxley und Lyell integrierten den Neandertaler unter objektiven Gesichtspunkten in ihre jeweils 1863 erschienenen bedeutenden Werke. Es ist bezeichnend, dass auch die Namengebung des Neandertalers auf den Britischen Inseln erfolgte. Nicht Fuhlrott, Schaaffhausen oder irgendein anderer deutschsprachiger Gelehrter benannte den Fund wissenschaftlich, sondern es war William King, der dem Fossil im Jahr 1863 den Namen *Homo neanderthalensis* gab.

Durch ihre Publikationen und Stellungnahmen trugen die britischen Gelehrten erheblich zur sachlich-wissenschaftlichen Diskussion des Neandertaler-Fundes bei. Fast zwei Jahrzehnte nach der Entdeckung schrieb Charles Darwin in seinem Werk „The Descent of Man"(1871: Vol I, 146): *Nevertheless it must be admitted that some skulls of very high antiquity, such as the famous one of the Neanderthal, are well developed and capacious.*

Es ist bemerkenswert, dass dieser von der Kirche stark befehdete Urmensch faktisch nach einem Kirchenmann benannt ist: Der in Düsseldorf arbeitende reformierte Prediger und Kirchenliederdichter Joachim Neumann nannte sich, seinen Nachnamen in das Griechische wandelnd, Joachim Neander. Er hielt sich im 17. Jahrhundert oft im Tal auf, um in der Stille und Abgeschiedenheit zu arbeiten. Zur Erinnerung an sein Wirken ist das „Gesteins" um die Mitte des 19. Jahrhunderts nach ihm umbenannt worden.

Der Neandertalerfund erlangte vor dem Hintergrund der aufkommenden Evolutionstheorie und der Diskussion um sein Alter schnell Weltruhm. Nun holte man auch früher entdeckte Fossilien wieder hervor und integrierte sie in die Diskussion. Dies geschah beispielsweise mit den Skelettresten aus dem belgischen Engis oder dem schönen Neandertaler-Schädel von Gibraltar. Aber auch neuere Funde zog man zum Vergleich heran. Schaaffhausen untersuchte zum Beispiel die Kieferfragmente von La Naulette in Belgien und aus der mährischen Šipka-Höhle. Insgesamt setzte man sich zunehmend mit der neuen, fossilen Menschenform Neandertaler auseinander. Eine erste Doktorarbeit über Schädel vom Neanderthal-Typus erschien bereits 1875. Verfasser war der Göttinger Doktorand Johann Wilhelm Spengel. Leider ist diese Arbeit (Spengel 1875) nur in geringem Umfang zur Kenntnis genommen worden und trug kaum zur Entscheidung der Frage des fossilen Menschen bei.

Eine andere Kernfrage dieser Zeit, ob nämlich Menschen gleichzeitig mit dem ausgestorbenen Mammut existierten, fand bereits 1864 eine faszinierende Antwort: An der französischen Fundstelle La Madeleine entdeckte man ein Stück Mammut-Stoßzahn mit der Gravierung eines Mammuts. Dies konnte nur bedeuten, dass diese Tiere dem Künstler vertraut waren (Abb. 7).

Heute in bunter Vielfalt in jedem Katalog zur Eiszeitkunst präsent, war eine Mammutskizze aus der Hand eines Menschen damals eine Weltsensation: Beide haben gemeinsam die eiszeitliche Landschaft bevölkert! Das Fundstück war eine große Attraktion der Weltausstellung in Paris 1867, sein zuvor geschmähter Ausgräber Edouard Lartet wurde zum Professor ernannt. Auch in England gelang in diesen Jahren der Prähistorie der Durchbruch zu einer anerkannten, eigenständigen Wissenschaft.

In Deutschland hingegen beharrte Virchow weiterhin auf seiner Anschauung, eine Koexistenz von Mensch und Mammut habe es nicht gegeben. Seit 1872 trat er mit all seiner Autorität gegen den Neandertaler-Fund auf. Damit behinderte

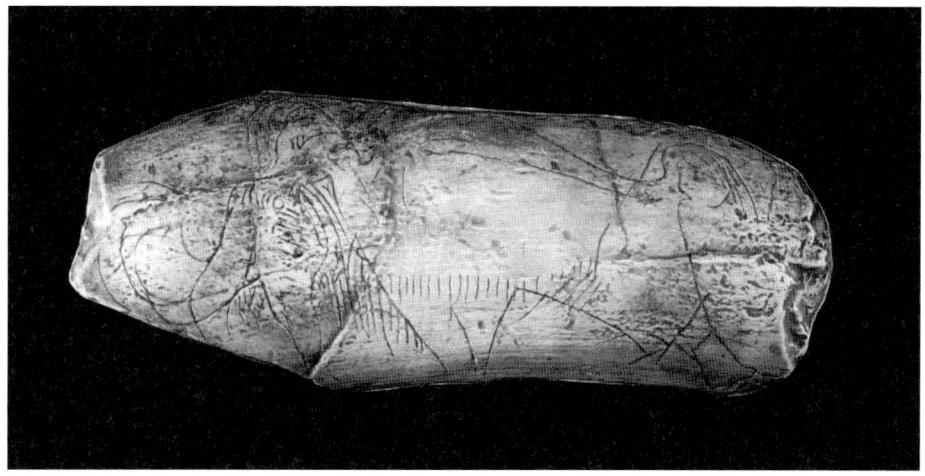

Virchow den Fortgang der Forschung in erheblichem Maße. Er änderte seine Meinung auch nicht nach der Entdeckung zweier menschlicher Skelette im belgischen Spy 1886. Deren Merkmale waren identisch mit denen des Fundes aus dem Neandertal. Die Fundsituation war überzeugend, denn die Fundschicht enthielt auch Feuersteingeräte und Knochen ausgestorbener Tiere wie Mammut und wollhaariges Nashorn.

Vor dem Hintergrund jener legendären Diskussion über fossile Menschen erlangte der Fund aus dem Neandertal in den Jahren zwischen 1856 und 1900 Weltruhm.

Die Fundstelle im Neandertal jedoch hatte ein wesentlich ungünstigeres Schicksal. Bereits kurze Zeit nach 1856 waren große Teile der Kleinen Feldhofer Grotte und der benachbarten „Feldhofer Kirche" durch den Kalkabbau vernichtet worden: Die in das Tal hinabgeworfenen Sedimente beider Höhlen verschwanden allmählich unter einer mehrere Meter dicken Schicht von Kalksteinschutt. Es ist aus heutiger Sicht kaum nachvollziehbar, dass im Neandertal auch nach der Entdeckung des Neandertalers keine geregelten archäologischen oder geologischen Untersuchungen stattgefunden haben. Hierzu ist anzumerken, dass das Tal den letzten Rest der Neanderhöhle erst in den 1890er Jahren verlor und in diese Jahre auch der Fund eines menschlichen Skeletts in einer anderen Höhle des nördlichen Düsselufers fällt, der ebenfalls ohne Untersuchung dem Sediment entrissen wurde. Es ist den kurzen anatomischen Berichten zufolge sehr wahrscheinlich, dass es sich bei diesem seit dem Zweiten Weltkrieg verschollenen Fund ebenfalls um einen Neandertaler handelte!

Bereits um 1900 wusste niemand mehr, wo die Fundstelle des inzwischen berühmten Neandertalers genau lag. Im Jahr 1856 waren – ganz im Stile der Zeit – weder Fotografien noch Pläne erstellt worden. Das romantische Tal von einst existierte nicht mehr. Im Norden wie im Süden hatte man die einst so stolzen Klippen um mehrere hundert Meter zurückverlegt, dabei waren alle bestehenden Höhlen vollständig zerstört worden.

Die Bilanz nach einem halben Jahrhundert Steinbruchbetrieb im Neandertal war sehr ernüchternd: Es lagen sechzehn Knochen des Neandertalers ohne jeden Begleitfund in Form von Tierknochen oder Steinwerkzeugen vor; daneben gab es einige Tierknochen aus der etwas östlich liegenden Höhle „Teufelskammer", die Fuhlrott später hatte bergen lassen, und das kaum diskutierte Skelett des zweiten Urmenschenfundes vom nördlichen Düsselufer. Vor dem Hintergrund der Annahme, dass wohl jede der neun Höhlen des Tals ehemals archäologische Fundschichten aufzuweisen hatte, wirken die geborgenen Reste mehr als bescheiden. Es war davon auszugehen, dass man viele Funde mit dem jeweiligen Höhlenlehm als Abraum weggeschafft hatte. So hatte denn auch Fuhlrott (1859: 137) über die Fundsituation des Neandertalers geschrieben:

Unter diesen Umständen ist es erklärlich, dass von einem möglicher Weise vollständig vorhandenen Skelete ausser der genannten Schädeldecke und einem ansehnlichen Beckenfragmente vorzugsweise nur die grösseren Bestandtheile der Gliedmassen gerettet, die kleineren dagegen so wie namentlich auch alle Gesichtsknochen und Wirbel in ihrer Lehmhülle nicht erkannt und mit dem Schutt weggeschafft wurden.

Bereits im frühen 20. Jahrhundert kam die Idee auf, an der Fundstelle Nachuntersuchungen durchzuführen, der Gedanke wurde aber wohl aufgrund der schlechten Quellenlage nicht weiter verfolgt. In den zwanziger Jahren erfolgte die Einrichtung eines Naturschutzgebietes, um den angerichteten Schaden zu mildern. Die 1930er Jahre sahen die Eröffnung eines kleinen Museums, das neben anderen Objekten eine Kopie des Skelettes zeigte. Der originale Neandertaler befindet sich seit 1877 im Besitz des Rheinischen Landesmuseums Bonn, das nach Fuhlrotts Tod mit erheblichem Einsatz den Verkauf des begehrten Stückes in das Ausland verhindert hatte.

Unweit der Fundstelle erinnert heute eine Bronzetafel am Rest der einstmals so stolzen Rabensteinklippen an Fuhlrott und den Neandertaler. Viel mehr konnte man für die Fundstelle wohl nicht mehr tun, so der Tenor der Zeit. Das eigentliche Fundstellenareal war bis kurz nach Ende des Zweiten Weltkriegs Steinbruch, im düsselnahen Bereich siedelte sich eine Eisengießerei an. Das Höchstmaß an Missachtung erfolgte jedoch durch die Nutzung als Autoschrottplatz bis in die erste Hälfte der neunziger Jahre. Bisweilen führte der Slalom zwischen Autoteilen und ölschillernden Pfützen insbesondere bei Besuchen ausländischer Kollegen zu peinlichen Situationen und Fragen.

WIEDERENTDECKUNG DER VERSCHOLLENEN FUNDSEDIMENTE

Einen Versuch zur Wiederentdeckung der verschollenen Fundsedimente unternahm der Kölner Urgeschichtler Gerhard Bosinski in den Jahren 1983 bis 1985. Unter der örtlichen Grabungsleitung von Johann Tinnes fahndete man nach den herausgeschaufelten Sedimenten aus der Kleinen Feldhofer Grotte. Mit etwas Glück sollten sich darin noch alle 1856 übersehenen kulturellen Hinterlassenschaften und vielleicht sogar fehlende Knochen des Neandertalers auffinden lassen. Die Grabungen endeten jedoch ohne greifbaren Erfolg. Bosinski zog das Fazit, dass man zwar die Fundstelle lokalisiert hatte, der Lehm aus der Kleinen Feldhofer Grotte aber wohl komplett aus dem Tal herausgefahren worden war. Damit bestünde wohl keine Chance mehr, diese Sedimente jemals wiederzufinden. Die Akte Neandertal war geschlossen, die von Bosinski bezeichnete Stelle stellte man einige Jahre später offiziell als Bodendenkmal unter Schutz.

Nach Abschluss der Grabungen referierte Johann Tinnes die Ergebnisse im Rahmen eines Seminars an der Universität Köln. Jürgen Thissen und ich (RWS), damals Magisterkandidaten, lauschten gebannt den Ausführungen Bosinskis und Tinnes' zur Fundstelle am Düsselufer. Konnte es wirklich sein, dass dieses wertvolle Material für alle Ewigkeit verloren war, vielleicht aus dem Tal herausgeschafft zur Verfüllung irgendwelcher Löcher auf einem Acker? Bei der Beschreibung der Lage der Fundstelle jedoch wurden wir unruhig. Fuhlrott hatte als Entfernung der Fundstelle vom Düsselufer von 100 bis 110 Fuß, also etwas über dreißig Meter angegeben. Die von Bosinski als Fundort ausgewiesene Stelle lag aber deutlich weiter vom heutigen Bach entfernt. Zur Erklärung bediente man sich einer rekonstruierten Düsselschlinge, die im 19. Jahrhundert hier bestanden haben soll. Durch diese Bachschlinge rückte Bosinskis Fundstelle nun auf die richtige Distanz an die Düssel heran. Fuhlrott hatte von einer halbkreisförmigen Einbuchtung der Felssteilwand geschrieben, in der die beiden Höhlen lagen. Den Rest diesen Felsverlaufes glaubte man nun in einer halbkreisförmigen Felsrippe des Untergrundes gefunden zu haben. Aber wo waren die Höhlenlehme mit den zu erwartenden Funden? Die Enttäuschung war Gerhard Bosinski anzumerken. Jürgen und ich waren sehr skeptisch, dass wirklich an der richtigen Stelle gesucht worden war. Die Düsselschlinge erschien uns zu unwahrscheinlich. Am Abend nach dem Seminar saßen wir noch lange zusammen und diskutierten über den Neandertaler und seine verschollene Fundstelle. Wenn man die wiederfinden könnte ... Wir beschlossen, sollten wir jemals in die Lage kommen, archäologische Grabungen im Rheinland durchzuführen, die Suche nochmals aufzunehmen.

Die Jahre gingen ins Land, und wir mussten uns mit unseren Magister- und Doktorabschlüssen befassen. Parallel dazu ließ uns das Thema Neandertal aber nie mehr los. 1991 erfolgte eine kurze, geologisch ausgerichtete Grabung des Rheini-

schen Amtes für Bodendenkmalpflege in der Südkante des aufgelassenen Steinbruches unter meiner Leitung. Im gleichen Jahr startete ich das noch heute lau-
fende interdisziplinäre Projekt zur wissenschaftlichen Neuuntersuchung des
namengebenden Neandertalers. Es ging dabei um geheimnisvolle Schnittspuren auf dem Schädeldach, um Krankheiten, Verletzungen und Mangelerschei-
nungen, eine Altersdatierung des Fundes und um genetische Analysen, die
schließlich in die erste Gensequenz eines Neandertalers münden sollten. Hierdurch rückte der Neandertaler Mitte der 90er Jahre in den Fokus des öffentlichen
Interesses; wir beschäftigten uns mehr als je zuvor auch mit der verschollenen
Fundstelle. Die Quellenlage war allerdings mehr als dürftig. Es existierten keine
Ausgrabungspläne oder Fotos der Fundstelle. Das Material bestand im Wesentlichen aus Gemälden und Zeichnungen der Düsseldorfer Malerschule und einigen
Fotografien aus der zweiten Hälfte des 19. Jahrhunderts, die aber bereits den
Zustand als Steinbruch zeigen. Die einzigen noch vorhandenen Geländemarken
waren ein Rest der nördlichen Felsklippen, der sogenannte „Rabenstein" und
eine Brücke aus der Zeit des Steinbruches.

Unsere beste Quelle war ohne jeden Zweifel die Beschreibung aus der Feder Fuhlrotts. Hier hatte der Lehrer sorgfältig die relative Lage der Höhlen dieses Talab-
schnittes festgehalten (Fuhlrott 1859: 134 f.):

Diese beiden Grotten, gegenwärtig durch Abbruch fast spurlos verschwunden, die zur Unterscheidung
von den übrigen zusammen die „Feldhofer Grotten" genannt wurden, lagen ziemlich in der Mitte
der Schlucht, der eigentlichen Neandershöhle auf der andern Düsselseite gerade gegenüber, in der fast
senkrecht aufstrebenden Felswand einer halbkreisförmigen Einbuchtung, 100 bis 110 Fuss von der
Düssel entfernt und etwa 60 Fuss über der gegenwärtigen Thalsohle derselben. Sie mündeten, die
grössere mit portalähnlichem Eingange und unter dem Namen der „Feldhofer Kirche" bekannt in
der Richtung nach Westen, die kleinere in der Richtung nach Norden auf ein vorliegendes schmales
Plateau mit unebener Oberfläche, unterhalb dessen die Felsmasse mit glatten Wänden steil in die
Tiefe abschoss. Während daher von unten her das erwähnte Plateau und die Grotten fast unzu-
gänglich waren, konnte man über den südlichen Rand der Schlucht auf zwar sehr abschüssigen aber
doch gangbaren Pfaden von oben herab auf das Plateau und zu den Grotten gelangen.

Bei der Umrechnung der Entfernungsangaben erhält man einen Abstand der
Grotten von der Düssel von etwa 30 bis 35 Meter; ihre Höhe über dem Bach von
1859 betrug rund 20 Meter.

Zur Position der Feldhofer Kirche führt Fuhlrott weiter aus (1859: 152):

... die in unmittelbarer Nähe des Fundortes an der östlichen Wand der ... Einbuchtung befindliche
zweite Grotte (die sogenannte Feldhofer Kirche) ...

Den Angaben zufolge öffnete sich der Eingang der Feldhofer Kirche nach Westen;
dies ist nur möglich, wenn sie am düsselaufwärtigen, westexponierten Rand der
Felsbucht lag. Eine solche Position wird durch eine 1835 publizierte Zeichnung
unterstrichen (Abb. 4).

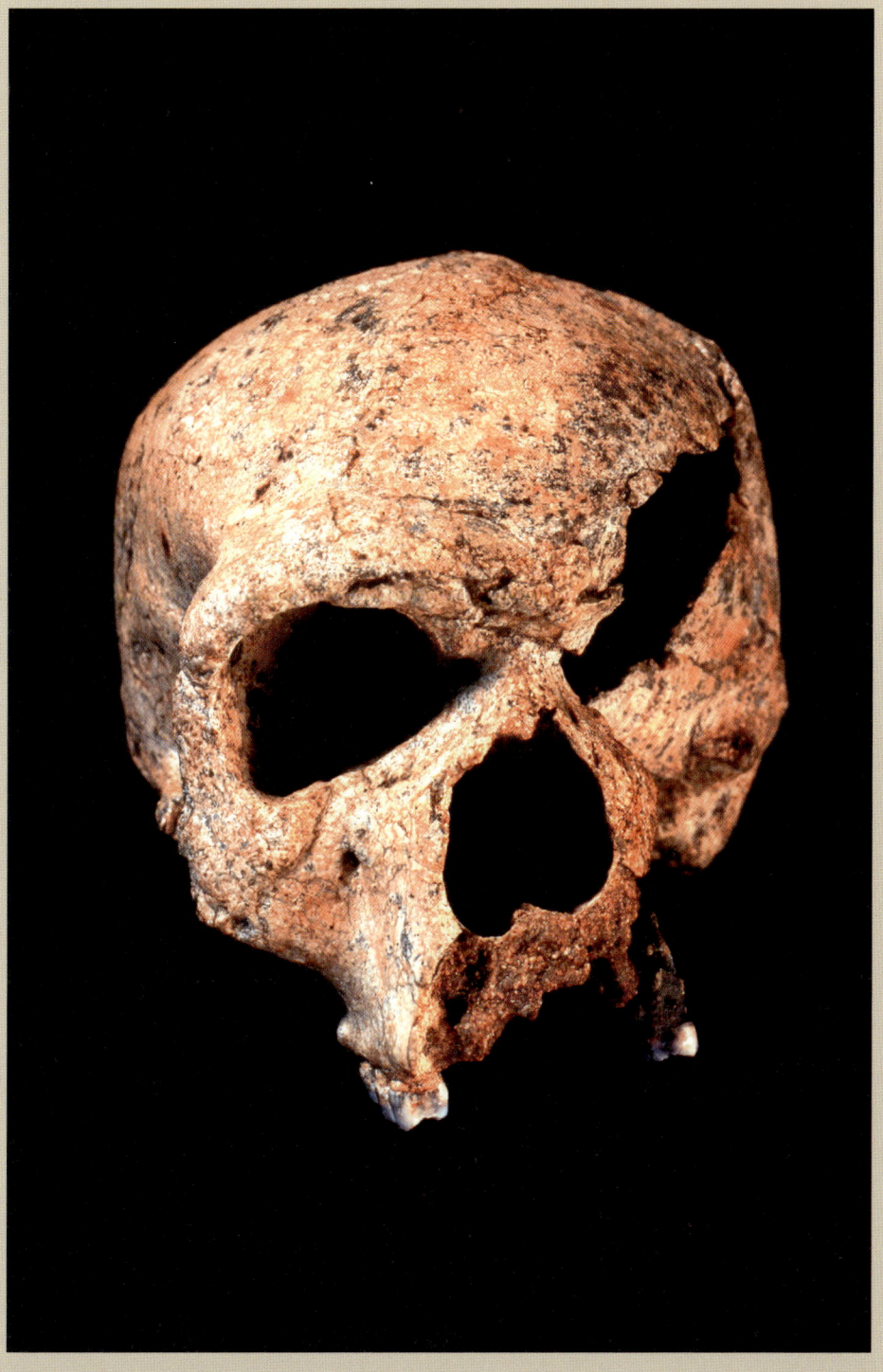

TAFEL 1: SCHÄDEL EINES WEIBLICHEN PRÄNEANDERTALERS VON STEINHEIM.

TAFEL 2: URSULA UND SUSANNE PRÄSENTIEREN DAS JOCHBEIN AN DER FUNDSTELLE.

TAFEL 3: KALOTTE VON 1856 MIT PASSENDEM JOCHBEIN AUS DER GRABUNG 2000.

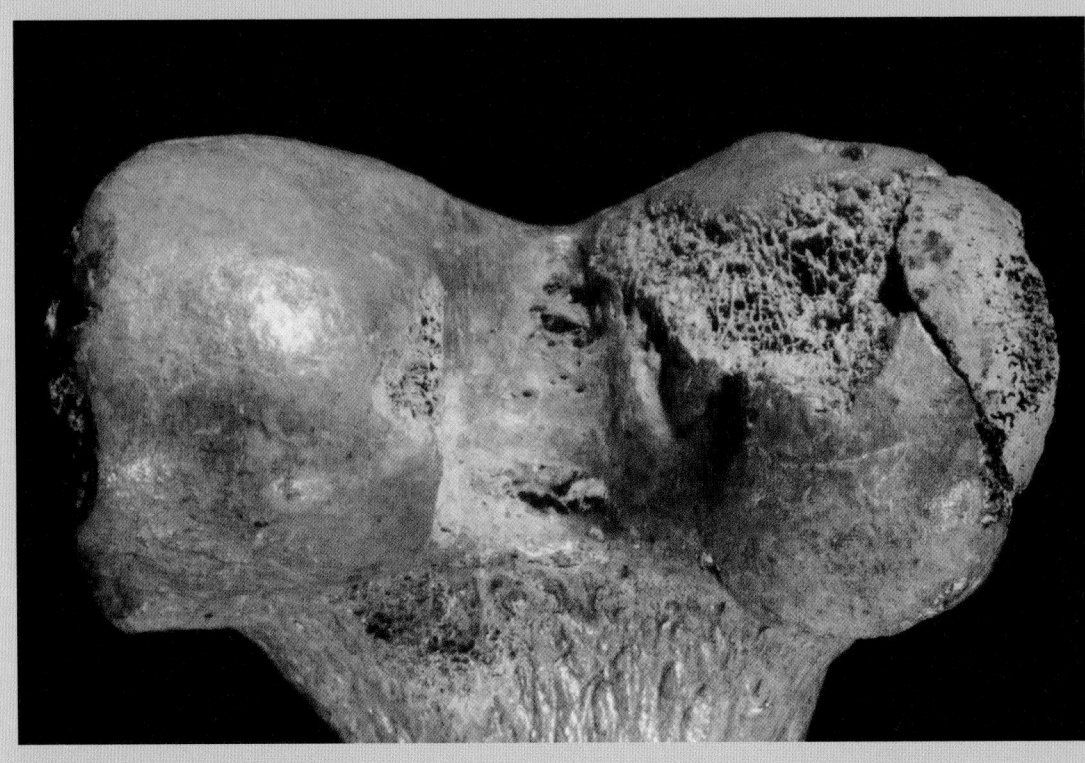

TAFEL 4: KNIEGELENK DES LINKEN OBERSCHENKELKNOCHENS VON 1856 MIT PASSENDEM FRAGMENT AUS
DER GRABUNG 1997.

Die unmittelbar benachbarte Kleine Feldhofer Grotte mündete hingegen nach Norden in das Tal (Fuhlrott 1859: 135):

... die kleinere, in der südlichen Wand der erwähnten Einbuchtung gelegene und daher nach Norden hin geöffnete Grotte ...

Anhand der vorhandenen Quellen ließen sich sowohl die Orientierung als auch die relative Lage der Feldhofer Grotten verhältnismäßig gut ermitteln. Die Suche nach Hinweisen zur absoluten Lage war jedoch wesentlich problematischer. Weder sind die beiden Höhlen in irgendeinem Kartenwerk verzeichnet worden, noch existieren genaue Positionsangaben zur gegenüberliegenden Neanderhöhle.

Postkarten und Fotos, die den Rest der Neanderhöhle vor dem endgültigen Abbau zeigen, ließen immerhin die Schätzung zu, dass diese Höhle etwa 100 bis 150 Meter nordwestlich des noch existierenden „Rabensteines" lag. Dieses letzte Relikt der Rabensteinklippen verdankt sein Überdauern nicht irgendeinem nostalgischen Gedanken, sondern lediglich der Tatsache, dass zwei Brücken des Steinbruches so eng an diesem Felsen gebaut waren, dass eine Sprengung nicht möglich war (Abb. 8).

ABB. 8: DAS NEANDERTAL UM 1885. EINGERAHMT DURCH ZWEI BRÜCKEN DER RABENSTEIN. AUF DEMSELBEN DÜSSELUFER HAT DER ABBAU BEREITS DIE FELSWAND MIT DER NEANDERHÖHLE (ETWA BILDMITTE) BEEINTRÄCHTIGT. AUF DEM GEGENÜBERLIEGENDEN UFER SIND DIE KLIPPEN MIT DEN FELDHOFER GROTTEN BEREITS ABGETRAGEN.

Fuhlrott beschreibt die Position der Feldhofer Grotten auf dem südlichen Düsselufer „gerade gegenüber" der Neanderhöhle. Damit kam für diese Höhlen nach unserem Verständnis ebenfalls eine Lage etwa 100 bis 150 Meter nordwestlich des Rabensteines in Frage. Eine andere, noch heute existierende Brücke bildete die westliche Begrenzung des maximalen Untersuchungsareals.

Auf der Basis unserer Recherchen entwickelten wir so allmählich eine Vorstellung von der ehemaligen Position der Kleinen Feldhofer Grotte. Nun galt es die Verantwortlichen des Rheinischen Amtes für Bodendenkmalpflege von unserer geplanten Grabung im Neandertal zu überzeugen.

Beim ersten Besprechungstermin in Bonn waren neben dem Direktor des Amtes, Harald Koschik, auch die Vertreter einiger anderer Institute anwesend. Wir stießen auf große Skepsis. Hatte nicht Bosinski drei Jahre lang versucht, die Fundstelle zu lokalisieren? In den Akten war festgehalten, dass die Fundstelle zwar wiederentdeckt, die Sedimente aber offensichtlich aus dem Neandertal herausgeschafft worden waren. Wozu sollte also eine erneute Ausgrabung dienlich sein? Auch finanzielle Argumente standen im Raum. Man ging davon aus, dass hier wohl einige hunderttausend DM eingesetzt werden sollten, und das ohne jede Erfolgsaussicht. Wir hatten aber sicherheitshalber bereits eine fertige Kalkulation mitgebracht. Diese basierte auf der Arbeit mit freiwilligen Helfern, den Bagger wollten wir selbst fahren. Die Kosten für eine zweiwöchige Grabung veranschlagten wir demzufolge mit bescheidenen 8370 DM. Auch führten wir recht überzeugend aus, dass man in den achtziger Jahren vielleicht nicht an der richtigen Stelle gesucht hatte und dass sich die Höhlensedimente mit allen Funden wider Erwarten doch noch im Tal befinden könnten.

Insgesamt führte dies dazu, dass Harald Koschik uns die Genehmigung für die Grabung erteilte. Vielleicht erinnerte er sich auch daran, dass uns einige Jahre zuvor bereits die Wiederentdeckung des Fundstellenareals der bekannten späteiszeitlichen Skelette von Bonn-Oberkassel gelungen war – ebenfalls entgegen aller Skepsis aus dem Kollegenkreis.

Im Falle eines Erfolges im Neandertal wäre dem Amt jedenfalls eine wissenschaftliche Sensation sicher. Sollte es auch nur gelingen, einige Steinwerkzeuge zu bergen, so wäre das bereits ein großer Erfolg. Von möglichen Menschenknochen, die hier vielleicht noch ihrer Entdeckung harrten, sprachen wir zunächst nur ganz am Rande, die Erwartungen sollten nicht zu hoch geschraubt werden. Jürgen und ich fuhren wie berauscht nach Hause. Wir durften im Neandertal graben und auf den Spuren Johann Carl Fuhlrotts wandeln. Vor unserem geistigen Auge malten wir uns aus, dass wir Steinwerkzeuge des Neandertalers in unseren Händen halten, fehlende Knochen des Neandertalers entdecken würden.

Die Umsetzung unserer Pläne im Gelände gestaltete sich jedoch schwierig. Das begann damit, dass irgendein zwar zuständiger, aber dennoch desinteressierter Verwaltungsbeamter vergessen hatte, den Eigentümer des Geländes um eine Grabungsgenehmigung zu bitten. Dies hatte zu einer solchen Verärgerung geführt, dass die Grabung zu scheitern drohte. Die Rheinisch-Westfälischen Kalkwerke schickten ihren zuständigen Mitarbeiter ins Gelände, um uns zur Rede zu stellen und unsere Argumente anzuhören. Meine Erleichterung war riesengroß, als sich herausstellte, dass es sich um Peter Küpper handelte, der bereits meine kleine Grabung sechs Jahre zuvor genehmigt hatte. Seit damals wusste ich, dass er sich für Archäologie interessiert. Als er sah, dass der Bagger bereits vom Tieflader rollte, schmunzelte er nur. In diesem Moment verdichtete sich meine Hoffnung, dass er uns nicht im Wege stehen würde. Zwar äußerte er seine Verärgerung über die unterlassene Anfrage, war sich aber der Tatsache bewusst, dass wir dafür nicht verantwortlich waren.

Er zeigte sich sehr interessiert an der Geschichte des Neandertalers und an unseren geplanten Grabungen. Der Gedanke, dass hier noch fehlende Knochenteile des berühmten Skelettes verborgen sein könnten, schien ihn ebenfalls zu faszinieren. Zum Abschluss des Gespräches gab er uns die Auflage mit auf den Weg, ihn im Falle archäologischer Funde sofort zu informieren. Nun lag nur noch eine mehrere Meter mächtige, teils betonhart verbackene Sprengschuttschicht zwischen uns und den Resten des Neandertalers – falls diese sich überhaupt noch im Tal befanden (Abb. 9). Wir gingen jedoch zu diesem Zeitpunkt davon aus, dass es im 19. Jahrhundert gar keine Notwendigkeit gegeben hatte, das Sediment aus dem Tal herauszuschaffen, da in diesem Bereich den alten Beschreibungen zufolge genug Platz für eine Lagerung unmittelbar unter den Höhleneingängen vorhanden war. Wie aber nicht anders zu erwarten war, verlief die Suche überaus problematisch. Unsere ersten Suchschnitte waren erfolglos. Die Basis dieser Schnitte bestand aus gebrochenem Fels, was bedeutete, dass wir uns an einer Stelle befanden, die ehemals im Fels lag. Der Felsboden vor der ehemaligen Felssteilwand sollte hingegen eine verwitterte und vom Fluss glattgeschliffene Oberfläche aufweisen. Die gesuchten Höhlensedimente wiederum waren unmittelbar vor der Steilwand zur Ablagerung gelangt.

Kurz vor Ende der Grabungszeit gelang es uns tatsächlich, den noch über zwei Meter hohen Stumpf der Felssteilwand aufzufinden. Offensichtlich hatte man ihn zum Schutz des Steinbruches vor Hochwasser stehen gelassen. Er war rund 25 Meter vom Fluss entfernt und stand somit für eine Weitung der ansonsten sehr engen Düsselklamm, was nur bedeuten konnte, dass es sich um die von Fuhlrott beschriebene „halbkreisförmige Einbuchtung" handelt.

Unmittelbar vor diesem Felsrest fand sich unter drei Metern Steinbruchschutt ein gelblich-grünes, lehmiges Sediment, in dem verwitterte Kalksteinbrocken und Sinterstückchen enthalten waren. Nach allem, was wir wussten, war dies eine ganz typische Höhlenfüllung (Abb. 10).

Unsere Anspannung wuchs.

Die ersten Funde aus diesem Material waren Scherben eines blau bemalten Krugs aus dem 19. Jahrhundert. Das konnte nur bedeuten, dass die Höhle zu jener Zeit zugänglich war. Das traf in diesem Talabschnitt aber nur auf die Feldhofer Kirche zu. Und diese Höhle lag nach Fuhlrott unmittelbar östlich der Fundgrotte des

ABB. 9: BAGGERARBEITEN IM NEANDERTAL 1997.
ABB. 10: NEANDERTAL 1997. FELSWANDREST MIT VORGELAGERTER HÖHLENFÜLLUNG.

Neandertalers! Damit brachten Fragmente eines Kruges aus dem 19. Jahrhundert uns endgültig auf die Spur des Neandertalers.

Mit der Baggerschaufel holten wir weiteres Sediment aus dem Schnitt empor. Unsere Mitarbeiter durchsuchten das Material sorgfältig. Ich werde nie vergessen, wie plötzlich aufgeregte Schreie über das Gelände hallten. Heike Krainitzki hatte ein kleines Feuersteingerät gefunden. Dabei handelte es sich um ein Rückenmesser, ein Werkzeugtyp des Cro-Magnon-Menschen. Es stammte also nicht aus der Zeit der Neandertaler. Neandertalerzeitliche Steingeräte und vielleicht Menschenknochen erwarteten wir für die Füllung der Kleinen Feldhofer Grotte –

nun galt es, den alten Beschreibungen folgend unseren Suchschnitt nach Westen, eben in Richtung dieser ehemaligen Grotte zu erweitern. Das Problem war jedoch, dass unsere Grabung zu Ende ging. In einem von Verzweiflung getragenen, jedoch argumentativ starken Telefonat gelang es mir, Harald Koschik zu einer Verlängerung der Grabung um drei Wochen zu bewegen. Zugegebenermaßen war vor dem Hintergrund des sich abzeichnenden Erfolges sein Widerstand eher bescheiden. Auch Peter Küpper willigte sofort ein. Die Erweiterung des erfolgreichen Schnittes nach Westen erbrachte wie erhofft weitere Höhlensedimente, die sich mit den ersten offensichtlich überschnitten. Sie erbrachten ebenfalls Steingeräte, doch handelte es sich dabei um Gerätetypen, die eindeutig den Neandertalern zuzuordnen sind. Als ich abends eines dieser Geräte in meinen Händen hin und her drehte, liefen kühle Schauer über meinen Rücken. Hatte *er* dieses Werkzeug hergestellt?

Die Kollegen anderer Institute kommentierten unsere Ergebnisse eher negativ, es könne sich ja um das Sediment irgendeiner anderen Höhle handeln, wurde verlautet.

Im weiteren Verlauf der Grabung bargen wir Fragmente von Tierknochen, die als Reste der Jagdbeute der eiszeitlichen Menschen anzusprechen sind. Schließlich traten auch einige menschliche Knochenstücke zutage. Waren wir am Ziel unserer Träume angelangt? Aber noch wussten wir nicht, wie alt unsere menschlichen Knochenreste waren. Es war nicht ausgeschlossen, dass es sich hier um Knochen aus einer viel jüngeren Bestattung handelte, die man später in den Lehmboden der Höhle eingetieft hatte – ein häufig beobachteter Sachverhalt. An dieser Stelle griffen wir eine alte Argumentation Fuhlrotts wieder auf. Er hatte im Bemühen, das Alter des Neandertalers zu beweisen, die Oberflächenerhaltung der Knochen studiert und auf kleine Ablagerungen von Eisen- und Manganmineralien hingewiesen. Diese so genannten Dendriten fanden sich auf den Knochenresten ausgestorbener eiszeitlicher Tiere aus den Höhlen des benachbarten Sauerlandes ebenso wie auf den Knochenoberflächen des Neandertalers. Fuhlrott folgerte, dass diese Funde somit ein ähnlich hohes Alter haben mussten. So problematisch dieser Vergleich aus heutiger Sicht erscheint, man sollte doch stets bedenken, dass zu Fuhlrotts Zeiten keine der heute verfügbaren Datierungsmethoden existierte. Die Schwächen des Vergleichs waren uns bewusst, dennoch war der Erhaltungszustand unserer eiszeitlichen Tierknochen und der menschlichen Skelettreste einschließlich der Dendriten so identisch, dass wir von einem eiszeitlichen Alter unserer Menschenreste ausgingen. Da wir aber auch kulturelle Hinterlassenschaften des Cro-Magnon-Menschen gefunden hatten, konnten wir nicht sicher sein, hier wirklich Neandertaler-Reste vor uns zu haben. Eine erste anatomische Bestimmung durch Michael Schultz von der Universität Göttingen hat denn auch lediglich die menschliche Provenienz von etwas über zwanzig unserer Fundstücke bestätigt.

Die Fachwelt betrachtete unsere Ergebnisse nach wie vor mit großer Skepsis. Es könne ja auch sein, dass die menschlichen Knochenreste gar nicht aus der Zeit der Neandertaler stammten. Die Wiederentdeckung der Fundstelle sei noch lange nicht bewiesen, hieß es. Uns war bewusst, dass das genaue Alter unserer Funde eine Radiokohlenstoffdatierung liefern müsste. Diese erfolgte im renommierten Labor der Eidgenössischen Technischen Hochschule Zürich durch Georges Bonani anhand erfreulich kleiner Probenmengen. Die Wartezeit zwischen der Beprobung und dem ersten Resultat geriet uns schier zur Qual, aber letztlich ließen 39.000 bis 40.000 Radiokohlenstoffjahre unsere Träume wahr werden. Dieser Wert entspricht rund 42.000 Kalenderjahren. Allerdings ließen unsere Kritiker jetzt verlauten, dass es immer noch nicht sicher sei, dass wir die Fundstelle des Typusexemplares gefunden hätten, denn Neandertalerfunde wären schließlich auch in anderen Höhlen des Tals denkbar. Nun, spätestens von diesem Zeitpunkt an konnte ich über derartige Äußerungen nur noch lächeln, denn – Fundstelle von 1856 hin oder her – jetzt durften wir mindestens als Entdecker weiterer Neandertaler-Reste aus dem Neandertal gelten,was auch nicht gerade zu verachten wäre. Der Nachweis, dass wir fehlende Knochenteile des Skeletts von 1856 entdeckt hatten, würde sich nur über die Anpassung eines Knochenstücks aus der Grabung 1997 an das Skelett von 1856 führen lassen.

Im Januar 1999 reisten Jürgen und ich im Vorfeld einer Pressekonferenz nach Bonn, um im Rheinischen Landesmuseum die Nagelprobe zu vollziehen. Die Erfolgsaussichten schätzten wir als gering ein. Wir versuchten zunächst die Anpassung einiger Rippenfragmente und anderer Knochenstücke. Es passte nichts – wäre ja auch zu schön gewesen! Der Normalfall schien einzutreten. Dann nahm Jürgen den linken Oberschenkelknochen von 1856, der einige größere Absplitterungen im Bereich des Kniegelenkes zeigte. Diese waren offensichtlich durch die Werkzeuge der Arbeiter bei der Ausräumung der Höhle entstanden. Ich fuhr mit einem der neuentdeckten Gelenk-Knochensplitter an den Fehlstellen entlang. Plötzlich rastete unser Neufund in eine der alten Fehlstellen ein. Es passte. Es passte! Es gab keinen Zweifel. Mir wurde kalt und heiß zugleich. Der durch 150 Jahre museale Behandlung leicht verfärbte Knochen des Neandertalers und das frisch geborgene Stück fanden wieder zueinander (Tafel 4).

Die Museumsmitarbeiter in den angrenzenden Räumen hörten unsere Jubelschreie und stürzten in den Raum. Die letzten Zweifel an der Wiederentdeckung der Fundstelle waren hinweggefegt. Nach Bekanntgabe des Ergebnisses gratulierten auch diejenigen, die zuvor skeptisch gewesen waren.

Die nun folgende Medienresonanz erlaubte uns, an eine weitere Grabung im Neandertal zu denken. Schließlich war es nicht nur gelungen, den Talverlauf im Bereich der Feldhofer Grotten erstmals zu rekonstruieren, wir hatten der Forschung auch die ersten Steingeräte aus den Höhlen des Neandertals geliefert, und selbst die Vervollständigung des Neandertalers war uns gelungen. Als traumhafte Zugabe entpuppten sich Fragmente eines rechten Oberarmknochens. Da dieser Knochen beim Neandertaler von 1856 komplett ist, konnte dies nur bedeuten, dass wir doch noch einen zweiten, unseren eigenen Neandertaler entdeckt hatten (Schmitz und Thissen 2000).

Die sechsmonatige Kampagne im Jahr 2000 erbrachte wie erwartet zahlreiche weitere Funde. Alle unmittelbar im Gelände entdeckten Stücke wurden in einen Plan eingezeichnet, das abgegrabene Sediment in Säcke verpackt, um es später mittels Feuerwehrschläuchen durch feine Siebe zu spülen, damit auch kleinste Funde nicht verloren gehen (Abb. 11, 12, 13).

Parallel hierzu erfolgte eine sorgfältige Dokumentation der Profile. Ziel dieser sehr genauen Dokumentation war, bei einer späteren Auswertung aller Daten die beiden Sedimentkegel zu trennen, soweit dies überhaupt möglich war.

Aussagekräftige Steingeräte wurden von der Mannschaft mit Freude aufgenommen, komplette Menschenknochen oder aussagekräftige Fragmente zogen kleinere abendliche Feiern im Bauwagen nach sich. Jedes dieser Fundstücke tritt aber noch heute in den Hintergrund, wenn die Sprache auf einen Knochen kommt, der im Juli 2000 das Licht der Welt wiedererblickte.

Zu dieser Zeit kamen wir mit der Grabung gut voran, da uns eine Reihe ehrenamtlicher Helfer unterstützte. Die Zuteilung der Grabungsquadrate gestaltete sich aber bisweilen problematisch, da wir zeitweise nicht genug Quadrate mit gut erkennbarer Schichtenfolge in Arbeit hatten. In dieser Situation organisierte Susanne Feine die Flächenzuteilung und gab ihr eigenes, bereits weit heruntergegrabenes Quadrat an unsere freiwillige Helferin Ursula Stimming ab. Susanne grub in einem komplizierteren Abschnitt weiter. Der Grabungstag nahm seinen Lauf, Pro Sieben drehte für eine Dokumentation eifrig mit. Am Nachmittag packte das Fernsehteam zusammen, für uns hingegen war noch lange nicht Feierabend. Wir wussten, dass unsere Grabungszeit endlich war und arbeiteten nicht selten bis in den Abend hinein, um soviel Material wie möglich zu bergen. Ich sprach gerade mit den Fernsehleuten über den Sendetermin, als Ursula sich mit der Bitte an Susanne wandte, ein Fundstück anzuschauen, das in ihrem Quadrat aufgetaucht war (Tafel 2). Susanne meinte, das lehmige Fundstück sei ein Knochen und säuberte es vorsichtig mit Wasser. Unbemerkt vom Fernsehteam schlich sie dann mit dem Fund in den Bauwagen, da sie ihre bereits gefasste Vermutung an unserem Kunststoff-Vergleichsschädel überprüfen wollte. Unsicher, ob Pro Sieben jetzt bereits von der Entdeckung wissen durfte, zog sie mich wenig später auf die Seite. Kein Zweifel, es handelte sich um ein linkes menschliches Jochbein mit einem Teil der Augenhöhle.

Jürgen und ich riefen die Mannschaft auf der Fläche zusammen, das Fernsehteam durfte sich hinzugesellen. Alle brachen in Jubel aus, Pro Sieben packte mit

ABB. 11: ÜBERSICHT ÜBER DIE GRABUNG 2000 UND DAS GRABUNGSCAMP.

ABB. 12: GRABUNGSARBEITEN IM NEANDERTAL 2000.

ABB. 13: SCHLÄMMARBEITEN IM NEANDERTAL 2000.

ungeheurer Geschwindigkeit das Equipment wieder aus. Durch diesen terminlichen Zufall existieren von der originalen Fundsituation authentische Aufnahmen. Susanne flossen nun Tränen über das Gesicht: sie hatte aus Verantwortungsbewusstsein der Grabung gegenüber ihr Quadrat abgegeben und nun das … Es gab Personen auf der Grabung, die diese Gefühle nicht nachvollziehen konnten, schließlich hätte das Team ja den Erfolg, und daran wäre sie auch beteiligt. Ich ärgerte mich über diese Äußerungen, die jedes Einfühlungsvermögen vermissen ließen.

An diesem Abend hielten Susanne und ich Nachtwache auf der Grabung, um potentielle Raubgräber abzuschrecken. Wir saßen im Wohnwagen und studierten das gereinigte Fundstück nochmals im Vergleich mit dem Kunststoffschädel. Unschwer ließ sich erkennen, dass unser neugefundenes Jochbein robuster war als das eines heutigen Menschen. Es lag also nahe, von einem Neandertaler-Jochbein auszugehen. Die Stimmung wurde noch euphorischer, als wir eine Kopie der Schädelkalotte von 1856 heranzogen. Zwar war der Abguss im Bereich der Knochennaht schlecht, doch war die Breite der entsprechenden Knochenpartie an unserem Fundstück identisch … Der kommende Tag würde die Entscheidung durch einen Anpassungsversuch an das Original bringen.

Durch das freundliche Entgegenkommen des Direktors des Römisch-Germanischen Museums Köln, Hansgerd Hellenkemper, wurde uns trotz des Publikumsstromes die Vitrine des Neandertalers geöffnet, der in Begleitung unserer 1997er Funde die Archäologische Landesausstellung bereicherte.

Den Versuch der Anpassung durfte als kleine Wiedergutmachung Susanne vornehmen. Mit Herzrasen versuchte sie, unser Fundstück mit der Kalotte von 1856 zu vereinen. Nach einigem vorsichtigen Probieren fügten sich unter dem Jubel der Umstehenden die feinen Knochenbälkchen der getrennten Knochennaht ineinander (Abb. 14). Es gab keinen Zweifel. Mir war der Blick aus der ersten Reihe vergönnt, Fuhlrotts Neandertaler blickte mich aus seiner wiedergewonnen Augenhöhle zum ersten Mal an. In diesem Augenblick wusste ich, dass es von jetzt an auch „unser" Neandertaler sein würde (Tafel 3).

Zwei Monate später kehrte die weltberühmte Kalotte anlässlich einer Pressekonferenz erstmals seit 1856 an die Fundstelle zurück. Ich kann mich nicht erinnern, bei einer hochoffiziellen Veranstaltung jemals so viele strahlende Gesichter gesehen zu haben wie in jenem Augenblick, als Jürgen und ich die Anpassung vor den Kameras der Medien nochmals vollzogen.

Insgesamt konnte das bereits an den Funden der ersten Kampagne gewonnene Bild durch die zweite Kampagne erheblich ausgeweitet und verfeinert werden (Schmitz 2006). Derzeit arbeitet ein Team von zwanzig internationalen Wissenschaftlern – Zahl steigend – an den Neufunden, um die Ergebnisse zum 150-jährigen Jubiläum des Neandertalers präsentieren zu können. Dabei erwies sich die bereits im Nean-

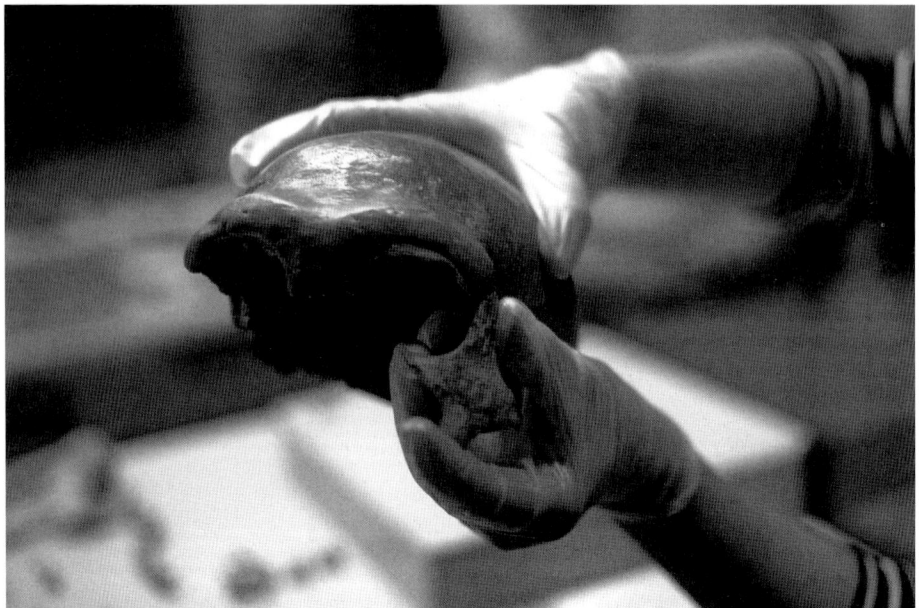

ABB. 14: DER MOMENT DER ANPASSUNG.

dertal getroffene Entscheidung, zur Aufarbeitung der Steinartefakte zwei Magisterarbeiten an der Universität Tübingen zu vergeben, als richtig. Susanne Feine und Felix Hillgruber absolvierten nicht nur diese Arbeiten mit Bravour, sie erstellten auch eine Gesamtdatenbank aller Neufunde aus dem Neandertal.

Die jüngsten Fundstücke stammen aus den Schuttschichten des Steinbruchs und damit aus der zweiten Hälfte des 19. Jahrhunderts. Von Bedeutung sind unter anderem Scherben von rotbraun glasierten Wasserflaschen, hölzerne Schwellen eines Lorenweges und Eisengegenstände wie Schwellennägel und ein stark abgenutzter Spaltkeil. Auch wenn wir eigentlich auf der Suche nach eiszeitlichen Funden waren, freuten wir uns auch über diese frühen Zeugnisse der Industriegeschichte aus dem ehemaligen Steinbruch Beckershoff-Pieper. Sie stehen gleichermaßen für das Ende einer romantischen Naturlandschaft wie für den Anschluss der strukturschwachen Region an die industrielle Revolution.

In die romantische Zeit vor dem Kalkabbau gehören Reste von salzglasierten blau bemalten Krügen und rotbraun glasierten Wasserflaschen (Abb. 15) sowie eine fast vollständige innen rot-grün-blau getupfte Schale von 12,5 Zentimeter Durchmesser. Diese Fundstücke ließen unsere Herzen höher schlagen, lassen sie doch die Feierlichkeiten der Düsseldorfer Malerschule und anderer Ausflügler im Gesteins wieder aufleben.

Die eiszeitlichen Funde aus der Zeit des Cro-Magnon-Menschen sind repräsentiert durch charakteristische Geräte einer Gravettien genannten Kulturepoche mit einem Alter von rund 25.000 Jahren (Abb. 16). Dabei handelt es sich unter ande-

ABB. 15: KRUGFRAGMENTE.

rem um aus Feuerstein, Kieselschiefer und ähnlichen Gesteinen gefertigte Klingen und steinerne Einsätze für hölzerne Speerspitzen. Hinzu kommen Geschossspitzenfragmente aus Knochen, Geweih und Elfenbein.

Die materielle Kultur der Neandertaler ist vertreten durch typische beidflächig gearbeitete Geräte, verschiedene Schabertypen und kleine Rundkratzer („Groszaki") (Abb. 17). Diese aus unterschiedlichen Feuersteinvarietäten, Quarzit und Kieselschiefer hergestellten Geräte gehören in das Micoquien (Keilmessergruppen), eine Kulturgruppe der Neandertaler der letzten Eiszeit, und weisen ein Alter von etwa 40.000 bis 45.000 Jahren auf.

In welcher der beiden Phasen die eiszeitlichen Tiere erlegt wurden, deren Knochen wir fanden, konnte bisher noch nicht festgestellt werden. Hier werden Radiokohlenstoffdatierungen Klarheit schaffen. In der Fauna sind neben anderen Tieren Mammut, wollhaariges Nashorn, Ren und Pferd vertreten. Interessant ist, dass man offensichtlich zumindest einen Teil der Knochen als Brennmaterial in Lagerfeuern verheizte. Dies ist eine an Höhlenfundplätzen weit verbreitete Erscheinung, denn Knochenfeuer brennen mit deutlich geringerer und milderer Rauchentwicklung als Holzfeuer, was sie für Höhlenräume besonders geeignet erscheinen lässt.

Für das größte Aufsehen sorgten aber ohne jeden Zweifel unsere neugefundenen menschlichen Knochenreste. Beide Grabungen zusammengenommen erbrachten rund siebzig derartige Fundstücke, die durch den ausgewiesenen Spezialisten Fred H. Smith von der Loyola University of Chicago anthropologisch bearbeitet werden. Fred hatte bereits im Rahmen seiner Doktorarbeit in den siebziger

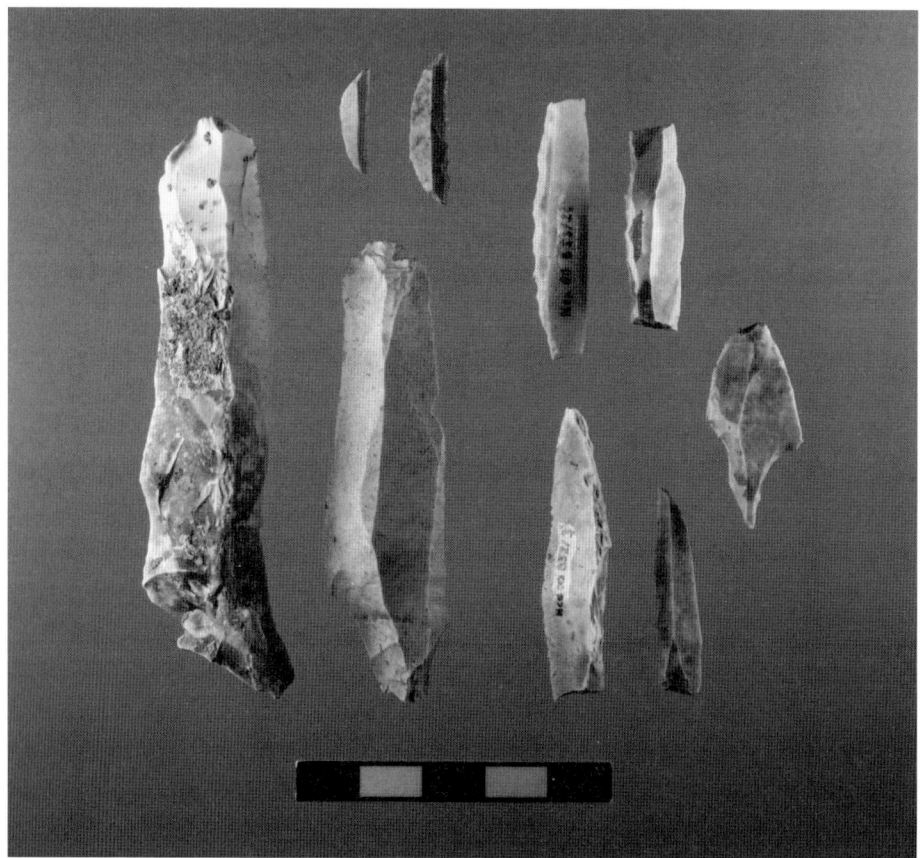

ABB. 16: ARTEFAKTE DER CRO-MAGNON MENSCHEN.

Jahren die zahlreichen Neandertaler-Knochenfragmente der kroatischen Fundstelle Krapina untersucht, war also für dieses „Puzzle" bestens gerüstet.

Das 1997 entdeckte Stück des Kniegelenks des linken Oberschenkelknochens, das
2000 ergrabene linke Jochbein und ein weiteres 2000 geborgenes Schädelstück
lassen sich unmittelbar an das Skelett von 1856 (Neandertal 1) ansetzen (Tafel 3
und 4).

Neben diesen Fundstücken bezeugen Form und Abmessungen eines rechten
Beckenfragments die Zuordnung zu Neandertal 1. Weitere Knochen konnten
aufgrund ihrer Robustheit diesem kräftigen Neandertaler-Mann zugewiesen
werden. Dazu zählen ein Halswirbel, einige Wirbelfragmente sowie Hand- und
Fußknochen.

Fuhlrott nahm seinerzeit an, dass in der Kleinen Feldhofer Grotte ehemals ein
weitgehend komplettes Skelett vorhanden gewesen war und die fehlenden Teile
durch Unachtsamkeit der Steinbrucharbeiter verloren gegangen sind. Zieht man
die Verteilung der 1856 und 1997/2000 gefundenen Knochen über den gesamten
Körper wie auch die ausgezeichnete Erhaltung der Knochensubstanz in Betracht,

ABB. 17: ARTEFAKTE DER NEANDERTALER.

so spricht Vieles für Fuhlrotts Annahme. Den einzigen direkten Beweis für eine ehemals korrekte anatomische Position des Skelettes verdanken wir kurioserweise den beiden italienischen Steinbrucharbeitern: Der Rand der Gelenkpfanne der linken Beckenhälfte und die Gelenkkugel des entsprechenden Oberschenkelknochens weisen Absplitterungen durch ein und denselben Werkzeughieb auf. Dieser hatte demzufolge das Gelenk im anatomischen Verband beim Entfernen des Sedimentes aus der Höhle getroffen.

Alle vorliegenden Fakten sprechen dafür, dass der namengebende Neandertaler aus einem Grab stammt.

Bei dem 1997 entdeckten Menschen „Neandertal 2" handelt es sich ebenfalls zweifelsfrei um einen Neandertaler. Allerdings war diese Person graziler und kleiner als Neandertal 1. Unklar ist derzeit noch, ob es sich um eine Frau handelt oder ob das Individuum noch nicht vollständig ausgewachsen war. Neandertal 2 liegt wesentlich unvollständiger vor als Neandertal 1: Fragmente des rechten Oberarmknochens, beider Ellen, einige Fingerknochen und Halswirbel konnten bisher identifiziert werden.

An der Zuordnung der meisten menschlichen Fossilien zu Neandertal 1 oder 2 wird derzeit noch intensiv gearbeitet: Weitere Schädelfragmente, Zähne, Unterkieferteile, Fragmente von Wirbeln, Rippen, Hand- und Fußknochen sowie Schienbeinfragmente bilden eine echte Herausforderung für die beteiligten Anthropologen. Es ist durchaus denkbar, dass einige besonders problematische Fälle durch genetische Analysen entschieden werden müssen.

Von der Grabung 2000 liegt auch ein natürlich ausgefallener Milch-Backenzahn vor. Dieser könnte rein hypothetisch betrachtet aus der Kindheit von Neandertal 1 oder 2 stammen, doch ist es viel wahrscheinlicher, dass ihn ein weiterer Neandertaler an diesem Lagerplatz verloren hat.

Nach der Entdeckung des zweiten Neandertalers an der Fundstelle ist bisweilen die Vermutung geäußert worden, dass das Neandertaler-Typusexemplar bei der unsachgemäßen Bergung 1856 unbemerkt aus einem Gemisch zweier Skelette entstanden sein könnte.

Gegen eine solche Vermischung sprechen aber verschiedene Fakten: Im Jahr 1856 sind keine Knochen doppelt geborgen worden, weiterhin sind die Knochen von Neandertal 1 und 2 unterschiedlich robust, auch passen die Abmessungen der Skelettelemente von 1856 zueinander. Weiterhin belegen anatomische und pathologische Untersuchungen der Gelenke eine Verbindung der entsprechenden Knochen. Im Fall der linken Beckenhälfte und des linken Oberschenkelknochens ist die Zusammengehörigkeit ja bereits beschrieben worden.

Hinzu kommt ein Zusammenhang in der Entwicklung beider Arme von Neandertal 1. Mikroskopische Untersuchungen des Göttinger Pathologen Michael Schultz an zu Dünnschliffen verarbeiteten Knochenproben zeigten, dass der Bruch des linken Armes im Ellenbogenbereich zu einer lebenslangen verminderten Bewegungsfähigkeit mit resultierendem Knochenabbau in den zwei erhaltenen beteiligten Knochen (Oberarmknochen, Elle) geführt hatte. Hingegen weisen die drei rechten Armknochen (Oberarmknochen, Elle, Speiche) eine Kräftigung der Knochensubstanz auf.

Insgesamt können somit alle beurteilbaren Skelettelemente des namengebenden Neandertalerfundes von 1856 als zu einem Menschen gehörig betrachtet werden. In den letzten Jahren ist eine Reihe weiterer Untersuchungen an den Skelettresten von 1856 und an unseren Neufunden durchgeführt worden. Radiokohlenstoffdatierungen ergaben sowohl erstmals für den namengebenden Neandertaler als auch für das zweite Individuum ein übereinstimmendes Alter von rund 42.000 Jahren, womit diese Funde zu den jüngsten Neandertalern Mitteleuropas gehören. Genetische Analysen an beiden Individuen erbrachten wichtige Einblicke in das Verwandtschaftsverhältnis Neandertaler/anatomisch moderner Mensch (siehe Kapitel 7). Die bereits erwähnte Behinderung des linken Armes bei Neandertal 1 gestattet auch Einblicke in die ansonsten meist im Dunkeln liegende soziale Welt der Neandertaler. So verlangte der gebrochene linke Arm nicht nur Pflege und Versorgung in der Phase der akuten Verletzung, auch tolerierte und kompensierte die Gruppe offensichtlich zwei Jahrzehnte lang die Behinderung dieses Gruppenmitglieds. Noch nicht abgeschlossen sind Untersuchungen des Mengenverhältnisses stabiler Isotope von Kohlenstoff und Stickstoff in der Knochensubstanz der beiden Neandertaler durch Mike Richards vom Max Planck Institut für Evolutionäre Anthropologie in Leipzig. Durch Vergleich mit den Werten fleisch- und pflanzenfressender Tiere von der selben Fundstelle sind Rückschlüsse auf die überwiegende Nahrungsquelle der untersuchten Menschen möglich. Untersuchungen anderer Teams an französischen, belgischen und kroatischen Neandertalern belegen, dass diese Jäger offensichtlich eine extreme Fleischkost bevorzugten.

Insgesamt darf erwartet werden, dass die laufenden Untersuchungen des alten Neandertalers und unserer Neufunde noch einige spannende Ergebnisse, vielleicht sogar Überraschungen liefern werden.

2 Die Neandertaler in Zeit und Raum

Nachdem der Jubilar selbst angemessen gewürdigt und mit seiner nunmehr hundertfünfzig Jahre zurückreichenden Geschichte vorgestellt wurde, ist die Bühne zu beschreiben, auf der die Neandertaler agiert haben, um die Hauptdarsteller selbst in Zeit und Raum sichtbar werden zu lassen.

DAS MITTELPALÄOLITHIKUM

Die gesamte europäische Menschheitsentwicklung wie wohl überhaupt die gesamte außerafrikanische Menschenevolution erfolgte im letzten Erdzeitalter, dem Quartär, das vor etwa 2,4 Millionen Jahren, nach anderer Meinung vor etwa 1,8 Millionen Jahren begonnen hat und in welchem wir heute noch leben (Abb. 27). Unterteilt wird das Quartär in das Pleistozän, das das jüngste Eiszeitalter darstellt, und das Holozän, die bis heute andauernde Nacheiszeit, die vor etwa 10.000–11.000 Jahren begann. Folgt man dem älteren Ansatz für den Beginn des Quartärs, dann ist die Zeit vor 2,4 bis 1,8 Millionen Jahren das Ältestpleistozän, während sich zwischen 1,8 Millionen und etwa 860.000 Jahren vor heute das Altpleistozän erstreckte. Die Zeit von 860.000 Jahren vor heute bis zum Beginn der letzten Zwischeneiszeit vor etwa 125.000–130.000 Jahren bezeichnen wir als Mittelpleistozän, die Zeit seit der letzten Zwischeneiszeit (Eem-Interglazial) bis zum Ende der Eiszeit vor 10.000–11.000 Jahren als Jungpleistozän. Wir wollen auf das Pleistozän und die Eiszeiten in Kapitel vier noch ausführlicher zurückkommen, wenn wir uns mit dem Klima und der Umwelt zur Zeit der Neandertaler befassen. Zunächst genügt es festzuhalten, dass die gesamte Entwicklung der Neandertaler und ihrer europäischen Vorfahren in das Pleistozän fällt.

Die gerade beschriebene geologische Gliederung ist eine Möglichkeit, die Zeit der Neandertaler einzugrenzen. Wir können uns aber auch der kulturellen Hinterlassenschaften bedienen, um ein Gliederungsschema zu erstellen. Wenn wir dies tun, dann entspricht die Zeit der Neandertaler – allgemein und etwas vereinfacht gesprochen – dem mittleren Abschnitt der Altsteinzeit oder des Paläolithikums, oder, um das gebräuchliche Fachwort zu verwenden, dem Mittelpaläolithikum

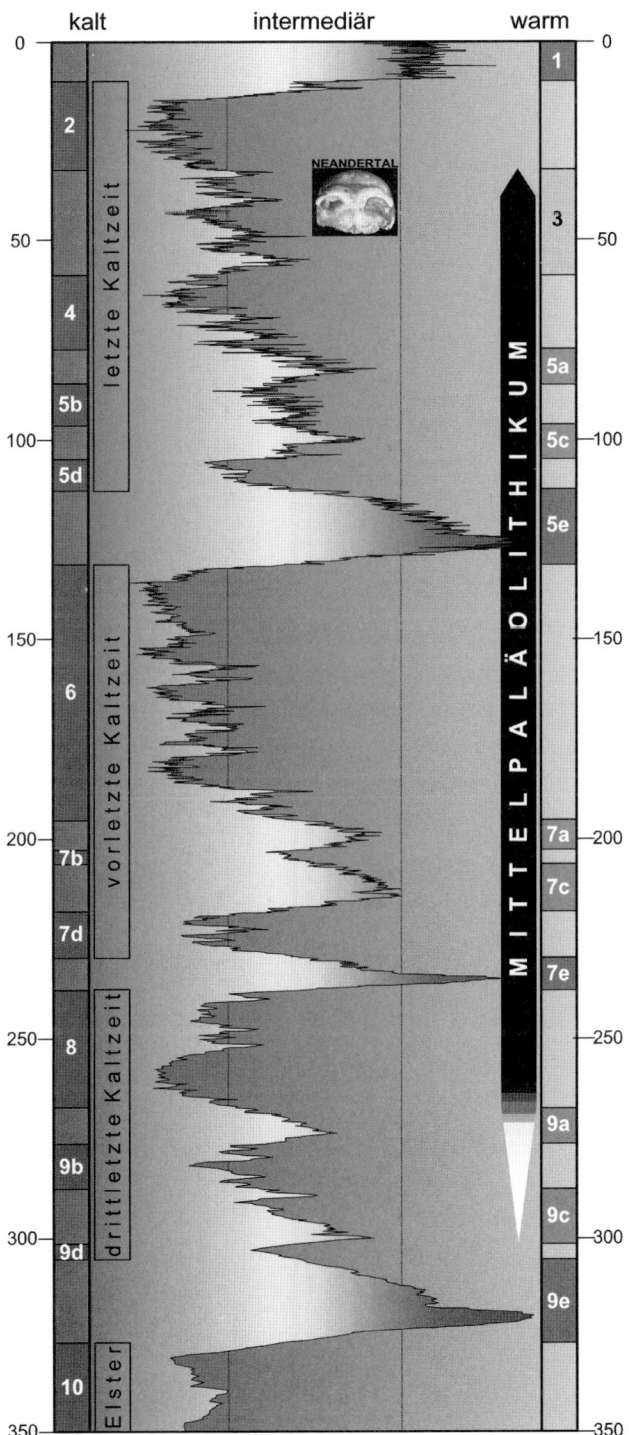

kalt   intermediär   warm

ABB. 18: GLIEDERUNG DER FÜR DAS MITTELPALÄOLITHIKUM BZW. DIE ZEIT DER NEANDERTALER RELE-
VANTEN ZWEITEN HÄLFTE DES MITTELPLEISTOZÄNS UND DES JUNGPLEISTOZÄNS MIT ANGABE DER
SAUERSTOFFISOTOPEN-STUFEN (OIS).

(Abb. 18). Wir werden im Verlaufe des Buches sehen, dass die Gleichung „Zeit der Neandertaler = Mittelpaläolithikum", insbesondere aber auch die umgekehrte Gleichung „Mittelpaläolithikum = Zeit der Neandertaler" nicht hundertprozentig aufgeht, doch genügt es an dieser Stelle, darauf hinzuweisen, dass es Ausnahmen gibt. Um die Dinge nicht komplizierter zu machen, als sie sind, ist im Folgenden das Mittelpaläolithikum oder die mittlere Altsteinzeit gemeint, wenn von der Zeit der Neandertaler die Rede ist.

Wann nun dieses Mittelpaläolithikum begonnen hat, darüber gibt es in der Forschung ganz unterschiedliche Ansichten, die jede für sich ein gutes Maß an Berechtigung haben. Wie so oft kommt es dabei darauf an, aus welchem Blickwinkel man die Frage betrachtet. Wir wollen in diesem Buch einem weiter gefassten Ansatz folgen, der seit längerem u.a. von dem bekannten deutschen Altsteinzeitforscher Gerhard Bosinski sowie von seinem französischen Kollegen Alain Tuffreau vertreten wird (z.B. Tuffreau 1979; Bosinski 1992). Danach beginnt das Mittelpaläolithikum mit dem regelmäßigen Vorkommen einer neuen Methode zur Gewinnung von Stein-Grundformen, der so genannten Levallois-Methode, die in Kapitel 5 ausführlicher erläutert wird. Wir kommen damit zeitlich immerhin etwa 300.000 Jahre zurück in die Sauerstoffisotopen-Stufe 8 (Abb. 18). Es ist heutzutage üblich, altsteinzeitliche Zeitangaben auch in Sauerstoffisotopen-Stufen auszudrücken, die man aufgrund der Untersuchungen an Tiefsee- und Eisbohrkernen ermittelt hat. Da die Methode und ihr Aussagepotential in Kapitel 4 näher erläutert werden, muss an dieser Stelle nicht weiter darauf eingegangen werden.

Natürlich war die Levallois-Methode nicht von einem auf den anderen Tag da, und so findet man Ansätze bereits im vorhergehenden Altpaläolithikum. Eine scharfe Grenze zwischen Alt- und Mittelpaläolithikum werden wir niemals ziehen können, wie es eigentlich in der Urgeschichte niemals scharfe Epochengrenzen gibt, zumal auch regional sehr starke Unterschiede bestehen können. Folgt man, wie wir es tun wollen, dem gerade gegebenen Zeitansatz, dann gehören der erste Teil des Mittelpaläolithikums sowie die Anfänge und die Frühphase der Neandertaler noch in das Mittelpleistozän, der zweite Teil des Mittelpaläolithikums sowie die Phase des klassischen Neandertalers aber in das Jungpleistozän, das vor etwa 125.000–130.000 Jahren mit der Eem-Zwischeneiszeit begann, wobei die Fossilien aus der Eemzeit selbst (vor etwa 115.000–130.000 Jahren) auch noch als frühe Neandertaler klassifiziert werden und nur diejenigen aus der letzten Eiszeit als eigentliche klassische Neandertaler gelten.

Es soll jedoch nicht verschwiegen werden, dass es für den Beginn des Mittelpaläolithikums auch andere, zum Teil sehr unterschiedliche Ansätze gibt. Genannt sei hier die Ansicht von Forschern wie François Bordes, der eine „kurze Chronologie" vertreten hat und das Mittelpaläolithikum erst mit der letzten Zwischeneiszeit (Eem) oder mit dem Beginn der letzten (Würm bzw. Weichsel-)Eiszeit und dem Auftreten der klassischen Neandertaler beginnen ließ, das heißt mit dem Beginn des Jungpleistozäns.

Recht große Einigkeit herrscht dagegen über das Ende des Mittelpaläolithikums, das in den Zeitraum zwischen etwa 40.000 und knapp 30.000 Jahren vor heute fällt und innerhalb der Sauerstoffisotopen Stufe 3 liegt. Damit haben wir zu dieser Seite hin eine zeitliche Überlappung mit dem Beginn der jüngeren Altsteinzeit oder des Jungpaläolithikums.

Ein weiteres Kennzeichen des Mittelpaläolithikums besteht über die charakteristische Steinbearbeitungstechnik hinaus darin, dass wir nun im Gegensatz zum vorhergehenden Altpaläolithikum erstmals wirkliche Formengruppen erkennen können. Darunter verstehen wir manchmal regional fest umrissene Einheiten, die sich durch das Vorkommen oder Nicht-Vorkommen bestimmter Werkzeugtypen und/oder Herstellungsweisen auszeichnen und auf diese Weise von anderen Einheiten oder Formengruppen abheben.

Die bekannteste und vielleicht wichtigste Formengruppe im Mittelpaläolithikum ist das Moustérien, benannt nach der südwestfranzösischen Fundstelle Le Moustier. Innerhalb dieser Gruppe werden wiederum verschiedene Ausprägungen unterschieden, die hier jedoch nicht weiter vorgestellt werden sollen. Für viele ist das Moustérien geradezu ein Synonym für die Kultur des Neandertalers. Es gibt jedoch neben dem Moustérien eine Reihe weiterer Einheiten, die nicht unerwähnt bleiben dürfen. Hier ist vor allem eine Formengruppe zu nennen, die in der Vergangenheit meist in Anlehnung an den südwestfranzösischen Fundplatz La Micoque als Micoquien bezeichnet wurde. Heutzutage wird vor allem in Mitteleuropa nach der besonders charakteristischen Gerätform dieser Werkzeugvergesellschaftung oder Industrie die Bezeichnung Keilmessergruppe bevorzugt. Einer der wichtigsten mitteleuropäischen Fundplätze für diese Industrie ist der Bockstein (Wetzel und Bosinski 1969), und auch die mittelpaläolithischen Funde aus dem Neandertal gehören dazu. Die Fundplätze, die man früher unter der Bezeichnung Jungacheuléen einer eigenen Formengruppe zugeordnet hat, werden heute oft in die Keilmessergruppe gestellt.

In die Spätphase des Mittelpaläolithikums gehört eine vor allem in Teilen Frankreichs verbreitete Formengruppe, die als Moustérien de tradition acheuléenne (MTA) bezeichnet wird, da sie einerseits Merkmale des klassischen Moustérien aufweist, andererseits aber auch Elemente des altpaläolithischen Acheuléen wie zahlreiche Faustkeile, die oft einen charakteristischen dreieckigen bis herzförmigen Umriss haben und besonders sorgfältig gearbeitet sind. Das MTA ist eine der spätesten Industrien, die ausschließlich von Neandertalern vor jeglichem Kontakt mit anatomisch modernen Menschen hergestellt wurde.

Bei anderen eher mittelpaläolithischen Industrien, z.B. den Blattspitzengruppen, können wir auf Grund fehlender Menschenfossilien nicht sicher sagen, dass sie von Neandertalern hergestellt wurden, zumal sie zu einer Zeit auftreten, als wahrscheinlich auch schon anatomisch moderne Menschen in Europa lebten. Die Blattspitzengruppen werden in Kapitel 7 im Zusammenhang mit den Übergangsinventaren ausführlicher behandelt.

DIE HERKUNFT DER NEANDERTALER

Die Neandertaler waren nicht die ersten Menschen, die in Europa gelebt haben. Wir wollen daher ihre Herkunft und ihre Entwicklungslinie bis zu den bisher ältesten bekannten Europäern zurückverfolgen. Zu diesem Zweck müssen wir aber ein wenig ausholen und zunächst nach Afrika blicken.

Out of Africa Unter den Fachkollegen herrscht weitgehende Einigkeit darüber, dass sich die Menschen außerhalb Europas – sehr wahrscheinlich zunächst ausschließlich in Afrika – entwickelt haben und von dort in mehreren Wellen und mehreren Etappen den Rest der Welt besiedelten. In der Fachwelt ist dies als Out of Africa-Hypothese bekannt. Von Bedeutung ist in diesem Zusammenhang eine Menschenform, die lange Zeit einheitlich als *Homo erectus*, d.h. aufrecht gehender Mensch, bezeichnet wurde. Erst in jüngerer Zeit sind die Anthropologen dazu übergegangen, diese Menschenform auf verschiedenen Kontinenten und in verschiedenen Entwicklungsstadien mit unterschiedlichen Namen zu belegen. Die afrikanische Frühform heißt danach *Homo ergaster*, während nur noch die entsprechenden späten afrikanischen und die asiatischen Fossilien als *Homo erectus* bezeichnet werden. Die europäischen Formen haben dagegen nach dem berühmten Unterkiefer von Mauer bei Heidelberg den Namen *Homo heidelbergensis* erhalten (Henke 2004; Schrenk 2004). Auch wenn diese Bezeichnungen nicht einheitlich von allen Anthropologen benutzt werden, ist hier weder der Platz, noch besteht die Notwendigkeit, diese Diskussion zu vertiefen. In diesem Buch wollen wir sie in der genannten Form übernehmen und insbesondere für die europäischen Funde den Namen *Homo heidelbergensis* verwenden.

Einigermaßen klar scheint, dass vor vielleicht fast zwei Millionen Jahren, also im Altpleistozän, erstmals Menschen der Gattung *Homo*, wahrscheinlich *Homo ergaster*, den afrikanischen Kontinent verließen, Asien betraten und auch bereits bis vor die Tore Europas gelangten. Hierfür sind die berühmten *Homo erectus*-Menschenfunde der georgischen Fundstelle Dmanisi, die ein Alter von vielleicht bis zu

1,7 Millionen Jahren haben, gute Zeugen. Inzwischen kennt man allein vier Schädel, mehrere Unterkiefer und eine ganze Reihe weiterer Skelettreste, die von wahrscheinlich mindestens sechs Individuen stammen. Die Menschenreste fanden sich zusammen mit einer wärmeliebenden Fauna und einer Steingerätindustrie, die durch Geröllgeräte sowie einfache Abschläge gekennzeichnet ist (zum Fundplatz und den älteren Funden: Gabunia u.a. 1999).

Sehr wahrscheinlich gab es mehrere Ausbreitungswellen von frühen Vertretern der Gattung *Homo* aus Afrika heraus, und offensichtlich entwickelten sich nicht alle Populationen, die Afrika verlassen hatten, weiter.

Die ersten Europäer Wie alt nun die ältesten Europäer und damit die älteste Besiedlung Europas tatsächlich sind, darüber herrscht wiederum eine gewisse Uneinigkeit. Offensichtlich haben aber die Menschen von Dmanisi noch nicht den Sprung ins heutige Europa gewagt. Grundsätzlich stehen die Vertreter einer so genannten „langen Chronologie" solchen einer „kurzen Chronologie" gegenüber. Während letztere davon ausgehen, dass die eigentliche, dauerhafte Besiedlung Europas einschließlich der nördlicheren Breiten vor vielleicht 500.000 Jahren im Verlaufe des Mittelpleistozäns begann und davor der Mensch Europa allenfalls sporadisch und dann auch nur in südlichen Breiten betrat, gehen die Vertreter der langen Chronologie von einer mehr oder weniger permanenten Besiedlung größerer Teile des Kontinents vor bereits etwa einer Million Jahren, also noch im späten Altpleistozän, aus. Auch zu dieser Frage ist im Rahmen unseres Buches keine auch nur annähernd erschöpfende Diskussion möglich. Festzuhalten bleibt aber, dass wir bereits vor gut 800.000 Jahren im frühen Mittelpleistozän an mehreren Stellen Europas die Anwesenheit von Menschen nicht nur durch ihre materiellen Hinterlassenschaften, sondern zum Teil auch durch Knochenfunde nachweisen können. Stammen nun alle einigermaßen sicheren Nachweise auch tatsächlich aus südlichen Breiten, nämlich aus Spanien und aus Italien, so sind sie andererseits dazu geeignet, mehr als nur eine sporadische menschliche Anwesenheit zumindest in Südeuropa vorauszusetzen. Die ältesten einigermaßen verlässlich datierten europäischen Menschenreste aus nördlichen Breiten sind dagegen tatsächlich „nur" 500.000 bis maximal 600.000 Jahre alt, doch lassen sich auch hier Artefakte finden, die durchaus älter sein könnten. Deutsche Fundstellen dieser Zeit liegen mit Miesenheim I (Turner 2000) und der Fundschicht G von Kärlich, beide am Mittelrhein bei Koblenz, vor (Vollbrecht 1997). Ihnen lassen sich verschiedene Fundstellen im Somme-Tal in Nordfrankreich und – noch deutlich weiter im Norden gelegen – Boxgrove in Südengland an die Seite stellen. Diese Fundstellen gehören zu den mit etwa 500.000 Jahren ältesten verlässlichen Belegen menschlicher Anwesenheit im nördlichen Teil Europas. Die besondere Bedeutung von Boxgrove liegt neben einem Menschenrest

von *Homo heidelbergensis* und zahlreichen besonders sorgfältig gearbeiteten Steinwerkzeugen vor allem darin, dass hier großflächig einwandfrei stratifizierte,
weitgehend unverlagerte und gut erhaltene Begehungshorizonte in feinkör-
nigem Sediment freigelegt werden konnten, die eine innere Organisation des
Siedlungsplatzes erkennen lassen (Roberts und Parfitt 1999). Gerade während der
Drucklegung des vorliegenden Buches werden aus Großbritannien etwa 700.000
Jahre alte Funde aus verlässlichem Fundzusammenhang gemeldet.

Konzentrieren wir uns bei der Frage nach den ältesten europäischen Vorfahren
der Neandertaler jedoch auf die Menschenfunde. Eine Schlüsselstellung nehmen
hier zweifellos die zahlreichen Funde aus der Gran Dolina ein, einer der Fundstellen in der Sierra de Atapuerca bei Burgos in Spanien. In der Fundschicht TD6
– aufgrund verschiedener Datierungsmethoden auf ein noch altpleistozänes Alter
von etwa 800.000 Jahren datiert – fanden sich seit 1994 Menschenfossilien sowohl
von Erwachsenen als auch von Kindern und Jugendlichen zusammen mit Werkzeugen und Jagdbeuteresten. Diese bisher ältesten Europäer, die von den spanischen Kollegen als *Homo antecessor* bezeichnet werden, unterscheiden sich noch
nicht sehr stark von den afrikanischen und asiatischen *Erectus*-Formen (Bermúdez
de Castro u.a. 1999). Dies gilt auch für einen vielleicht ähnlich alten, ebenfalls
1994 gefundenen, Schädel aus Ceprano bei Rom in Italien.

Bei all diesen Funden gibt es noch keine klaren Merkmale, die eine Entwicklung
zum Neandertaler andeuten. Nach Ansicht einiger Forscher führte dann aber eine
relativ lange während Isolation der ersten europäischen Menschenpopulationen
dazu, dass diese sich allmählich von den afrikanischen und asiatischen *Erectus*-
Formen zu unterscheiden begannen und erste Neandertaler-Merkmale herausbil-
deten (vgl. Dean u.a. 1998; Arsuaga 2003). Nach diesem Modell, das allerdings
von anderen Anthropologen wie den Amerikanern John Hawks und Milford Wolpoff (2001) abgelehnt wird, sammelten sich die Neandertaler-Merkmale dann nach
und nach an, bis schließlich der klassische Neandertaler entstanden war.

So gehören die Menschen-Fossilien, die zwischen etwa 500.000 und etwa
300.000 Jahren alt sind, als Gruppe zwar ebenfalls noch zu der Form *Homo heidelbergensis*, doch bei einigen von ihnen finden sich einige Neandertaler-Merkmale
(vgl. Klein 1999). Zu ihnen gehören die berühmten Funde von Arago oder Tautavel
in Südfrankreich. Zeitlich gehört in diesen Horizont nicht zuletzt auch der bisher
älteste Deutsche: der erwähnte Unterkiefer von Mauer bei Heidelberg als Namen
gebender Fund für den *Homo heidelbergensis* (Wagner und Beinhauer 1997). Das Stück
wurde 1907 in einer Kiesgrube ohne archäologischen Zusammenhang entdeckt.
Die Zeitstellung des Unterkiefers wird kontrovers diskutiert, und abhängig von
der angewandten Datierungsmethode können die ermittelten Alter um mehrere
100.000 Jahre voneinander abweichen. Am wahrscheinlichsten ist ein Alter
zwischen 450.000 und gut 600.000 Jahren.

Präneandertaler Deutlichere Neandertaler-Merkmale zeigen andere Fossilien wie der ausgesprochen gut erhaltene Schädel von Petralona in Griechenland, der ohne Unterkiefer aufgefunden wurde und der als fortschrittlicher *Homo heidelbergensis* angesprochen werden kann.

Unklar ist dagegen nach wie vor die stammesgeschichtliche Stellung des Schädelfragmentes aus Reilingen bei Speyer, das gelegentlich *Homo heidelbergensis* oder einem frühen archaischen *Homo sapiens* zugeordnet wird, gelegentlich als früher Neandertaler angesprochen wird, gelegentlich auch als Präneandertaler (Czarnetzki 1989; Condemi 1996; Dean u.a. 1998).

Ein Schlüsselfundplatz für die weitere Entwicklung, die man als „Neandertalisierung" bezeichnen kann, liegt ebenfalls in der Sierra de Atapuerca, unmittelbar benachbart zur gerade genannten Gran Dolina. Es ist die so genannte Sima de los Huesos, was übersetzt etwa so viel wie „Knochengrube" bedeutet. Und dieser Name ist in der Tat berechtigt. Hier fanden sich übereinander geschichtet die Reste von über dreißig menschlichen Individuen – die mit Abstand größte Anzahl mittelpleistozäner Menschenreste, die wir von einer einzelnen Fundstelle überhaupt kennen (Bermúdez de Castro u.a. 1999). Diese Funde wurden nicht alle gleichzeitig abgelagert; sie sind zwischen etwa 300.000 und gut 200.000 Jahre alt und lassen nun tatsächlich so deutlich erste Neandertaler-Merkmale erkennen, dass wir uns hier an der Schwelle zu den ersten als früheste Neandertaler ansprechbaren Menschen befinden.

In einen ähnlichen Zusammenhang gehören auch die Funde aus der Fundstelle Bilzingsleben in Thüringen, die hier Erwähnung verdient, weil der Ausgräber Dietrich Mania außer zahlreichen materiellen Hinterlassenschaften auch Reste von zwei bis drei menschlichen Individuen fand (Mania 1998). Diese gehören grundsätzlich zu *Homo heidelbergensis*, weisen aber auch allererste Ansätze neandertaloider Merkmale auf, so die Überaugenwülste, die zwar noch durchgehend, aber relativ stark gebogen sind und bereits eine beginnende Differenzierung in zwei Überaugenpartien erkennen lassen wie beim Neandertaler. Diese und vergleichbare Fossilien geben uns einen klaren Hinweis auf einen europäischen Ursprung der Neandertaler.

Anschließen lassen sich die Fossilien von zwei Fundstellen, die meist in einem Atemzug genannt werden: Swanscombe in England mit Fragmenten eines Schädels und Fontéchevade in Frankreich mit den Fragmenten zweier Schädel.

In diesen Zusammenhang gehört schließlich auch der Schädel von Steinheim an der Murr, der nicht sicher datiert, aber möglicherweise mehr als 250.000 Jahre alt ist (Adam 1991; Tafel 1). Von manchen Anthropologen wird er schon als sehr früher Neandertaler bezeichnet. Für Friedemann Schrenk (Schrenk und Müller 2005: 26) handelt es sich bei den Fossilien vom Typ Steinheim und Swanscombe um

„typische Ante-Neandertaler", die er nach dem Fund von Steinheim auch als *Homo steinheimensis* bezeichnet. Auch wenn wir damit einer gewissen Verwirrung Vorschub leisten mögen, da dieser Begriff, wie wir gleich sehen werden, in der Literatur auch in anderer Bedeutung verwendet wird, möchten wir bei den *Homo heidelbergensis*-Fossilien mit klaren Neandertal-Merkmalen von Präneandertalern sprechen.

Das Zeitfenster vor etwa 300.000 Jahren erweist sich als ausgesprochen spannende Übergangsphase, die gerade auch für die Entwicklung der Neandertaler von eminenter Bedeutung ist. Die Menschenfossilien dieser Zeit ähneln sehr stark dem typischen *Homo heidelbergensis*, lassen aber auch erste deutliche Neandertaler-Merkmale erkennen. Der Mensch von Bilzingsleben stellte dabei noch ganz und gar altpaläolithische Artefakte her, während anderswo, z.B. in einigen nordfranzösischen Fundstellen, bereits mittelpaläolithische Fundkomplexe mit ausgiebiger Verwendung der Levallois-Methode auftreten. Es zeigt sich hier, dass die anthropologische und die kulturelle Evolution nicht absolut synchron verlaufen. Andererseits fällt es schwer zu glauben, dass es ein völliger Zufall ist, wenn – im gesamteuropäischen Rahmen betrachtet – die ersten Anfänge sowohl der Neandertaler-Entwicklungslinie als auch die Anfänge des Mittelpaläolithikums oder die regelhafte Verwendung der Levallois-Methode zur gleichen Zeit erfolgen.

Wir haben hier, um Formulierungen von Friedemann Schrenk zu verwenden, den Übergang von der Entwicklungsstufe der Frühmenschen zu jener des modernen Menschen oder archaischen *Homo sapiens* vor uns. Aus der europäischen Variante der Frühmenschen – *Homo heidelbergensis* – gingen die Neandertaler hervor. Diese sind, auch wenn sie teilweise die Grenzen des heutigen Europa überschritten, geographisch gesehen Kinder Europas.

Frühe Neandertaler *Homo heidelbergensis* darf also als Ahnherr der Neandertaler gelten. Für den amerikanischen Anthropologen Richard Klein belegen die Funde aus der Sima de los Huesos und andere mittelpleistozäne Fossilien aber nicht allein die europäische Entstehung des Neandertalers, sie deuten zugleich an, dass verschiedene Neandertaler-Merkmale zu verschiedenen Zeiten an unterschiedlichen Stellen in unterschiedlichen Populationen entstanden. Auch die westasiatischen Neandertaler haben nach Klein ihre Wurzeln wohl in Europa, und in Israel haben sie vielleicht dort bestehende Populationen moderner Menschen vor grob 70.000 Jahren ersetzt. Ob und wie sich das Schädelfragment von Zuttiyeh (Galiläa) in die Entwicklungslinie der Neandertaler einfügt, ist nicht abschließend geklärt.

Vor gut 200.000 Jahren waren immer mehr Neandertaler-Merkmale immer deutlicher ausgebildet, vor allem am Schädel (Abb. 25). Die Menschen dieser Zeit lassen sich nun deutlich von *Homo heidelbergensis* absetzen. Leider sind in der Fachliteratur unterschiedliche Bezeichnungen für diese vor-klassischen Neandertaler in Gebrauch. So finden sich oft die Bezeichnungen Präneandertaler oder Anteneandertaler für die vor-würmzeitlichen Formen, die bereits klar die meisten typischen Neandertalermerkmale aufweisen, aber eben noch keine klassischen Neandertaler sind.

Wie gerade gesagt, verwenden wir den Begriff Präneandertaler für die fortschrittlichen *Homo heidelbergensis*-Formen mit klaren Neandertalermerkmalen, und zur Vermeidung von Missverständnissen wollen wir die vor-klassischen Neandertaler als frühe Neandertaler ansprechen, da unserer Meinung nach spätestens seit der vorletzten Kaltzeit die eigenständige Neandertalerlinie erkennbar ist und sich von den fortgeschrittenen *Homo heidelbergensis*-Formen abgrenzen lässt. Die frühen Neandertaler weisen bereits die meisten typischen Merkmale der klassischen Neandertaler auf, jedoch in etwas abgeschwächter Form. Zu ihren frühesten Vertretern gehören die Funde aus der Grotte du Lazaret bei Nizza in Frankreich und aus Pontnewydd in Wales.

In diese Linie gehören auch die ähnlich alten Fossilien der französischen Fundstelle Bau de l'Aubesier, die etwa 170.000–190.000 Jahre alt sind und bei denen sich nach den Bearbeitern die Herausbildung der neandertaloiden Schädel- und Gesichtsmerkmale während der zweiten Hälfte des Mittelpleistozän im Nordwesten Europas ablesen lässt (Lebel u.a. 2001). Noch aus dem Ende der vorletzten Kaltzeit um etwa 130.000 Jahre vor heute stammen unter anderem die Funde aus Biache-Saint-Vaast in Nordfrankreich.

Etwas problematisch sind die Funde von Weimar-Ehringsdorf (Vlček 1993). Sie werden meist auf ein Alter von gut 200.000 Jahren datiert, zeigen aber bereits so deutliche Merkmale der klassischen Neandertaler, dass sie sich Fossilien aus der letzten Warmzeit (Eem) vor 130.000 bis 115.000 Jahren an die Seite stellen lassen, zum Beispiel den bekannten Schädeln aus Saccopastore bei Rom, die ebenfalls diese Merkmale deutlich ausgeprägt aufweisen, aber noch keine unzweideutig klassischen Neandertaler sind.

Häufiger als vor-eemzeitliche Funde sind dann frühe Neandertaler aus der letzten Zwischeneiszeit selbst. Die Schädel aus Saccopastore wurden gerade genannt. Aus Gánovce in der Slowakei stammen zwar keine Knochen, jedoch liegen von dieser Fundstelle versteinerte Ausformungen des Schädelinnenraumes vor. Die ergiebigste Fundstelle für frühe Neandertaler ist jedoch Krapina in Kroatien (Radovčić u.a. 1988). Dieses 1899 untersuchte Felsschutzdach lieferte allein 884 Neandertalerreste, die zu schätzungsweise zwanzig bis dreißig Individuen gehören. Die meisten Individuen gehören sicherlich in die Eemzeit, jedoch könnten einige auch aus der letzten Kaltzeit stammen und klassische Neandertaler repräsentieren. Wir werden den Funden aus Krapina in Kapitel 6 noch besondere Aufmerksamkeit widmen, wenn wir uns der Frage des Kannibalismus bei Neandertalern widmen.

127.000 bis 115.000 Jahre alt und damit ebenfalls Überrest eines frühen Neandertalers ist der Schädel Gibraltar I aus der Höhle Forbes' Quarry, der bereits 1848 entdeckt wurde, also acht Jahre vor dem Typusexemplar aus dem Neandertal, der aber seinerzeit nicht als Überrest einer archaischen Menschenform erkannt wurde. Tatsächlich ist es – von der Fundchronologie her gesehen – der zweite Neandertalerfund überhaupt.

Ein aufgrund der Fundsituation spektakulärer früher Neandertaler stammt aus der Grotta di Lamalunga bei Altamura in Apulien/Italien. Hier wurde 1993 ein offenbar vollständiges Neandertaler-Skelett entdeckt, das derart in Tropfsteine und Kalkkonkretionen eingebettet ist, dass es bisher nicht geborgen werden konnte – ein bisher einzigartiger Fall.

Auf deutschem Boden sind drei zusammenpassende Schädelfragmente aus dem Wannen-Vulkan in Ochtendung in der Osteifel zu nennen, die 1997 zusammen mit drei mittelpaläolithischen Steinartefakten als Reste des bisher ältesten Rheinländers aufgefunden wurden. Der Schädel erweist sich mit einer Dicke von 1,1 cm als besonders massiv, vor allem im Vergleich mit der Schädeldicke moderner Menschen. Bemerkenswert sind Schnittspuren, die auf menschliche Manipulation an dem Schädel hindeuten. Wie diese zu deuten sind, ist jedoch unklar.

Klassische Neandertaler Mit Beginn der letzten Kaltzeit liegen dann seit etwa 115.000 Jahren vor heute die klassischen oder späten Neandertaler in relativ großer Zahl vor, die meist gemeint sind, wenn von „den Neandertalern" die Rede ist. Mit am bekanntesten ist zweifellos das 1856 gefundene Typusexemplar aus dem Neandertal selbst (Tafel 3), dem, wie wir in Kapitel 1 gesehen haben, durch Neuuntersuchungen in den Jahren 1997 und 2000 nicht nur weitere Knochen zugeordnet, sondern auch zwei weitere Individuen beigesellt werden konnten. Anders als bei der Auffindung 1856 konnten bei den Neuuntersuchungen auch zahlreiche mittelpaläolithische Steinartefakte geborgen werden, die wir wahrscheinlich den Keilmessergruppen zuordnen dürfen (Abb. 17). Mit einem Alter von etwa 40.000 Jahren gehören die Funde aus dem Neandertal noch in die Blütezeit der klassischen Neandertaler. Die anderen deutschen Neandertaler-Fundstellen sind weniger berühmt, aber dennoch wichtig (Orschiedt u.a. 1999); hervorzuheben sind die niedersächsischen Funde aus Salzgitter-Lebenstedt bei Braunschweig, die mit zahlreichen Steinwerkzeugen und auch Werkzeugen aus organischen Materialien vergesellschaftet waren, und die erst kürzlich entdeckten Funde aus Sarstedt im Landkreis Hildesheim, ebenfalls in Niedersachsen.

Große Namen verbinden sich sodann vor allem mit den Fundstellen im südwestlichen Frankreich. Nur einige wenige sollen hier genannt werden: La Ferrassie, Le Moustier, La Quina und La Chapelle-aux-Saints. Letztgenannte Fundstelle lieferte mit dem so genannten „Alten" ein Neandertalerskelett, bei dem die typischen Neandertalermerkmale so deutlich ausgeprägt sind, dass man beinahe schon die Karikatur eines Neandertalers vor sich hat.

Gemessen an der geringen Größe des Landes zahlreiche Neandertaler lieferte Belgien (M. Toussaint 2001). Mit dem Kinderschädel von Engis (Engis 2), der bereits 1829/30 entdeckt wurde, stammt der erste überhaupt gefundene Neandertaler aus dem Königreich; er wurde allerdings erst gut hundert Jahre später als solcher identifiziert. Die 1886 gefundenen Skelette aus der Höhle von Spy dagegen brachten den eigentlichen Durchbruch für die Anerkennung des Neandertalers als ausgestorbene Menschenform, da man mit diesen Funden erstmals gute Vergleichsmöglichkeiten mit dem Fund aus dem Neandertal hatte und zeigen konnte, dass die gegenüber dem modernen Menschen unterschiedlichen Knochenmerkmale nicht auf krankhafte Veränderungen zurückgingen.

Einer der am besten erhaltenen Neandertalerschädel überhaupt stammt aus der Fundstelle Monte Circeo bei Rom; er wurde aufgrund seiner Fundumstände lange Zeit irrtümlich als rituell niedergelegt angesehen (s. Kapitel 6). Natürlich können an dieser Stelle nicht alle Fundstellen klassischer Neandertaler aufgezählt werden. Der interessierte Leser sei hierfür auf die Kartierungen (Abb. 19 und 20) und auf die vollständige Liste im Anhang verwiesen.

Einige Fundstellen verdienen aber dennoch eine gesonderte Erwähnung, und zwar sind es die Fundstellen in Vorderasien wie Amud, Kebara, Tabun und Skhul in Israel und Dederiyeh in Syrien sowie – bereits am Rande Zentralasiens – Shanidar im heutigen Irak (Tafel 6). Vor allem die israelischen Fundstellen mit jeweils mehreren Individuen bilden eine kleine Neandertaler-Fundprovinz außerhalb Europas (Abb. 20). Da in der gleichen Region zur Zeit des Mittelpaläolithikums auch anatomisch moderne Menschen gelebt haben, spielten die israelischen Funde lange Zeit eine entscheidende Rolle in der Frage um mögliche Begegnungen zwischen beiden Menschenformen. Durch neue Altersbestimmungen weiß man heute aber, dass die verschiedenen Menschenformen das Gebiet wohl zu unterschiedlichen Zeiten besiedelt haben und sich wahrscheinlich nicht begegnet sind. Wir werden darauf in Kapitel 7 ausführlicher eingehen.

Dort wollen wir auch auf die besonders späten Neandertaler zu sprechen kommen, zum Beispiel das etwa 34.000–36.000 Jahre alte Teilskelett aus Saint-Césaire in der französischen Charente oder die mit einem Alter um etwa 28.000 Jahre bisher jüngsten Neandertaler aus dem kroatischen Vindija und dem spanischen

ABB. 19 (OBEN): FUNDPLÄTZE MIT PRÄNEANDERTALER- UND NEANDERTALERFOSSILIEN IN EUROPA UND IM VORDEREN ORIENT. DREIECKE KENNZEICHNEN PRÄNEANDERTALER, QUADRATE FRÜHE NEANDERTALER UND PUNKTE KLASSISCHE NEANDERTALER.

ABB. 20 (UNTEN): FUNDPLÄTZE MIT NEANDERTALERFOSSILIEN IN OSTEUROPA, ZENTRALASIEN UND DEM VORDEREN ORIENT.

Zafarraya. Oft wird in diesem Zusammenhang auch das Kind aus der Mezmaiskja-Höhle im russischen Kaukasus genannt, für das es eine Datierung auf etwa 29.000 vor heute gibt; da das wahrscheinliche Grab jedoch von Schichten versiegelt war, die mehr als 40.000 Jahre alt sind, ist eher ein höheres Alter anzunehmen.

DIE VERBREITUNG DER NEANDERTALER UND IHRER HINTERLASSENSCHAFTEN

Knochenfunde Wir kennen bis heute gut 300 Neandertaler-Individuen, bei denen es sich überwiegend um klassische und seltener um frühe Neandertaler handelt. Oft finden sich nur einzelne Individuen, die wiederum häufig nur durch einzelne Skelettteile repräsentiert sind. Es gibt in dieser Hinsicht aber einige herausragende Fundstellen mit mehreren, zum Teil zahlreichen Neandertalern: Hortus, La Quina, La Ferrassie, Bau de l'Aubesier in Frankreich und Krapina in Kroatien sowie Shanidar im Irak. Shanidar hat dabei die bisher größte Anzahl an zumindest teilweise erhaltenen Skeletten überhaupt geliefert, während die zum Teil deutlich zahlreicheren Individuen der anderen Fundstellen – besonders Krapina – in erster Linie durch unzusammenhängende Knochen repräsentiert sind. Gerade bei solchen Funden ist es oft schwer, eine auch nur annähernd verlässliche Anzahl der Individuen anzugeben.

Die konkreten Knochenfunde markieren das Gebiet, das die Neandertaler mindestens besiedelt haben. Im Schwerpunkt handelt es sich um weite Teile Europas und Teile Vorder- und Zentralasiens (Abb. 19 und 20). Fasst man frühe Neandertaler und klassische Neandertaler zusammen, so reicht die West-Ost-Verbreitung von der Atlantikküste in Portugal über einen deutlichen Schwerpunkt in Frankreich und eine kleine Fundprovinz auf der Krim und östlich des Schwarzen Meeres bis ins zentralasiatische Usbekistan. Die nordöstlichsten Funde stammen aus Wales und von der Kanalinsel Jersey, die nördlichsten europäischen Fundpunkte liegen in Deutschland, die südlichsten in Gibraltar, Italien und Griechenland. Weiter südöstlich reicht die Verbreitung außerhalb Europas bis in die israelische Levante. Sehr weit im Nordosten und deutlich abseits von allen anderen Fundstellen liegen im russischen Altaigebiet zwei erst kürzlich untersuchte Fundstellen (Abb. 20). Interessanterweise fehlen eindeutige Neandertaler bisher in den übrigen Teilen der Welt, insbesondere auch in dem ansonsten an Menschenfossilien so reichen Afrika.

Die Karten sind ein Versuch, die Verbreitung der Neandertaler-Fossilien möglichst vollständig wiederzugeben. Es sind alle uns bekannten einigermaßen sicher zugeordneten Knochen und Zähne kartiert; nur einige nicht sicher zugeordnete Funde sind ebenfalls eingetragen. Nicht berücksichtigt sind dagegen *Homo heidelbergensis*-Fossilien mit nur undeutlichen Neandertaler-Merkmalen oder reine *Homo heidelbergensis*-Funde. Fragliche Funde sind in der Liste im Anhang entsprechend gekennzeichnet. Die Anzahl der jeweils gefundenen Individuen einer Fundstelle ist nicht berücksichtigt.

Im südwestlichen Frankreich, vor allem in der Charente und in der Dordogne, ist die Funddichte so groß, dass eine genaue Auflösung in der Europakarte (Abb. 19) nicht möglich ist. Während diese Fundhäufung allgemein bekannt ist, so macht die Kartierung aber auch etwas deutlich, was allgemein vernachlässigt wird, nämlich die Tatsache, dass Italien nach Frankreich offensichtlich die meisten Fundplätze mit Neandertalerresten überhaupt hat. Dass es sich dabei pro Individuum oft nur um wenige Knochen und/oder Zähne handelt, spielt letztlich keine Rolle. Das südöstliche Mitteleuropa ist bisher nicht sehr gut vertreten, und aus Griechenland kennt man erst seit kurzem den ersten sicheren Neandertaler.

Lange Zeit war Teshik Tash in Usbekistan mit seiner Lage um den 65. östlichen Längengrad der östlichste Fundplatz eines Neandertalers und lag in Bezug auf die Gesamtverbreitung sehr isoliert. Inzwischen kennt man jedoch auch Menschenfunde aus Obi-Rakhmat am 70. östlichen Längengrad, ebenfalls in Usbekistan, die gut 48.000 Jahre alt sind, ein Mosaik aus modernen und archaischen Merkmalen zeigen, aber Neandertaler sind. Die Menschenfunde aus Anghilak in Usbekistan sowie aus Khudji in Tadschikistan repräsentieren zwar keine eindeutigen Neandertaler, doch müssen wir davon ausgehen, dass Teshik-Tash nicht so isoliert dasteht, wie es noch vor kurzem den Anschein hatte.

Noch weiter östlich – zwischen dem 80. und dem 90. östlichen Längengrad – und deutlich weiter im Norden liegen zwei Fundstellen im russischen Altai-Gebiet, die Menschenknochen in mittelpaläolithischen Zusammenhängen geliefert haben, nämlich die Denisova-Höhle und die Okladnikov-Höhle. Auch bei diesen Menschen handelt es sich nach neuesten Untersuchungen um Neandertaler.

Materielle Hinterlassenschaften Während die Mindestverbreitung der Neandertaler durch die Menschenfossilien umrissen ist, müssen wir versuchen, das tatsächliche, fraglos größere Gesamtverbreitungsgebiet durch das Vorkommen typischer Funde zu erschließen. Dabei dürfen wir die bei den Neandertalerresten aufgezeigten Verbreitungsschwerpunkte auch für die Verbreitung der materiellen Hinterlassenschaften geltend machen.

In Europa tun wir uns – vielleicht mit Ausnahme von Osteuropa – relativ leicht, mittelpaläolithische Werkzeugvergesellschaftungen oder Industrien mit Neandertalern zu verbinden. Dies mag etwas leichtsinnig sein, doch ist uns bisher aus Europa keine mittelpaläolithische Fundstelle bekannt, die eindeutige Reste anatomisch moderner Menschen geliefert hätte. Wenn wir also Osteuropa mit der gebotenen Vorsicht betrachten, so scheint es uns durchaus gerechtfertigt, in Europa die Welt der Neandertaler als Ganzes mit der Verbreitung mittelpaläolithischer Funde zu umreißen. Schließen wir nun die usbekischen Funde in die Verbreitung ein, so befinden wir uns ohnehin bereits relativ weit in Zentralasien. Mit einer gewissen Vorsicht dürfen wir darüber hinaus das russische Altai-Gebiet bis etwa zum 55. Grad nördlicher Breite einschließen (siehe Abb. 20).

Dass Neandertaler auch im osteuropäischen Tiefland, das stark durch kontinentales Klima geprägt ist, bis über den 50. Grad nördlicher Breite vorgedrungen sind, belegen mehrere Fundplätze, von denen an dieser Stelle Rikhta, Zhitomir und Khotylevo I zu nennen wären. Dies ist durchaus bemerkenswert, da die mitteleuropäischen Fundplätze jenseits des 50. nördlichen Breitengrads – zum Beispiel Salzgitter-Lebenstedt und Sarstedt – und die britischen Fundplätze durch eher atlantisches Klima geprägt waren.

Mögliche mittelpaläolithische Funde aus der Eemzeit wurden kürzlich aus der Varggrottan (Wolfshöhle) in Finnland gemeldet, jedoch müssen wir hier noch auf eine Bestätigung warten, dass es sich wirklich um Artefakte handelt. Dieser Fund, wenn er sich bestätigte, dürfte schon als kleine Überraschung bezeichnet werden, da wir uns damit immerhin in 62 Grad nördlicher Breite befänden und damit in Gefilden, für die man die Anwesenheit paläolithischer Menschen überhaupt, geschweige denn von Neandertalern, lange nicht angenommen hat.

2001 wurden Funde aus dem europäischen Teil der russischen Arktis publiziert, die noch weiter nördlich zutage traten, nämlich in der Fundstelle Mamontovaya Kurya im nördlichen Ural zwischen dem 66. und dem 67. nördlichen Breitengrad (Pavlov u.a. 2001). Das knapp 40.000 Jahre alte Fundmaterial besteht aus einigen eher mittelpaläolithisch anmutenden Steinartefakten sowie Faunenresten, unter denen ein Mammutstoßzahn mit möglichen Schnittspuren von besonderem Interesse ist. Da es sich rein chronologisch um eine Phase handelt, in der sowohl Neandertaler als auch anatomisch moderne Menschen existierten, können wir zum gegenwärtigen Zeitpunkt aber nicht sagen, ob vor fast 40.000 Jahren tatsächlich Neandertaler so weit nach Norden gelangt sind, oder ob anatomisch moderne Menschen bereits so kurz nach ihrem mutmaßlich ersten Auftreten in Europa dort ankamen. Beides ist jedenfalls reichlich unerwartet. Im Falle der finnischen Wolfshöhle wäre, die Korrektheit des eemzeitlichen Alters vorausgesetzt, nicht mit modernen Menschen zu rechnen, und wenn es sich wirklich um Artefakte handelt, kann sie eigentlich nur der Neandertaler hergestellt haben.

Im Vorderen Orient müssen wir vorsichtig damit sein, mittelpaläolithische Funde automatisch mit Neandertalern in Verbindung zu bringen, da hier wie erwähnt sowohl Neandertaler als auch anatomisch moderne Menschen mittelpaläolithische Industrien hergestellt haben, die sich kaum voneinander unterscheiden. Wir wollen uns hier weitgehend am Vorkommen konkreter Neandertalerreste orientieren.

BEVÖLKERUNGSDICHTE UND DEMOGRAPHISCHE ASPEKTE

Es ist natürlich ausgesprochen schwierig, einigermaßen verlässliche Angaben zur Bevölkerungsdichte für eine so weit zurückliegende Zeit zu machen wie die der Neandertaler. Die größten Schwierigkeiten liegen in der selektiven Erhaltung der Menschenreste selbst. Nur ein winziger Bruchteil der ursprünglich vorhandenen Skelette ist erhalten geblieben, und von ihnen haben wir wiederum lediglich einen winzigen Bruchteil gefunden. Auch die Dichte der Fundplätze mit Hinterlassenschaften der Neandertaler und die Menge der dort angetroffenen Funde können uns nur sehr ungefähre Anhaltspunkte geben. Friedemann Schrenk und Stephanie Müller (2005, 76) schätzen, dass selbst zur Blütezeit der klassischen Neandertaler die Populationsdichte außerordentlich gering war und im Durchschnitt nur ein Neandertaler auf einer Fläche von 20 bis 200 Quadratkilometern lebte. Man kann aber sicherlich von mehreren tausend gleichzeitig lebenden Neandertalern ausgehen, einer Zahl, die allein deswegen notwendig ist, um eine erfolgreiche Reproduktionsrate dieser Menschenform zu gewährleisten. Wie Vergleiche mit rezenten Jäger-Sammler-Kulturen zeigen, werden mindestens 250 fortpflanzungsfähige Erwachsene benötigt, um das Fortleben einer Population zu gewährleisten. Da die Größe der einzelnen Neandertalergruppen, wie später noch auszuführen sein wird, wahrscheinlich relativ klein war, setzt das Geschlechtskontakte zwischen verschiedenen Gruppen voraus.

3 Das Aussehen der Neandertaler

DAS BILD VOM NEANDERTALER EINST UND JETZT

Wohl kaum eine Menschenform ist so vielen, oft grundsätzlich verschiedenen Rekonstruktionsversuchen ausgesetzt wie der Neandertaler. Seit seiner Entdeckung hat man auf mehr oder weniger seriöse Weise versucht, sich ein Bild vom Neandertaler zu machen, und es ist interessant, solche Rekonstruktionen auch vor dem Hintergrund des jeweiligen Zeitgeistes zu betrachten.

Das Bild, das sich vergangene Generationen vom Neandertaler machten, war oft nicht sehr positiv. Zahlreiche Rekonstruktionen aus dem 19. und auch dem 20. Jahrhundert zeugen davon, dass er lange als grobes, wenig differenziertes, kulturloses, geradezu furchteinflößendes wildes, oft mehr tierisches als menschliches Wesen galt, das allenfalls mit groben Fellen oder Fellfetzen bekleidet war. Der so dargestellte Neandertaler besaß eine wenig ausgeprägte Technologie, lebte weitgehend von Aas und war kaum in der Lage, unter ungünstigeren Umweltbedingungen zu leben (Beispiele u.a. bei Bosinski 1985; Stringer und Gamble 1993; Henke u.a. 1996; Schrenk und Müller 2005).

Sehr oft hat er die Keule dabei und damit einen Gegenstand, für den es keine archäologischen Nachweise aus der Zeit des Neandertalers gibt, der aber andererseits in idealer Weise geeignet ist, Grobheit und Wildheit zu suggerieren. Ein Musterbeispiel hierfür ist die Darstellung des tschechischen Künstlers František Kupka aus dem Jahre 1909, die in zwei leicht unterschiedlichen Versionen existiert (Abb. 21). Zur Zeit der Entstehung des Bildes dem Jugendstil verhaftet, stellt der Künstler Kupka seinen Neandertaler in eine nahezu vegetationslose Ödnis mit schroffen Felsen. Der Neandertaler selbst, in künstlerischer Freiheit auf Grund des Skelettes von La Chapelle-aux-Saints rekonstruiert, ist ein grimmig und hinterhältig dreinschauender, über und über mit zotteligem Fell bedeckter Geselle, der in der rechten Hand die unvermeidliche Holzkeule und in der linken Hand einen großen Stein trägt. Die Wildheit und Kulturlosigkeit dieses Wesens wird durch seine Nacktheit unterstrichen. Der grobe Schatten auf dem Felsen, hinter dem sich der Neandertaler versteckt, steigert die Bedrohlichkeit der Erscheinung. Gestützt wird dieser Eindruck durch einen Tierschädel und einen zerschlagenen Langknochen, die wir um den Neandertaler herum auf dem Boden finden, sowie eine weitere Holzkeule auf einem Stein hinter ihm.

ABB. 21: REKONSTRUKTION DES NEANDERTALERS VON LA CHAPELLE-AUX-SAINTS DURCH DEN TSCHECHI-
SCHEN KÜNSTLER FRANTIŠEK KUPKA AUS DEM JAHRE 1909.

Ganz anders die Rekonstruktion eines Urmenschen durch A. J. B. Muston, die dieser 1887 nach einer Beschreibung von Ernst Haeckel anfertigte (Abb. 22). Im Gegensatz zu der unzivilisierten Gestalt des soeben beschriebenen Bildes erscheint das Wesen in der hier romantisch-malerischen Landschaft geradezu „gentlemanlike". Mit seinen überproportional langen und schlanken Beinen, dem elegant umgeworfenen Pelz sowie der am rechten Arm mitgeführten Axt hat es jedoch mit dem Neandertaler letztlich genauso wenig zu tun wie Kupkas Rohling.

Geradezu erbarmungswürdig wirken lebensgroße Plastiken von Neandertalern, die Frederick Blaschke in den späten 1920er Jahren für das Field Museum in Chicago anfertigte, so eine Mutter mit Kind oder ein erwachsener Mann. Die Figuren lassen den Neandertaler zwar nicht als wild, dafür aber als geistig völlig minderbemittelt erscheinen; glücklicherweise werden sie heutzutage nicht mehr ausgestellt. Es gibt aber nach wie vor Versuche, den Neandertaler als solchermaßen degenerierten und unzivilisierten Vertreter innerhalb des Menschenstammbaums abzuqualifizieren, den man unter gar keinen Umständen in seiner Vorfahrenreihe wissen möchte.

In der Vergangenheit gab es aber auch schon sachlichere Rekonstruktionen aufgrund der Fossilfunde, die dem heutigen Bild vom Neandertaler gar nicht so fern stehen. In erster Linie ist hier einmal mehr Hermann Schaaffhausen zu nennen,

ABB. 22: REKONSTRUKTION EINES URMENSCHEN DURCH A. J. B. MUSTON AUS DEM JAHRE 1887, ANGEFERTIGT NACH EINER BESCHREIBUNG VON ERNST HAECKEL.

der, wie wir gesehen haben, die erste wissenschaftliche Beschreibung des Typusexemplars von 1856 vornahm und der von Anfang an bemüht war, dem Neandertaler in seiner gegenüber dem modernen Menschen nicht zu verleugnenden Andersartigkeit gerecht zu werden, ohne ihn dabei zu verrohen. Schaaffhausen ließ bereits kurz nach der Entdeckung den Bonner Maler Philippart eine Neandertaler-Skizze anfertigen, die diesen langhaarig, kurzbärtig und mit deutlichem Überbiss, aber durchaus menschlich, vielleicht etwas einfältig schauend, zeigt. 1888 ließ er allerdings diese Darstellung in einen grimmiger blickenden, insgesamt zotteligeren und wilder wirkenden Neandertaler umändern (Abb. 23) – eindeutig ein Rückschritt!

Sachlich und für die Zeit ihrer Entstehung in den frühen 1960er Jahren recht gut gelungen sind Zeichnungen und Plastiken, die der Bildhauer Gerhard Wandel von Neandertalern anfertigte. Am bekanntesten und von allen Rekonstruktionen mit am häufigsten abgebildet ist wahrscheinlich ein etwas missmutig drein-

ABB. 23: EINE SKIZZE DES NEANDERTALERS, DIE HERMANN SCHAAFFHAUSEN 1888 UNTER BERÜCKSICHTIGUNG DER FUNDE VON SPY ZEICHNEN LIESS.

schauender, hockender älterer Mann mit markanten Gesichtszügen. Bei einer anderen, bis auf einen etwas manieriert und deplaziert wirkenden Lendenschurz nackten, aufrecht stehenden Männergestalt wandte Wandel eine Methode an, die auch heutzutage in verfeinerter Form für plastische Rekonstruktionen von Neandertalern angewandt wird: Über Abgüsse der Knochen des Skelettes aus La Chapelle-aux-Saints modellierte Wandel die Weichteile und erhielt so eine ausdrucksstarke plastische Menschengestalt. Mit den Erkenntnissen der modernen Gerichtsmedizin ist man inzwischen in der Lage, Muskel- und Weichteilpartien sehr viel genauer zu rekonstruieren, und auch die heute zur Verfügung stehenden plastischen Materialien sind wesentlich besser. Etwas ungewohnt an der Darstellung Wandels ist vielleicht die Tatsache, dass sein Neandertaler völlig unbehaart ist und damit ein gewisses ungeschlachtes Aussehen erhält. Allerdings ist auch bei den modernen Rekonstruktionen das Aussehen der Behaarung – wie übrigens auch die Tönung der Haut – reine Spekulation. Insofern hat sich Wandel auf das beschränkt, was er einigermaßen sicher darstellen zu können glaubte.

Es soll hier nicht vergessen werden, dass bereits 1913 der französische Anthropologe Marcelin Boule eine Rekonstruktion der Kopf- und Halsmuskulatur des Neandertalers von La Chapelle-aux-Saints anfertigte, die für die damalige Zeit sehr fortschrittlich war.

Wir wollen uns damit der Gegenwart zuwenden und den Versuchen, das Aussehen des Neandertalers unter Zuhilfenahme modernster Methoden wesentlich
weniger reißerisch darzustellen, als dies oft in der Vergangenheit der Fall war.
Aufschlussreich war vor diesem Hintergrund ein Experiment des alten Neander-
talmuseums in Erkrath: Man zog einer Neandertalerrekonstruktion einen modernen Anzug an und zeigte, dass man dem so hergerichteten Menschen, würde
man ihm zum Beispiel in der Straßenbahn begegnen, wohl kaum übermäßige
Beachtung schenken würde. Ähnliches versuchte bereits 1939 der Amerikaner
Carlton Coon, der eine Neandertalerbüste mit einem Stetson auf dem Kopf sowie
mit Anzugjacke und Krawatte zeichnete, jedoch erinnert das Ergebnis letztlich
stark an ein Gangsterporträt und lässt den Neandertaler eher unangenehm
wirken.

Ein Meilenstein in der modernen Neandertalerrekonstruktion ist die von Nina
Kieser und Wolfgang Schnaubelt Anfang der 1990er Jahre für das alte Neander-
talmuseum angefertigte Plastik einer Neandertalerin. Zunächst rekonstruierten
sie wie Gerichtsmediziner die Weichteile und die Haut. Dies ist recht genau möglich, da die Robustheit der Knochen sowie vor allem die an den Knochen sichtbaren Ansatzstellen der Muskeln klare Hinweise auf die Ausprägung der ehemaligen
Weichteilbedeckung geben. In einem weiteren Schritt wurden dann lebensecht
wirkende Augen eingesetzt, Fuß- und Fingernägel angebracht. Schließlich wurde
sehr sorgfältig die Behaarung eingepflanzt, die zwar, wie bereits angedeutet, in
ihrem Aussehen und auch in ihrer Färbung spekulativ bleiben muss, die aber
ohne jeden Zweifel vorhanden gewesen ist (zu den Einzelheiten Henke u.a. 1996).
Ganz deutlich wird an der Plastik der Versuch, keinen perfekten, ebenmäßigen
Körper zu schaffen, denn die Haut ist von zahlreichen kleineren Wunden und
Schrammen sowie Narben bedeckt, die die Neandertaler, wie in Kapitel 5 noch zu
zeigen sein wird, auch tatsächlich zur Genüge aufwiesen.

Inzwischen sind lebensnah nachgebildete Neandertalerskulpturen für uns ein
gewohnter Anblick, und in zahlreichen Dauerausstellungen und Sonderschauen
in Museen gehören sie zum unverzichtbaren Inventar. Ganz besonders ist hier
das neue Neanderthal Museum in Mettmann zu nennen, das in unmittelbarer
Nähe zur Fundstelle des Typusexemplars errichtet worden ist (Auffermann und
Weniger 1997). Eine Attraktion dieses Museums sind zahlreiche lebensgroße Plastiken klassischer Neandertaler, die in aufwändiger Detailarbeit von der französischen Künstlerin Elisabeth Daynès angefertigt wurden. Auch sie bediente sich
dabei gerichtsmedizinischer Methoden, besonders bei der Rekonstruktion der
Gesichter aufgrund konkreter Schädelfunde. Besonders anschaulich wirken diese
Plastiken dadurch, dass sie die Neandertaler in verschiedenen Lebens- und All-
tagssituationen darstellen: So finden wir u.a. einen Steinartefakte herstellen-

den Mann, einen Mann, der an einer Holzlanze schnitzt, eine Gruppe neben einer Zeltbehausung und Feuerstelle, eine Großmutter, die einem Enkel etwas beibringt und schließlich eine nachgestellte Bestattung.

Eindrucksvoll sind auch Rekonstruktionen, die Elisabeth Daynès von dem Kind aus der Höhle Devil's Tower in Gibraltar und von dem späten Neandertaler aus Saint-Césaire angefertigt hat.

Dass die Rekonstruktionsmethode funktioniert, wurde in der gerichtsmedizinischen und archäologischen Praxis sowie in Tests unzählige Male bewiesen. So gab man beispielsweise Gerichtsmedizinern Schädel zur Bearbeitung, von denen man wusste, zu welchen Personen sie einst gehört und wie diese ausgesehen hatten. Natürlich verheimlichte man ihnen dieses Wissen zunächst, um sie nicht zu beeinflussen. Die Ergebnisse ihrer Arbeit verglich man dann mit Abbildungen der Verstorbenen und konnte in den allermeisten Fällen eine frappierende Übereinstimmung feststellen. Wir können also davon ausgehen, dass wir ein einigermaßen getreues Abbild vor uns sehen, wenn wir einem auf diese Weise rekonstruierten Neandertaler ins Gesicht blicken.

Eine ausgezeichnete Vorstellung davon, wie ein früher Neandertaler ausgesehen haben kann, vermittelt eine besonders gelungene Rekonstruktion, auch diese aus dem Atelier Daynès, im Landesmuseum für Vorgeschichte in Halle (Tafel 7). Sie beruht auf den Knochenfunden verschiedener früher Neandertaler-Individuen, unter anderem aus Weimar-Ehringsdorf, und ist in ihrer Haltung dem berühmten Denker des französischen Bildhauers Auguste Rodin nachempfunden (Meller 2004). Unter der Devise „Geisteskraft" strahlt diese schon auf den ersten Blick sympathisch wirkende Figur mit dem aufgestützten Kopf wache Nachdenklichkeit, aber auch Geistestiefe sowie eine leichte Verschmitztheit aus, und obwohl der dargestellte Mann völlig nackt ist, wirkt er, ganz im Gegensatz zu der vorhin beschriebenen Rekonstruktion Kupkas, in keiner Weise wild und roh.

Bei der virtuellen Rekonstruktion des Aussehens der Neandertaler hilft vermehrt auch modernste Computertechnik. Besonders die Züricher Wissenschaftler Marcia Ponce de León und Christoph Zollikofer haben sich darauf spezialisiert, dreidimensionale Modellierungen am Computer zu erstellen (Zollikofer und Ponce de Leon 2005). Dazu werden zunächst die Knochen der Neandertaler mittels computertomographischer Verfahren eingescannt und datenmäßig erfasst. Mit entsprechenden Computerprogrammen können auf dem Bildschirm nun zerbrochene Knochen zusammengesetzt, fehlende Skettteile, aber auch ganze Skelettpartien ergänzt werden (Abb. 24). Die Modelle lassen sich in jeder beliebigen Richtung drehen und so von allen Seiten betrachten. Ein gar nicht hoch genug einzuschätzender Vorteil ist es dabei, dass die oft fragilen Originalkno-

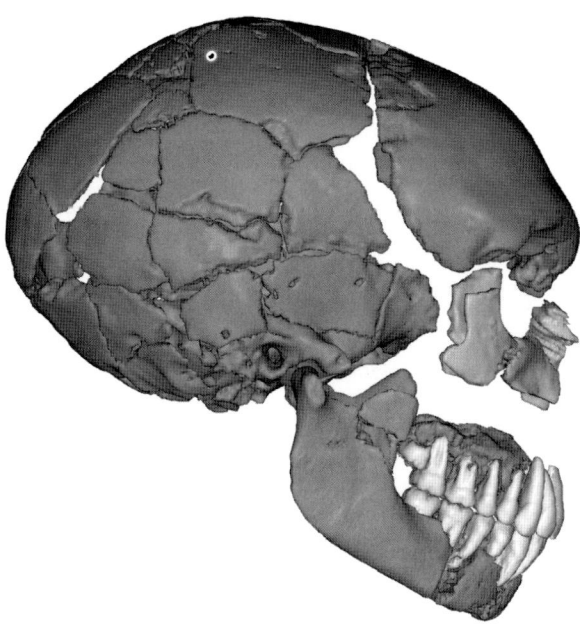

chen, nachdem sie einmal im Rechner erfasst worden sind, nicht wieder in die Hand genommen werden müssen.

Der Rechner hilft auch dann weiter, wenn zum Beispiel ein Schädel durch Sedimentdruck und den Zahn der Jahrzehntausende so stark verdrückt ist und die einzelnen Knochenstücke so stark gegeneinander verschoben sind, dass man diese nicht mehr ohne unwiderrufliche Beschädigung oder gar Zerstörung voneinander trennen und die ursprüngliche Form nicht mehr sicher rekonstruieren kann. Der Computer ermöglicht es, solche stark verdrückten Partien virtuell zu entzerren und den ursprünglichen Schädel auf dem Bildschirm darzustellen.

Damit nicht genug, kann mit den Daten aus dem Rechner ein angeschlossener Laserstrahl gesteuert werden, der auf einen Behälter mit flüssigem Kunstharz gerichtet ist. Unmittelbar an der Stelle, an der der Laserstrahl auf die Kunstharzmasse auftrifft, verhärtet er diese unverzüglich, und nach unendlich vielen derartigen Arbeitsschritten kann so ein dreidimensionales Modell eines Schädels oder anderen Skelettteiles aus den Daten im Computer in ein plastisches Kunstharzmodell umgesetzt werden. Dies alles geschieht ebenfalls, ohne von den Originalknochen selbst einen Abdruck nehmen zu müssen.

Dreidimensionale Skelettmodelle schließlich können sowohl am Rechner, also virtuell, als auch in der vorhin beschriebenen Weise mit Fleisch und Weichteilen aufgefüllt und zu vollplastischen Menschendarstellungen vollendet werden. Eine präzisere Rekonstruktion eines verstorbenen Menschen ist kaum denkbar.

ANTHROPOLOGISCHE MERKMALE

Was macht anthropologisch gesehen den Neandertaler aus? Durch die zahlreichen bekannten Individuen – wir kennen inzwischen mehr als dreihundert – lässt sich diese Menschenform gut beschreiben und in ihren charakteristischen Merkmalen vom anatomisch modernen Menschen sowie von früheren Menschenformen abgrenzen (für Details z.B. Henke und Rothe 1999a: 245–248; 1999b). Der Neandertaler ist in der Tat die am besten bekannte fossile Menschenform überhaupt. Die zahlreichen Merkmale müssen an dieser Stelle nicht in allen Einzelheiten aufgezählt werden, die wichtigsten und auffallendsten seien aber kurz am Beispiel des klassischen Neandertalers skizziert.

Betrachten wir zunächst als Beispiel den Schädel La Ferrassie I (Abb. 25): Besonders charakteristisch sind die flache, fliehende Stirn, die sich in einem langgestreckten, relativ flachen Hirnschädel fortsetzt, welcher in der Rückansicht ein rundovales Profil zeigt. Das Gehirnvolumen beträgt im Durchschnitt 1520 Kubikzentimeter und ist damit größer als beim modernen Menschen, der auf einen Durchschnitt von etwa 1200–1400 Kubikzentimetern kommt. Das größte bisher bekannte Hominidengehirn hat übrigens ein Neandertaler aus Amud mit beachtlichen 1740 Kubikzentimetern. Mit einer Körpergröße von fast 1,80 m muss dieser etwa 25 Jahre alte Mann überhaupt inmitten seiner meist deutlich kleineren Artgenossen eine imposante Erscheinung gewesen sein.

Der Gesichtsschädel der Neandertaler mit dem deutlich vorspringenden Gesicht besitzt hohe, gerundete Augenhöhlen mit kräftig ausgeprägten Überaugenwülsten. Im Gegensatz zum *Homo heidelbergensis*, bei dem sich über den Augen ein nahezu balkenartiger Wulst erstreckt, lassen sich beim Neandertaler bereits zwei individuelle Bögen differenzieren. Wangengruben, wie wir sie bei modernen Menschen finden, fehlen dem Neandertaler.

Ein auffälliges Unterscheidungsmerkmal ist die Nase. So verfügte der Neandertaler über eine sehr große und breite sowie lange knöcherne Nasenöffnung. Die Nasenöffnung befand sich im Hinblick auf die Seiten des Gesichts deutlich weiter vorne als bei uns. Die Nasenbeinknochen verliefen fast waagerecht und waren dadurch nach vorn gerichtet. Überhaupt kann die Morphologie des Gesichtsskelettes beim Neandertaler als einzigartig bezeichnet werden. Die Wangen- und Kieferknochen links und rechts der Nasenöffnung bildeten gerade Flächen und gaben dem Gesicht durch ihre Anordnung eine spitze, keilförmige Form.

Ausgehend von der Beobachtung, dass heutzutage Menschen mit breiten kurzen Nasen eher in heißen Gebieten leben, Menschen mit längeren Nasen dagegen eher in kälteren Regionen, wurde eine Hypothese entwickelt, die besagt, das Gesicht des Neandertalers stelle eine Anpassung an extreme Kälte dar, indem nämlich die sehr große Nasenhöhle wie eine Art „Heizung" gewirkt haben soll, die die kalte Eiszeitluft befeuchtete und erwärmte, bevor sie die Lungen erreichte.

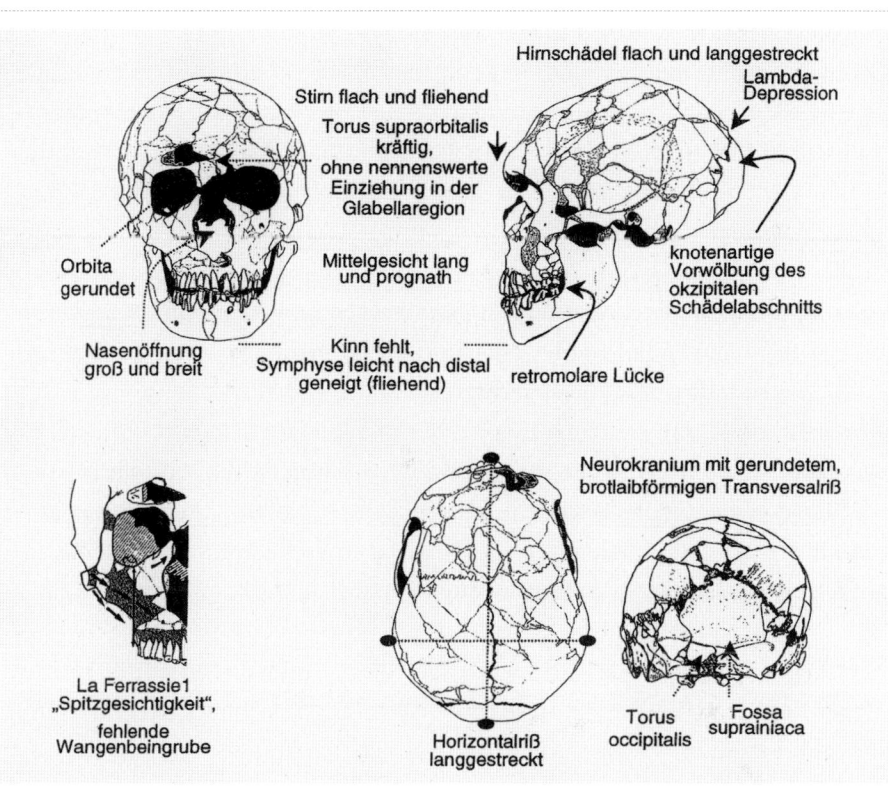

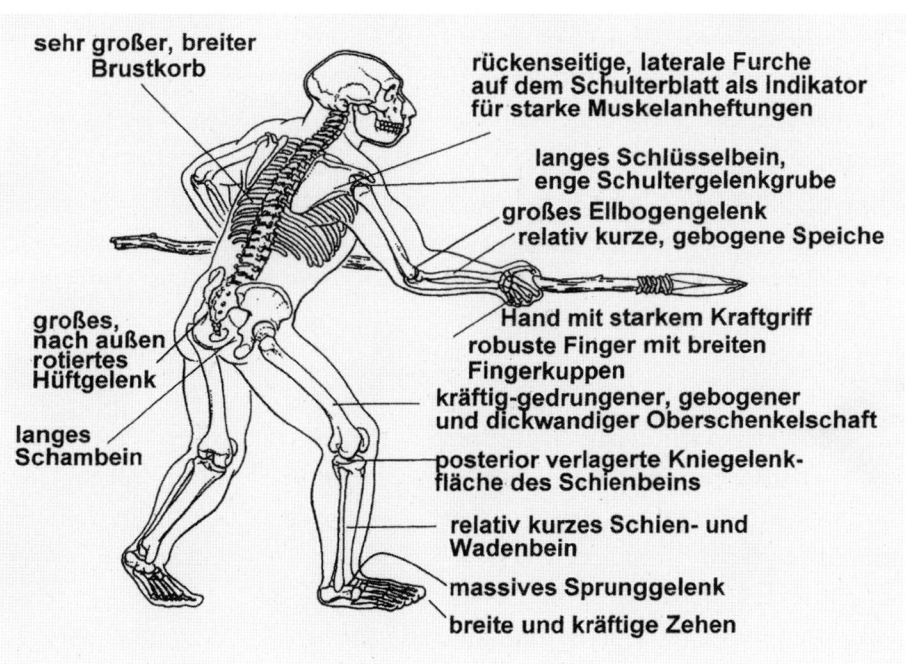

ABB. 25: ANTHROPOLOGISCHE CHARAKTERISTIKA DER KLASSISCHEN NEANDERTALER.
OBEN: SCHÄDELMERKMALE DES NEANDERTALERS AM BEISPIEL DES INDIVIDUUMS LA FERRASSIE 1.
UNTEN: MERKMALE DES POSTKRANIALEN SKELETTES.

Nach dieser Ansicht hätten die stark ausgeprägten Kiefer- und Stirnhöhlen dem Gesicht eine Isolierung zwischen Außenluft und Gehirn verliehen (Arsuaga 2003: 98). Hier ist jedoch kritisch anzumerken, dass es auch heute durchaus Völker mit großen und breiten Nasen gibt, die unter betont warmen Klimabedingungen leben. Man denke beispielsweise an die australischen Aborigines oder die Papua in Neuseeland.

Darüber hinaus lag beim Neandertaler die Riechschleimhaut weiter vorn als bei den heutigen Menschen, wodurch er über eine bessere Aufnahmefähigkeit für Gerüche und damit vielleicht über eine bessere Ortungsmöglichkeit von Jagdbeute und sonstigen Nahrungsquellen verfügte (Schrenk und Müller 2005, 65).

Sehr charakteristisch ist schließlich der Unterkiefer des Neandertalers mit dem fliehenden Kinn und der so genannten retromolaren Lücke, einem Zwischenraum zwischen dem letzten Backenzahn und dem Unterkieferast, die beim modernen Menschen fehlt. Vergleicht man die Umrisse eines Neandertalerschädels mit denen eines modernen Menschen, werden die Unterschiede sofort augenfällig.

Ein erstaunliches Beispiel dafür, welch detaillierte Untersuchungen zur anthropologischen Unterscheidung an fossilen Menschenknochen inzwischen möglich sind, bieten die erstmaligen Analysen fossiler Innenohren und des darin befindlichen menschlichen Gleichgewichtsorgans durch den Anthropologen Fred Spoor und seine Kollegen (Spoor u.a. 2003). Auch hier hat der Neandertaler Besonderes zu bieten. Die Wissenschaftler konnten mittels computertomographischer Untersuchungen der Innenohren bei Schädeln von *Homo erectus*, Neandertaler und anatomisch modernem Menschen zeigen, dass der hintere Bogengang des Labyrinthorgans beim Neandertaler deutlich tiefer liegt als bei den beiden anderen Menschenformen und schließen daraus, dass sich *Homo erectus* und moderner Mensch anatomisch näher stehen als Neandertaler und moderner Mensch.

In Bezug auf das postkraniale Skelett – das Skelett unterhalb des Kopfes – zeigt sich der Neandertaler bei durchschnittlicher Körpergröße zwischen 1,55 m und 1,66 m und einem großen breiten Brustkorb kompakt und stämmig (Abb. 25). Der Knochenbau ist insgesamt stärker als bei modernen Menschen. Hände und Füße sind robust, die Oberarmknochen kräftig entwickelt. Elle und Speiche sind im Verhältnis zum Oberarmknochen deutlich kürzer als bei modernen Menschen und weisen eine starke Schaftkrümmung auf. Die Oberschenkel sind stärker nach vorn gebogen, haben einen kurzen Schaft und eine dickere Knochenwand. Im Verhältnis zu den Oberschenkeln sind die Unterschenkel bei den Neandertalern kürzer als bei modernen Menschen. Nicht zuletzt wegen dieser Krümmung der Gliedmaßen und der gegenüber uns heutigen Menschen verschiedenen Proportionierung der Knochen waren Anatomen wie Rudolf Virchow ursprünglich von krankhaften Skelettveränderungen ausgegangen.

Deutliche Unterschiede zu heutigen Menschen zeigt schließlich auch das Becken: Die Hüftbeine sind breiter, die Schambeinäste länger und dünner, das Hüftgelenk ist insgesamt stärker zur Seite ausgerichtet als bei modernen Menschen. Die Muskelansatzstellen an den Knochen sind grundsätzlich bereits bei jungen Neandertalern wesentlich stärker ausgeprägt als selbst bei durchtrainierten modernen Menschen.

Auch einige Merkmale des postkranialen Skelettes der Neandertaler werden von manchen Anthropologen als Hinweise auf eine Kälte-Adaption gewertet. Hier wären zum Beispiel die im Vergleich zu uns kurzen Unterarme und Unterschenkel zu nennen, die mit der so genannten Allen-Regel in Übereinstimmung stehen würden, welche besagt, dass bei Säugetieren – also auch beim Menschen – die Gliedmaßen in warmem trockenem Klima lang werden, in kühleren nördlichen Breitengraden dagegen kürzer (vgl. Arsuaga 2003: 105).

Wenn auch inzwischen einige recht vollständige Neandertalerskelette vorliegen, so gibt es bisher doch keines, bei dem wirklich alle Knochen einschließlich aller Rippen sowie aller Fuß- und Fingerknochen vollständig erhalten wären. G. J. Sawyer und Blaine Maley (2005) haben daher den Versuch unternommen, einen virtuellen, sozusagen idealen Neandertaler zu konstruieren. Als Grundlage diente ihnen das relativ vollständige Skelett La Ferrassie 1. Teile, die bei diesem Skelett fehlen, wurden von anderen Skeletten, bei denen sie vorhanden sind, übernommen und in das Grundskelett „eingepasst". So sind auch Teile des Typusexemplars von 1856 in die Rekonstruktion eingegangen. Verschiedene Individuen sind mit unterschiedlichen Farben gekennzeichnet. Als Ergebnis (Tafel 8) sehen wir ein komplettes Neandertalerskelett, das in dieser Form zwar nirgendwo gefunden wurde, das uns jedoch als Muster einen ausgezeichneten Einblick in den Knochenbau und die Statur des Neandertalers bietet.

STATUR UND KÖRPERKRAFT

Wir haben nun die wichtigsten Neandertaler-Merkmale kennen gelernt, soweit sie sich am Skelett ablesen lassen, und wir haben Rekonstruktionen gesehen, die auf der Grundlage des Skelettes den gesamten Menschen darzustellen versuchen. Was können wir daraus allgemein über die Statur des Neandertalers und seine körperlichen Fähigkeiten erfahren?

Zunächst einmal wird deutlich, dass der Neandertaler insgesamt stämmiger und „kompakter" als der moderne Mensch daherkam. So betrug das insgesamt hohe

Körpergewicht der Neandertaler bei Männern wahrscheinlich häufig über 80 kg, durchschnittlich wohl etwa 76 kg (Arsuaga 2003: 106), bei Frauen war es im Durchschnitt um vielleicht zehn Prozent geringer. Diese Werte liegen höher als beim modernen Menschen. Die Körpergröße lag aber mit einem Durchschnitt zwischen 1,55 m und 1,66 m unter der des modernen Menschen. Eine auffällige Ausnahme stellt hier lediglich der erwähnte fast 1,80 m große Mann aus Amud dar.

Die Hände der Neandertaler ähneln, auch wenn sie insgesamt etwas kürzer und robuster ausfallen, letztlich doch relativ stark den Händen moderner Menschen. Neue Studien haben bestätigt, dass die Neandertaler wie wir Daumen und Zeigefinger gegeneinander stellen und einen vergleichbaren Präzisionsgriff ausführen konnten.

Bemerkenswert ist schließlich der große tonnenförmige Brustkorb der Neandertaler, der großen Lungenflügeln Platz bot, und der ein wenig an den Brustkorb eines modernen Bodybuilders erinnert.

Die Skelett- und Staturunterschiede zwischen Neandertalermännern und -frauen entsprechen ungefähr der Variationsbreite zwischen modernen Männern und Frauen. So betrug die Körpergröße der Neandertalerinnen etwa 95 Prozent derjenigen der männlichen Neandertaler (Schrenk und Müller 2005, 69). Wenn sie auch kleiner waren, so standen die Frauen ihren männlichen Mitmenschen an Robustheit insgesamt jedoch keineswegs nach.

Eine wesentlich höhere Körperkraft der Neandertaler gegenüber anatomisch modernen Menschen ergibt sich aus den erwähnten deutlich stärker ausgeprägten Muskelansatzmarken und der daraus zu erschließenden ausgeprägteren Muskulatur sowie aus der allgemeinen Massigkeit der Arm- und Beinknochen. Im neuen Neanderthal Museum in Mettmann ist dies sehr anschaulich dargestellt. Wir finden dort einen Neandertaler, der lächelnd und mit Leichtigkeit einen schweren Steinbrocken über seinen Kopf hält, während ein neben ihm stehender anatomisch moderner Mensch im Sportdress Schwierigkeiten hat, den gleichen Stein auch nur bis über seine Hüften zu hieven.

Juan Luis Arsuaga (2003: 332–333) fasst einige auffallende körperliche Merkmale der Neandertaler prägnant zusammen: „Die Neandertaler waren wahre Kolosse, mit einem großen Volumen von Brustkorb und Lungen. All diese Luft, die ihre Muskeln mit Sauerstoff versorgte, musste in der Nasenhöhle und in der Mundhöhle befeuchtet werden, bevor sie in die Lungen einströmte, und daher blieb der horizontale Teil des Stimmbildungsapparats weit.“

4 Die Lebenswelt der Neandertaler

Bevor wir uns den materiellen Hinterlassenschaften der Neandertaler widmen, wollen wir nun, um im Bild vom Akteur und der Bühne zu bleiben, die Kulisse schildern, vor der sich das Dasein der Neandertaler abspielte. Konkret bedeutet das, dass wir uns mit dem Klima und – zu guten Teilen durch dieses beeinflusst – mit der Umwelt zu befassen haben, denen sich der Neandertaler ausgesetzt sah.

KLIMAREKONSTRUKTIONEN

Wie bereits in Kapitel 2 kurz angedeutet, ist das Leben schon der ersten Bewohner Europas und damit auch die gesamte Zeit der Neandertaler durch das Klima des jüngsten Eiszeitalters oder Pleistozäns geprägt. Im Pleistozän ereigneten sich ständige Wechsel zwischen Eiszeiten (Glazialen) und Warmzeiten (Interglazialen), die wahrscheinlich durch Änderungen in der Konstellation zwischen Sonne und Erde bedingt waren. Im Gegensatz zu den Glazialen, die in der Regel etwa 100.000 Jahre andauerten, betrug die Dauer der Interglaziale meist nur etwa 10.000 Jahre (vgl. Müller und Schönfelder 2005). Die Warmzeit, in der wir heute leben, das so genannte Holozän, ist aller Wahrscheinlichkeit nach nur ein Interglazial, auf das wieder eine Glazialperiode folgen wird. Wenn wir uns vor Augen führen, dass die letzte Eiszeit vor etwa 10.000–11.000 Jahren zu Ende gegangen ist und dass andererseits die durchschnittliche Dauer der Zwischeneiszeiten 10.000 Jahre beträgt, so können wir ermessen, dass wir wahrscheinlich mit Riesenschritten auf eine Eiszeit zusteuern, wenn dies auch aufgrund der auf Umweltverschmutzung zurückgehenden globalen Erwärmung nicht diesen Anschein hat (Müller-Beck 2005).

Nehmen wir die frühen Vertreter mit hinzu, dann erlebten die Neandertaler im Laufe ihrer Entwicklung über gut 250.000 Jahre mehrere Glazial-/Interglazial-Zyklen (vgl. Abb. 18). Aber auch innerhalb der einzelnen großen Kaltzeiten war das Klima nicht einheitlich. Es gab auch hier wärmere Phasen, die als Interstadiale bezeichnet werden, während die Kaltphasen als Stadiale bezeichnet werden. Besonders in der Spätphase der Neandertaler folgten die Klimaumschwünge dicht und oft abrupt aufeinander; allein in der Zeit zwischen 50.000

und 30.000 Jahren vor heute gab es in Europa mindestens 18 größere Klimaumschwünge.

Wir wissen heute sehr viel genauer über die Abfolge von Kalt- und Warmzeiten Bescheid als zu Zeiten der Geographen Albrecht Penck und Eduard Brückner, die 1909 eine Abfolge von vier Eiszeiten für die Zeit zwischen etwa 200.000 und 30.000 Jahren vor heute herausarbeiteten, die sie nach vier kräftigen Vorstoßphasen der Alpengletscher mit entsprechenden Moränenbildungen definierten und nach Nebenflüssen der Donau sowie einem Voralpenfluss als Günz-, Mindel-, Riß- und Würmeiszeit bezeichneten, da sich an diesen Flüssen in den einzelnen Vereisungsphasen Schotterterrassen gebildet hatten, die eine entsprechende Gliederung ermöglichten. Die Warmzeiten zwischen den vier Eiszeiten wurden als Günz/Mindel-, Mindel/Riß- und Riß/Würm-Interglaziale bezeichnet.

Diese Gliederung war vor allem für den alpinen und den süddeutschen Raum gültig. Für das nördliche Mitteleuropa wurde anhand von Hauptvorstößen der skandinavischen Inlandgletscher eine ähnliche, jedoch nicht identische Abfolge erarbeitet, und es mag auf den ersten Blick ein wenig verwirrend erscheinen, dass die Eis- und Zwischeneiszeiten hier auch andere Namen tragen. So sprechen wir hier, ebenfalls mit Bezug auf Flussnamen, von der Menap-, Elster-, Saale- und Weichseleiszeit, wobei lediglich die jeweils letzten Eiszeitphasen, also Würm- und Weichseleiszeit, einander weitgehend entsprechen. Die Zwischeneiszeiten wurden im nördlichen Mitteleuropa als Cromer-, Holstein- und Eemzeit bezeichnet. Bis in die Mitte der 1950er Jahre besaßen diese Abfolgen von vier Kalt-/Warmzeitzyklen weitgehend Gültigkeit, doch wurde bald klar, dass es innerhalb des Pleistozäns wesentlich ältere Zyklen gegeben hatte. Darüber hinaus zeigte sich, dass einige Kalt- und Warmzeiten in Wirklichkeit mehrere Kalt-/Warmzeitzyklen beinhalteten. So wurden in der alpinen Gliederung zwei weitere Eiszeiten oder besser Eiszeitengruppen, nämlich Biber und Donau vorgeschaltet, deren interne Gliederung jedoch nicht eindeutig zu fassen ist. Was die Gliederung im nördlichen Mitteleuropa angeht, so verbergen sich in der Saaleeiszeit möglicherweise zwei Kaltzeiten mit zwischengeschalteter Warmzeit, und auch die Cromerzeit umfasst in Wirklichkeit mehrere Eis- und Zwischeneiszeitzyklen, so dass man heute vom Cromer-Komplex spricht. Neben den beschriebenen Gliederungen gibt es regional – zum Beispiel für die ehemalige Sowjetunion und für Nordamerika – wieder andere Gliederungsschemata. An dieser Stelle müssen wir uns mit solchen Einzelheiten jedoch nicht befassen.

Wie gelangen wir nun heutzutage zu Angaben über die Klimaabfolge, die genauer und auch globaler gültig sind als die durch die so genannten terrestrischen, also auf und in der Erde befindlichen, Archive erzielten? Ein Meilenstein ist die Analyse von marinen, das heißt aus dem Ozean stammenden Sauerstoffisotopen, die seit Mitte der 1950er Jahre für die Rekonstruktion des Klimas der Vergangenheit angewandt wird.

Isotopen eines chemischen Elementes sind Modifikationen dieses Elementes, die nahezu identische Eigenschaften besitzen, sich aber im Gewicht und in anderen physikalischen Eigenschaften unterscheiden. Für Klimarekonstruktionen ist der Sauerstoff (chemisches Zeichen: O) mit seinen Isotopen von besonderer Bedeutung. Das mit Abstand am häufigsten vorkommende Sauerstoffisotop wird als ^{16}O bezeichnet, wobei die hochgestellte Zahl die Anzahl von jeweils acht Protonen und Neutronen im Kern des Sauerstoffatoms angibt. Deutlich seltener ist ein schwereres Sauerstoffisotop, ^{18}O, das über zwei weitere Neutronen verfügt. Sauerstoff mit seinen verschiedenen Isotopen ist nun in ungeheurer Menge im Wasser der Weltmeere enthalten. Verdunstet dieses Meerwasser, so verdunstet das leichtere ^{16}O schneller als das ^{18}O, es findet also eine Selektion statt, die zu einer Anreicherung von ^{18}O im übrig gebliebenen Meerwasser führt. Die aus der Verdunstung resultierenden Niederschläge dagegen weisen entsprechend eine merkliche Anreicherung des Isotops ^{16}O auf.

In Eiszeiten wird insbesondere am Nord- und Südpol eine große Menge an ^{16}O-reichem Niederschlag als Schnee und Eis gebunden, den Ozeanen dabei ^{16}O-reiches Wasser entzogen. Der Meeresspiegel sinkt, ^{18}O reichert sich im Meereswasser an. Nun benötigen im Meer lebende Kleinstlebewesen oder Einzeller, so genannte Foraminiferen, Sauerstoff zum Aufbau ihrer Kalkschalen. Man kann sich leicht vorstellen, dass diese Foraminiferen dabei das zu ihren Lebzeiten im Wasser ihrer Umgebung bestehende Verhältnis zwischen den Sauerstoffisotopen ^{16}O und ^{18}O speichern. Wenn die Lebewesen sterben, sinken sie nach unten auf den Meeresboden, und ihre Kalkschalen werden in die sich nach und nach aufbauenden mächtigen Sedimentschichten integriert, die im Normalfall von unten nach oben hin immer jünger werden. Die Forscher sind heutzutage in der Lage, dem Ozeanboden lange Bohrkerne zu entnehmen, die dann im Labor analysiert werden. Bei entsprechender Probenaufbereitung können die feinen Kalkschalen der Foraminiferen isoliert und auf das in ihnen gespeicherte Verhältnis von ^{16}O zu ^{18}O hin untersucht werden. Dabei wird genau festgehalten, aus welchem Teil des Bohrkernes und damit letztlich aus welcher Tiefe des Ozeanbodens die untersuchten Foraminiferen stammen. Findet man viel ^{18}O in den Schalen, so zeigt das, dass zu Lebzeiten der Tiere dieses Sauerstoffisotop im Wasser angereichert war und so die Eismassen auf der Erde ausgedehnt waren, dass also eine Eiszeit bestand. Da in Warmzeiten viel ehemals im Eis gebundenes ^{16}O mit den Schmelzwässern in die Ozeane zurückfloss, bedeutet ein geringer ^{18}O-Gehalt in den Schalen der Foraminiferen, dass die Erde zu ihren Lebzeiten weniger vergletschert war, also eine Warmzeit geherrscht hat.

Das Verhältnis der Sauerstoffisotope ^{16}O und ^{18}O zueinander ist also ein Indikator dafür, in welchem Maße die Erde vereist war. Da der Grad der Vereisung wiederum unmittelbar durch das Klima verursacht war, lassen sich durch die marinen Bohrkerne Kurven erstellen, an denen wir die Vereisungs- und letztlich die Klimageschichte der Erde ablesen können; sie stellen also ein ideales Klimaarchiv dar. In diesen Kurven werden die festgestellten Kalt- und Warmphasen fortlaufend mit Ziffern versehen, wobei ungerade Ziffern Warmphasen kennzeichnen, gerade Ziffern Kaltphasen (vgl. Abb. 27 links).

Ein anderes Klimaarchiv, das seit den 1990er Jahren in der Forschung einen hohen Stellenwert hat und das ebenfalls weitreichende Aussagen zulässt, sind die Eiskappen an Nord- und Südpol. Besonders zwei grönländische Eisbohrprojekte – abgekürzt GRIP und GISP2 – leisteten hier Pionierarbeit. In den etwa 3.000 m mächtigen grönländischen Eismassen ist die Klimaentwicklung der letzten 110.000 Jahre, also auch fast des gesamten Jungpleistozäns gespeichert. Erneut liefern Sauerstoffisotope wichtige Hinweise. Da die Verdunstung der Sauerstoffisotope auch temperaturabhängig ist, lässt sich die Lufttemperatur in polaren Breiten rekonstruieren. Im Eis eingeschlossene Luftblasen geben aber auch Auskunft über die Zusammensetzung der damaligen Atmosphäre, und wir können zum Beispiel ablesen, wie sich der Gehalt an Kohlendioxid (CO_2) verändert hat. Aber auch katastrophenartige Ereignisse sind im Eis dokumentiert. So finden sich zum Beispiel immer wieder sehr feine Aschelagen, die aus mächtigen Vulkanausbrüchen stammen, und als Folge gewaltiger Wüstenstürme in verschiedenen Gebieten der Erde haben sich feine Staubschichten abgelagert. Das grönländische Eis bietet vor allem für die vergangenen 80.000 Jahre eine jahreszeitliche Schichtung – im Prinzip ähnlich wie ein Baumring –, so dass wir für diesen Zeitraum sehr präzise angeben können, wann ein folgenschweres Ereignis stattgefunden hat und in welchen Zeitabständen es zu durchgreifenden Klimaänderungen gekommen ist. Ähnlich wie bei den Tiefseebohrkernen können wir die Einzelergebnisse in einer Kurve darstellen und diese dann mit den Kurven aus anderen Untersuchungen vergleichen. Derartige Untersuchungen lassen sich auch am Eisschild der Antarktis durchführen. Das Eis ist hier etwa 3.300 m mächtig und beinhaltet sogar die Klimageschichte der letzten gut 400.000 Jahre (vgl. Müller und Schönfelder 2005: 41). Von besonderer Bedeutung ist hier der so genannte Vostok-Eisbohrkern (vgl. Abb. 27 Mitte).

Ein großer Vorteil der Tiefsee- und der Eisablagerungen ist die Tatsache, dass hier tatsächlich – beginnend in der unmittelbaren Jetztzeit – lückenlose Archive vorliegen, die für jedes Jahr ein interpretierbares Signal enthalten, so dass man im Grunde nur Jahr um Jahr zurückzählen muss, um Aussagen über konkrete Zeitalter der Vergangenheit zu gewinnen. Andererseits muss man natürlich vor-

TAFEL 5: GRABUNGSSITUATION AUF DEM MITTELPALÄOLITHISCHEN FREILANDFUNDPLATZ WALLERTHEIM (RHEINHESSEN). FUNDSCHICHT MIT GROSSEN TIERKNOCHEN (GRABUNG CONARD).

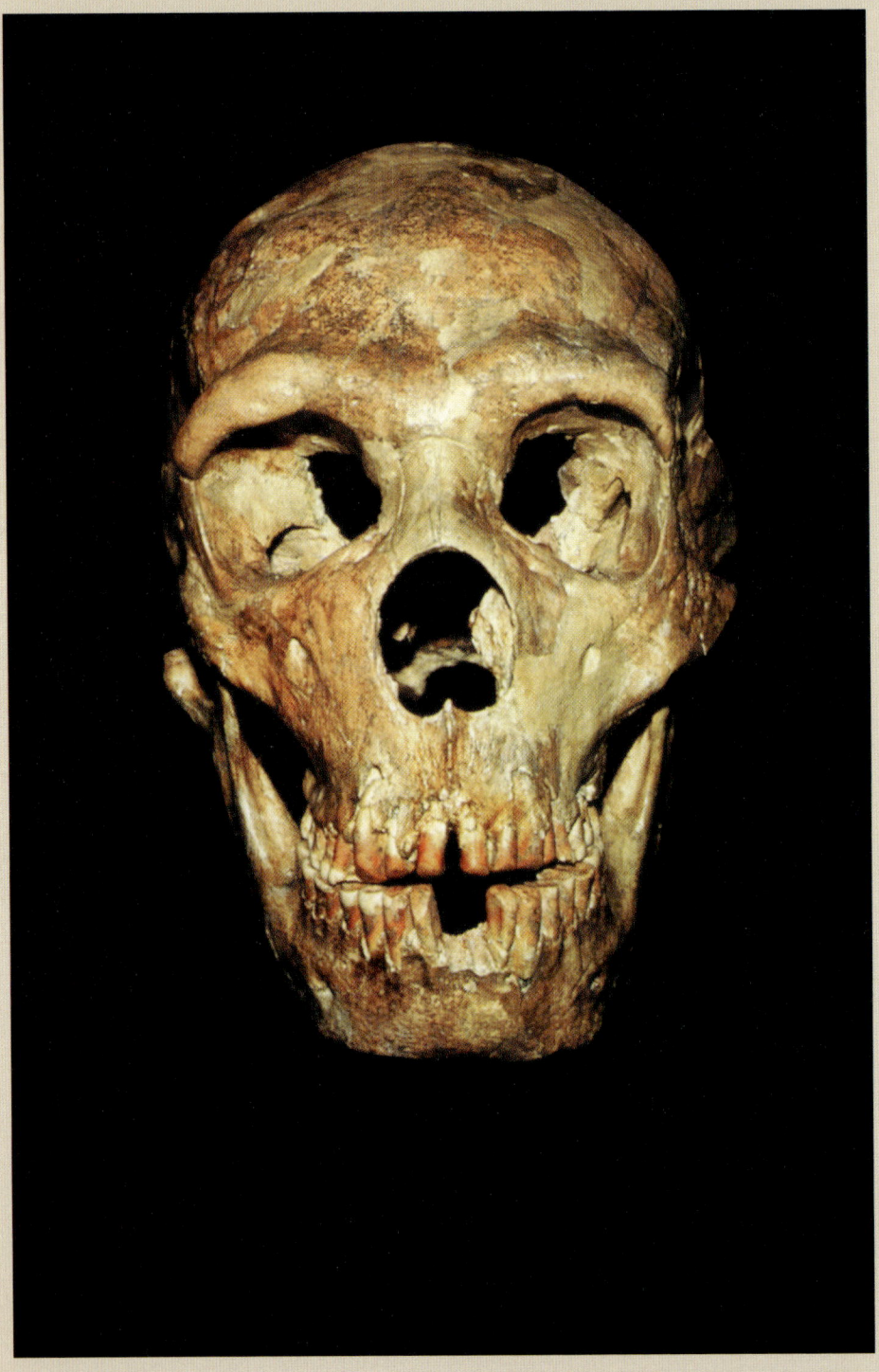

TAFEL 6: SCHÄDEL DES MÄNNLICHEN INDIVIDUUMS SHANIDAR 1 (IRAK).

TAFEL 7: PLASTISCHE REKONSTRUKTION EINES FRÜHEN NEANDERTALERS VON ELISABETH DAYNÈS IN DER DAUERAUSSTELLUNG DES LANDESMUSEUMS FÜR VORGESCHICHTE HALLE.

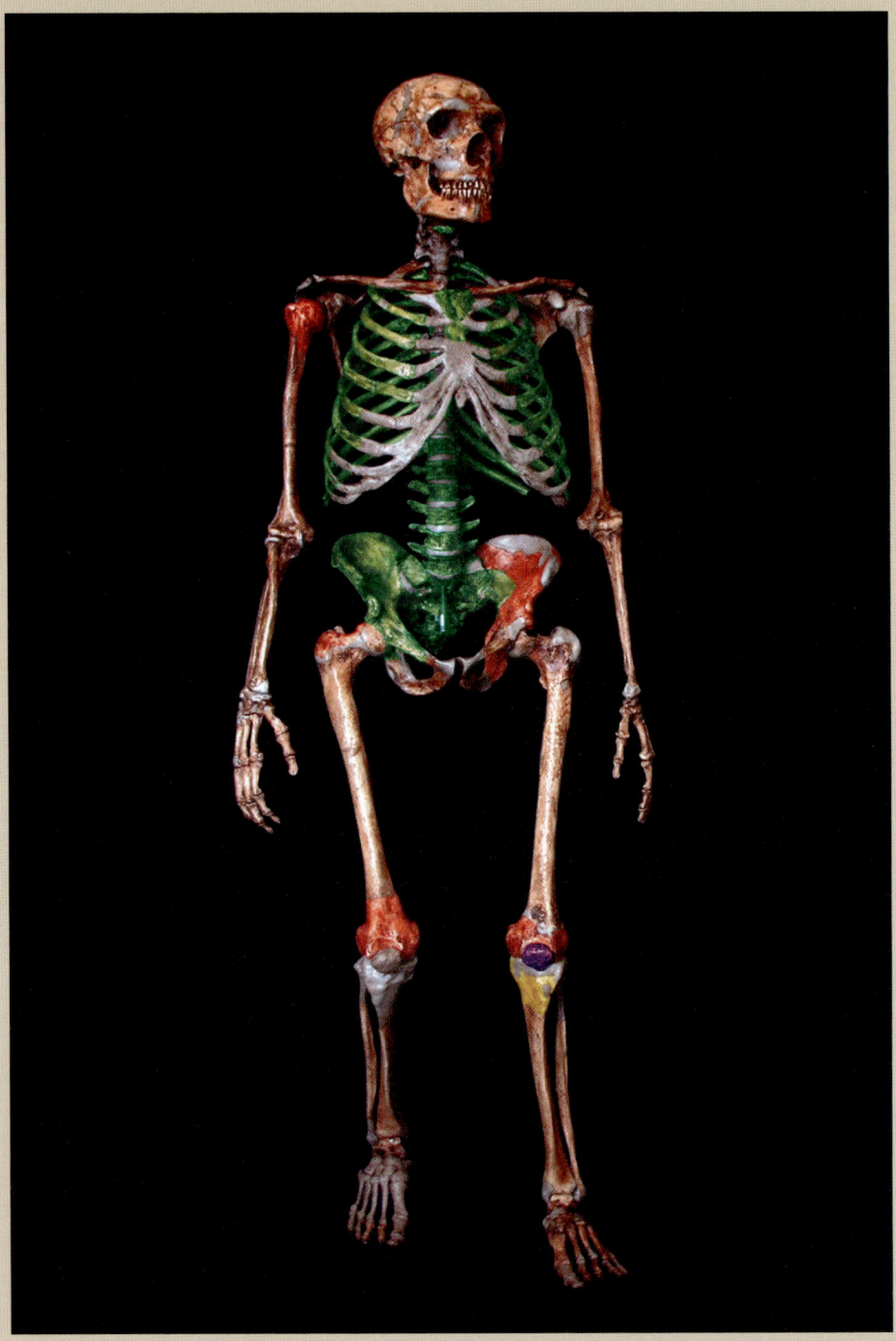

TAFEL 8: AUS DEN SKELETTTEILEN VERSCHIEDENER INDIVIDUEN REKONSTRUIERTER »IDEALNEANDERTALER«. ALS GRUNDSKELETT DIENTE DAS RECHT VOLLSTÄNDIGE INDIVIDUUM LA FERRASSIE 1 (BRAUN). WEITERHIN GINGEN UNTER ANDEREM KNOCHEN FOLGENDER FOSSILIEN IN DIE REKONSTRUKTION EIN: KEBARA 2 (GRÜN), SPY 1 (GELB), LA CHAPELLE-AUX-SAINTS (VIOLETT) UND NEANDERTAL 1 (DUNKELROT). DIE HELLGRAUEN PARTIEN SIND BISHER NICHT DURCH ORIGINALFUNDE NACHGEWIESEN.

sichtig damit sein, die Klimageschichte, wie man sie für die Tiefsee oder für die Pole ermittelt hat, für globale Aussagen zu verallgemeinern. Wir müssen uns immer wieder vergewissern, inwieweit diese Daten auch für andere Arbeitsgebiete gelten.

Dafür stehen uns verschiedene Festlandarchive zur Verfügung, die wir als terrestrische Archive bezeichnen. Diese werden schon wesentlich länger ausgewertet als die Eis- und Tiefseebohrkerne, sie haben aber den Nachteil, dass sie wesentlich kürzere Zeiträume durchgehend abdecken und dass sie vor allem aufgrund verschiedener Faktoren wie Erosion, Verwitterung und anderer auch weniger vollständig sind. Flussschotterterrassen und Moränen haben wir bereits kennen gelernt. Zu nennen sind darüber hinaus Sedimente. So lagert sich Löß, besonders feiner Gesteinsstaub, nur in kälterem Klima ab, während Bodenbildungsprozesse unter wärmeren Klimabedingungen, also in Interglazialen und Interstadialen ablaufen.

Wichtig sind schließlich die Reste von Lebewesen, die in den Sedimenten eingeschlossen sind. Sie erlauben uns eine Rekonstruktion der damaligen Umwelt und dadurch wiederum Rückschlüsse auf die allgemeinen Klimabedingungen. Den Umweltindikatoren soll deshalb der folgende Abschnitt gewidmet sein.

MÖGLICHKEITEN DER UMWELTREKONSTRUKTION

Die Umwelt ist zu einem guten Teil durch das Klima bestimmt oder von ihm beeinflusst. Die wichtigsten Bestandteile der Umwelt sind einerseits die Pflanzenwelt (Flora), andererseits die Tierwelt (Fauna). Da sowohl Tiere als auch Pflanzen an ganz bestimmte äußere Bedingungen wie Temperatur, Feuchtigkeitsgehalt und andere gebunden sind, lässt sich durch ihr Vorkommen wie auch durch ihr Fehlen, besonders aber durch ihr gemeinsames Vorkommen in der gleichen Fundschicht, auf das Klima rückschließen.

Vegetation Resten der Vegetation begegnen wir in altsteinzeitlichen Zusammenhängen erhaltungsbedingt relativ selten. Das ist umso bedauerlicher, als Pflanzen einen wichtigen Bestandteil des Ökosystems bildeten und bilden.

Es gibt nun verschiedene Möglichkeiten, wie uns Pflanzen oder Pflanzenreste überliefert sein können. Sie können als so genannte Makroreste vorliegen, das sind zum Beispiel Samen oder Früchte oder sonstige mit dem bloßen Auge sichtbare Pflanzenteile. Gelegentlich finden wir – in der Regel in warmzeitlichen Ablagerungen – auch eingeschlossene Blätter, Blattteile oder Blattabdrücke (Abb. 26). Eine wichtige Fundkategorie sind weiterhin Holzkohlen, da man, eine gewisse

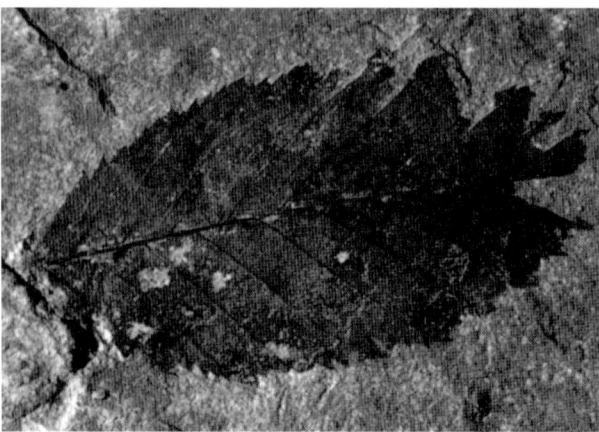

Größe dieser Stücke vorausgesetzt, feststellen kann, welche Holzart hier einst verbrannte.

Die vielleicht wichtigsten Informationen über die vergangene Vegetation liefert uns die Pollenanlyse, die auf der erstaunlichen Tatsache aufbaut, dass sich der mikroskopisch feine Blütenstaub bei geeigneten Bedingungen über Jahrzehntausende, ja sogar Jahrhunderttausende erhalten kann und jede Blütenpflanze eine ganz charakteristische Ausprägung ihrer Pollen zeigt. Die Pollen, die in Sedimentproben eingeschlossen sind, können mit einer aufwändigen Aufbereitungsmethode isoliert, dann bestimmt und schließlich mengenmäßig ausgezählt werden. Zwei große Gruppen, die man dann unterscheidet, sind die Baumpollen und die Nichtbaumpollen. Je nachdem, welche einzelnen Arten innerhalb der Gruppen nachgewiesen werden und in welchem Verhältnis Baum- und Nichtbaumpollen zueinander stehen, lassen sich recht detaillierte Aussagen über den ehemaligen Pflanzenbewuchs und damit indirekt über die zu der Zeit herrschenden Klimabedingungen treffen.

Ein großer Vorteil der Pollenanalyse ist, dass man ähnlich wie bei den Tiefsee- und Eisbohrkernen eine ganze Schichtenfolge von bis zu mehreren Metern Mächtigkeit analysieren kann, um so Vegetationsveränderungen innerhalb eines längeren Zeitraumes sichtbar zu machen, ohne dass sich archäologische Schichten in dieser Abfolge befinden. Daraus wiederum lassen sich Kurven erstellen, in denen man die aus den Vegetationsänderungen ableitbaren Klimaänderungen darstellen kann. Eine der wichtigsten derartigen Pollenkurven wurde in Grande Pile in den französischen Vogesen erstellt. Uns liegt mit den Pollen also ein bedeutendes terrestrisches Umwelt- und Klimaarchiv vor, dessen Aussagen wir mit den Aussagen aus den marinen und polaren Archiven vergleichen und korrelieren können (Abb. 27).

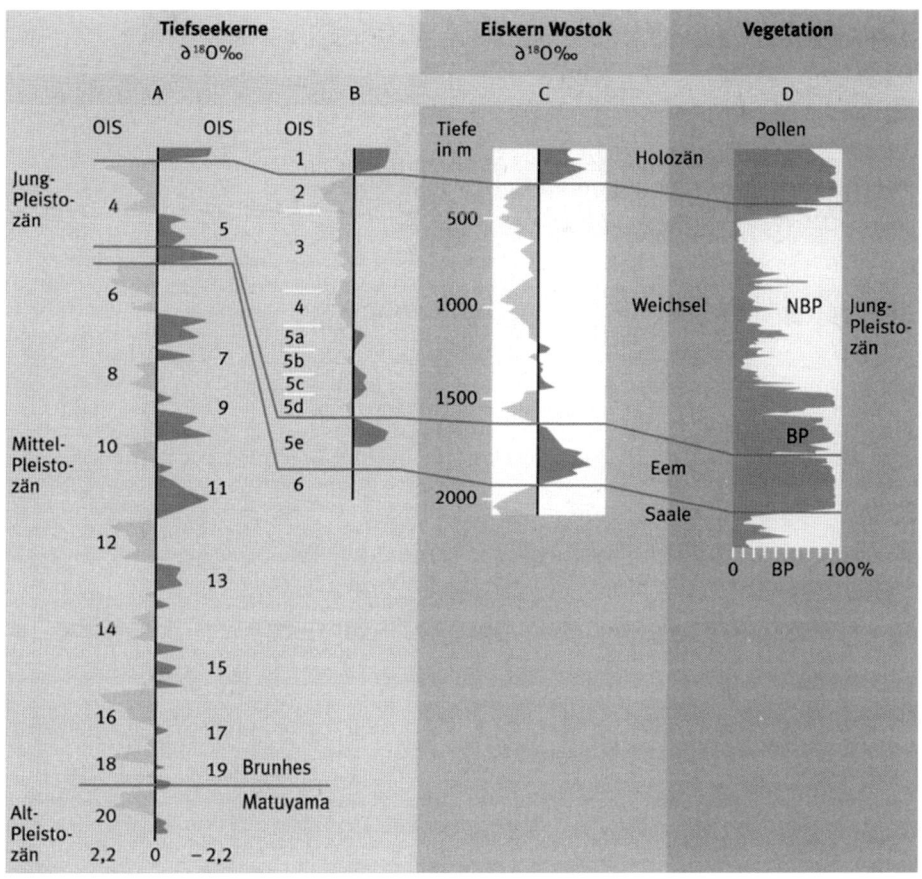

ABB. 27: KLIMAVERLAUF IM PLEISTOZÄN. DIE SPALTEN B BIS D GEBEN DABEI IN DETAILANSICHT DEN VERLAUF IM JUNGPLEISTOZÄN WIEDER. A UND B BERUHEN AUF DEM VERHÄLTNIS DER SAUERSTOFFISOTOPEN IN DEN SCHALEN OZEANISCHER KLEINSTLEBEWESEN (FORAMINIFEREN), C GEHT AUF DAS SAUERSTOFF-ISOTOPENVERHÄLTNIS IM EIS DER ANTARKTIS ZURÜCK, D IST EINE »TERRESTRISCHE« KURVE AUFGRUND DES VERHÄLTNISSES VON BAUMPOLLEN (BP) ZU NICHTBAUMPOLLEN (NBP).

Ein außergewöhnlicher Weg, Informationen über die Vegetation zu bekommen, sei hier noch am Rande erwähnt. Mehrfach gelang es, in Koprolithen (fossilen Fäkalien) eiszeitlicher Tiere Pflanzenpollen nachzuweisen, die aus der Nahrung der Tiere stammen. Für die Zeit der Neandertaler sind hier zum Beispiel Hyänenkoprolithen aus der spanischen Fundstelle Gabasa zu nennen, an einigen französischen Fundstellen gelangen ähnliche Untersuchungen.

Tierwelt Bedeutende Hinweise zu Klima und Umwelt der Vergangenheit liefern uns schließlich die Überreste der damaligen, zum Teil ausgestorbenen Tierwelt. Auch hierbei sind wir natürlich auf ausreichende Erhaltungsbedingungen angewiesen, doch finden sich Tierreste häufiger als Pflanzenreste. Wichtige Klima- und Umweltindikatoren finden wir sowohl bei den Groß- und Kleinsäugetieren (von Koenigswald 2002) als auch bei Schalentieren (Mollusken) wie Schnecken und Muscheln. Vögel und Fische treten demgegenüber etwas in den Hintergrund. Besonders kleinere Tiere wie Nager und Schnecken reagieren sehr empfindlich selbst auf kleinste Veränderungen in Klima und Vegetation, und ihr Vorkommen beispielsweise in neandertalerzeitlichen Schichten kann uns gute Hinweise darauf liefern, mit welchen durchschnittlichen Temperaturen und mit welcher allgemeinen Vegetation die Neandertaler an dieser Stelle konfrontiert waren.

Etwas weniger empfindlich reagieren die meisten Großsäuger auf Veränderungen, doch lassen sich auch hier Arten anführen, darunter wichtige Jagdtiere der Neandertaler, die an bestimmte Klimate und Vegetationszonen gebunden sind. Wichtig sind zum Beispiel die Elefantenformen: Mammute (Abb. 28) weisen auf kaltzeitliche Bedingungen hin, Waldelefanten dagegen auf warmzeitliche, in gleicher Weise zeigen Wollnashörner kaltes Klima an, Waldnashörner dagegen wärmere Klimate. Schließlich können hier auch die verschiedenen Hirscharten genannt werden. Jeder wird das Rentier sofort mit kälteren Umweltbedingungen in Verbindung bringen, Damhirsche dagegen benötigen eine wärmere Umwelt. Weitere Tiere ließen sich hier anfügen, andere sind hinsichtlich ihrer Klima- und Umweltansprüche weniger charakteristisch. Wir wollen gleich noch einmal darauf zu sprechen kommen. Vor allem bei den Großsäugetieren ist von Bedeutung, dass sie oft von den Neandertalern gejagt wurden, also eine unmittelbare Verbindung zwischen Mensch und Umwelt gegeben ist.

KLIMA UND UMWELT ZUR ZEIT DER NEANDERTALER

Um einigermaßen allgemeingültige Aussagen über Klima und Umwelt zur Zeit der Neandertaler treffen zu können, bedarf es einer Zusammenschau (Korrelation) der verschiedenen Klima- und Umweltanzeiger. In groben Zügen lassen sich solche Aussagen verallgemeinern, jedoch finden sich bereits große Unterschiede zwischen verschiedenen Regionen, und erst recht in Bezug auf Kleinregionen oder gar einzelne Fundplätze können sich gravierende Unterschiede abzeichnen. Das ist nicht zuletzt darauf zurückzuführen, dass es regional begrenzt Klimaunterschiede gegeben haben kann, die in anderen Regionen kaum oder gar nicht gegeben waren, und es ist auch gut nachvollziehbar, dass sich die allgemeinen Verhältnisse beispielsweise im nördlichen Europa – nahe der vergletscherten Regionen – deutlich von einer Region wie beispielsweise der Iberischen Halbinsel oder der Mittelmeerregion unterschieden haben.

Die weniger vollständigen oder kürzere Zeiträume umfassenden Kurven, die wir aus den terrestrischen Archiven gewonnen haben, zum Beispiel die Pollenkurven, können wir in die längeren und vollständigeren Kurven aus der Tiefsee und dem polaren Eis „einhängen", um so zu großräumigeren Aussagen zu gelangen (Abb. 27). Schließlich können wir auch versuchen, die Abfolge der menschlichen Kulturentwicklung in diesen Verlauf „einzupassen" (vgl. Abb. 18).

Wir wollen nun einige der wichtigsten Grundzüge der Klima- und Umweltentwicklung zur Zeit der Neandertaler nachzeichnen. Nehmen wir die frühen Neandertaler mit hinzu, dann erlebten die Neandertaler im Laufe ihrer Entwicklung über gut 250.000 Jahre mehrere Glazial-/Interglazial-Zyklen. Vor fast 300.000 Jahren, als der Übergang vom *Homo heidelbergensis* über den Präneandertaler zum frühen Neandertaler erfolgte, bestand die mitteleuropäische Landschaft aus einer eiszeitlichen Tundra, doch fanden sich in den deutlich wärmeren Mittelmeerregionen Laub- und Nadelwälder. Im Laufe der Neandertaler-Entwicklung wechselte das Bild der Vegetation jedoch häufig und zum Teil sehr abrupt. Immer wieder mussten sich die Neandertaler auf geänderte Klima- und Umweltbedingungen einstellen.

ABB. 28: MAMMUTSKELETT AUS PFÄNNERHALL (SACHSEN-ANHALT) IN DER DAUERAUSSTELLUNG DES LANDESMUSEUMS FÜR VORGESCHICHTE HALLE.

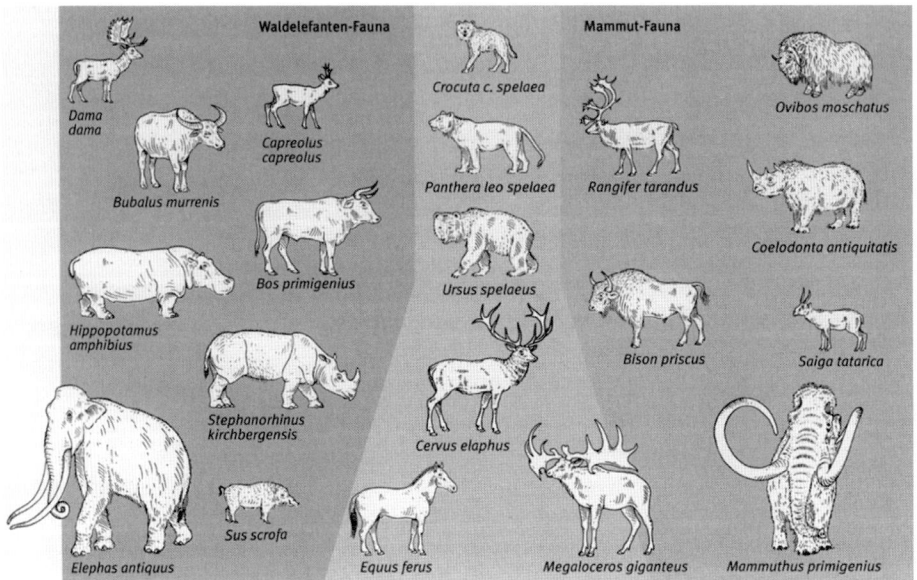

Waldelefanten-Fauna

Mammut-Fauna

Dama
dama

Capreolus
capreolus

Bubalus murrensis

Crocuta c. spelaea

Panthera leo spelaea

Rangifer tarandus

Ovibos moschatus

Bos primigenius

Hippopotamus
amphibius

Ursus spelaeus

Coelodonta antiquitatis

Stephanorhinus
kirchbergensis

Cervus elaphus

Bison priscus

Saiga tatarica

Elephas antiquus

Sus scrofa

Equus ferus

Megaloceros giganteus

Mammuthus primigenius

ABB. 29: GEGENÜBERSTELLUNG DER WARMZEITLICHEN WALDELEFANTEN-FAUNA UND DER KALTZEIT-
LICHEN MAMMUT-FAUNA DES JUNGPLEISTOZÄNS. IN DER MITTE FINDEN SICH TIERARTEN, DIE NICHT
EINDEUTIG EINER DER BEIDEN FAUNENGEMEINSCHAFTEN ZUGEORDNET WERDEN KÖNNEN.

Ähnlich wie die Vegetation war auch die Tierwelt einem mehrfachen Wechsel
unterworfen und lässt sich, wie gerade angedeutet, am besten durch das jeweils
größte Landsäugetier charakterisieren: Während wir in den Zwischeneiszeiten
eine als Waldelefantenfauna zu bezeichnende Tiervergesellschaftung finden,
lässt sich die Tierwelt in den Eiszeiten als Mammutfauna bezeichnen. Beide Fau-
nenvergesellschaftungen sind vor allem durch typische Pflanzenfresser charakterisiert, die relativ streng an ihre jeweilige Gruppe gebunden sind, während die
meisten Raubtiere in beiden Faunengemeinschaften vorkommen (Abb. 29).
Dabei verläuft die Entwicklung in der mehrmaligen Abfolge von Kalt- und Warmzeiten zyklisch, deshalb wollen wir uns im Folgenden exemplarisch auf den letzten Zyklus mit Eem-Warmzeit und letzter Eiszeit (Weichsel oder Würm), das
heißt das gesamte Jungpleistozän beschränken. Dieser Zyklus ist letztlich nicht
nur am besten fassbar, sondern die für diese Phasen abgeleiteten Erkenntnisse
können analog auch auf die anderen Glaziale oder Interglaziale übertragen werden. Auf die Zeit, die dem Verschwinden der Neandertaler unmittelbar voraus-
ging und die sich deutlich von dem „üblichen" Ablauf unterscheidet, wollen wir
in Kapitel 8 noch genauer eingehen.

Das Klima im Eem war hinsichtlich der Winter- und Sommertemperaturen sowie
der Niederschläge ähnlich wie heute, die Jahresdurchschnittstemperatur betrug
ungefähr 11–12 °C. Die eemzeitlichen Neandertaler sahen in der von der vorher-

gehenden Kaltzeit her offenen Landschaft zunächst das Einwandern von Pio-
niergehölzen wie Birken und Kiefern, und innerhalb weniger Jahrhunderte bildeten sich über fast ganz Mitteleuropa dichte Laubwälder, die sich unter anderem
aus Haseln, Eichen, Ulmen, Eschen und Eiben, später auch aus Hainbuchen
(Abb. 26) zusammensetzten (vgl. Müller und Schönfelder 2005). An potentiell
essbaren pflanzlichen Produkten standen den Neandertalern u.a. Eicheln, Buch-
eckern, Schlehen, Holunderbeeren, Pilze sowie verschiedene Knollen und Wurzeln zur Verfügung.

Neben dem Waldelefanten (*Elephas antiquus*) finden wir an charakteristischen
Großsäugetieren Flusspferd (*Hippopotamus*), Waldnashorn (*Stephanorhinus kirchbergensis*), Damhirsch (*Dama dama*), Reh (*Capreolus capreolus*), Wildschwein (*Sus scrofa*),
Ur (*Bos primigenius*) und Wasserbüffel (*Bubalus murrensis*) (Abb. 29). Einige Pflanzenfresser wie Riesenhirsch (*Megaloceros giganteus*), Rothirsch (*Cervus elaphus*) und Pferd
(*Equus ferus*) lassen sich nicht auf eine eindeutige Klimavorliebe einschränken und
können sowohl in Warm- als auch in Kaltzeiten auftreten. Dies gilt auch für die
meisten Fleisch- oder Allesfresser wie Höhlenhyäne (*Crocuta spelaea*), Höhlenlöwe
(*Panthera leo spelaea*), Braunbär (*Ursus arctos*) und Höhlenbär (*Ursus spelaeus*), wobei
letzterer wahrscheinlich sogar überwiegend Pflanzenfresser gewesen ist.

In der letzten Eiszeit belief sich die durchschnittliche Jahrestemperatur in Mitteleuropa nach einer fortschreitenden Abkühlung zunächst auf etwa 0 °C, während
eines ersten Höchststandes vor etwa 60.000 Jahren sank sie sogar auf Werte zwischen -2 °C und -5 °C. Mit dem Einsetzen kälterer Klimabedingungen fingen Fich-
ten und Tannen an, sich auszubreiten, und mit zunehmender Kälte bestanden
die mitteleuropäischen Wälder immer mehr aus Kiefern und immer weniger aus
Laubbäumen, welche sich im klimagünstigeren mediterranen Europa jedoch
hielten. Schließlich verschwanden dann die Wälder zeitweise ganz aus Mitteleuropa, und die Vegetation bestand hier vor allem aus Zwergstrauchtundra und
Grastundra. In wärmeren Zwischenphasen innerhalb der Eiszeit (Interstadiale),
als sich die klimatischen Verhältnisse kurzzeitig verbesserten und fast heutige
Verhältnisse erreichen konnten, stießen auch die Laubbäume wieder in nördlichere Breiten vor, ohne jedoch eemzeitliche Verhältnisse auch nur annähernd
zu erreichen. Vor etwa 40.000 Jahren erfolgte dann wiederum eine starke Abkühlung auf jährliche Durchschnittstemperaturen von unter -1 °C; die Landschaft
bestand jetzt wieder aus einer baumfreien Kältesteppe (vgl. Müller und Schönfelder 2005). Auch in der Folge kam es bis zu einem zweiten Kältemaximum vor
etwa 23.000 Jahren, das der Neandertaler nicht mehr erlebte, in schneller Folge
immer wieder zu abrupten Wechseln zwischen Erwärmung und Abkühlung
(siehe Kapitel 8).

Eindrucksvollstes Großsäugetier der eiszeitlichen Mammutsteppe war zweifellos das namengebende Mammut (*Mammuthus primigenius*); mit ihm zusammen leb-

ten als charakteristische Kälte liebende Tiere Wollhaarnashorn (*Coelodonta anti-quitatis*), Ren (*Rangifer tarandus*), Saigaantilope (*Saiga tatarica*), Moschusochse (*Ovibos moschatus*) und Wisent (*Bison priscus*). Darüber hinaus finden sich auch hier die weniger klimaempfindlichen Tiere (Abb. 29).

Oft wird der Neandertaler als Menschenform gesehen, die vor allem unter Kälte-bedingungen lebte (Jöris 2003). Zwar wissen wir, dass die Neandertaler in der Tat unangenehme Klimabedingungen meisterten, doch waren selbst in ausgepräg-ten Kälteperioden die Bedingungen nicht überall in Europa gleich ungünstig. So herrschten zum Beispiel in mediterranen Regionen oder am Schwarzen Meer zur Zeit der klassischen Neandertaler keineswegs Kälte und Eis, und die Neander-taler haben hier unter recht gemäßigten Bedingungen gelebt. Blicken wir noch einmal auf die Verbreitungskarten der Neandertalerfossilien (Abb. 19 und 20), so stellen wir fest, dass südlichere Breiten sogar deutlich stärker repräsentiert sind als nördlichere, die Neandertaler insofern eigentlich eher als Menschenform gemäßigterer denn als typische Form kälterer Breiten gesehen werden muss. Wahrscheinlich eroberten die Neandertaler, aus gemäßigten Breiten kommend, auch klimatisch ungünstigere Regionen, in denen sie dann über längere Zeit-räume zu leben lernten und auf deren Klimabedingungen sie schließlich auch durch Herausbildung einiger spezifischer anthropologischer Merkmale, die wir in Kapitel 3 beschrieben haben, reagierten. Inwieweit sie dann in klimatisch ungünstigen Perioden dezimiert wurden oder wieder in gemäßigtere Breiten zurückwanderten, bleibt letztendlich unklar. Es ist auch nicht unbedingt plau-sibel, dass die im Süden kontinuierlich lebenden und heimischen Neandertaler solche „Spätheimkehrer" mit offenen Armen empfangen und ihnen ohne weite-res ihr Siedlungsareal zur Verfügung gestellt hätten.

5 Das tägliche Leben der Neandertaler

TECHNISCHE FERTIGKEITEN

Denkt man an das tägliche Leben der Neandertaler, so fallen einem zunächst die Steinwerkzeuge ein, denn aus Gründen der Erhaltung finden wir bei den Ausgrabungen mit Abstand am häufigsten Steinartefakte, das heißt Gegenstände, die der Mensch aus Stein gefertigt hat, und die Abfälle, die bei ihrer Herstellung angefallen sind. Wenn wir jetzt die technischen Fertigkeiten der Neandertaler aufzeigen, sollen deswegen die Steinartefakte auch am Anfang stehen. Hierfür wollen wir zunächst eine Reihe von Begriffen klären, die zum unerlässlichen Vokabular der Altsteinzeitforschung gehören.

Der Umgang mit dem Werkstoff Stein
Um Werkstücke aus Stein zu bearbeiten, benötigte der Neandertaler ein geeignetes Schlaginstrument, das aus unterschiedlichen Materialien bestehen konnte. Sehr häufig wählte er mehr oder weniger runde bis rundlich-ovale Gerölle aus zähem Gestein wie Quarzit, die er zum Beispiel in Flussschottern fand. Wenn mit einem solchen Schlagstein auf das zu bearbeitende Steinstück geschlagen wird, sprechen wir von hartem Schlag (Abb. 30).

Hervorragend für die Steinbearbeitung geeignet sind aber auch Schlaggeräte aus organischen Materialien, vor allem Geweih. Wenn mit einem solchen weicheren Schlägel auf harten Stein geschlagen wird, sprechen wir vom weichen Schlag. Bisher sind für die Zeit der Neandertaler – im Gegensatz zum Jungpaläolithikum – keine eindeutigen Schlaggeräte aus organischen Materialien nachgewiesen. Bestimmte Schlagmerkmale an manchen Abschlägen zeigen aber indirekt, dass der Neandertaler den weichen Schlag anwandte.

Natürlich musste auch geeignetes Rohmaterial zur Bearbeitung zur Verfügung stehen. Je glasartiger das Gestein ist, desto besser sind seine Bearbeitungseigenschaften. Am besten eignet sich Obsidian, ein vulkanisches Glas, das allerdings nur in bestimmten Regionen zu finden ist. Weiter verbreitet und nur wenig schlechter geeignet sind die verschiedenen Feuersteine, Hornsteine und Chalzedone, während die verschiedenen Spielarten des Quarzit demgegenüber in der Regel bereits schwerer zu bearbeiten sind, wenngleich es auch hier sehr homogene und feinkörnige Varietäten gibt. Quarz eignet sich wegen seiner meist

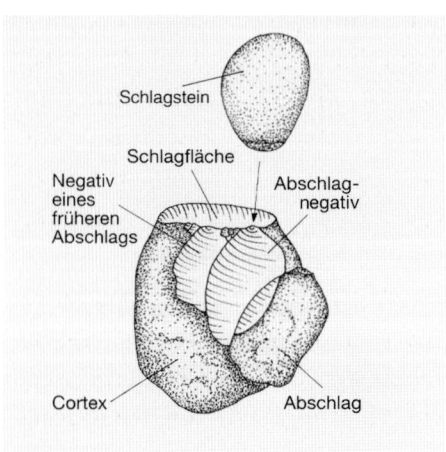
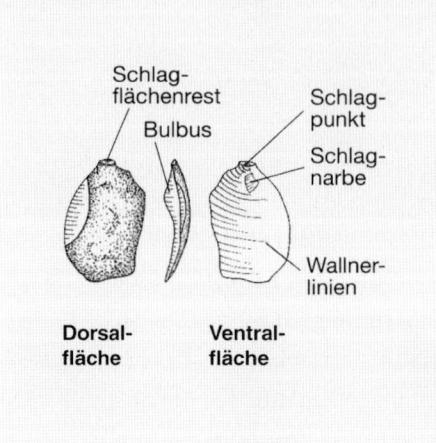

geringeren Homogenität deutlich weniger, und auch gröbere vulkanische Gesteine wie zum Beispiel Basalt wurden vor allem verwendet, wenn man keine besseren Rohmaterialien fand.

Am Anfang der Steinbearbeitung stand in der Regel die erste Zurichtung des Rohstückes. Oft musste man zunächst die äußere Gesteinsrinde, auch als Kortex bezeichnet, ganz oder zum Teil entfernen, da diese äußeren Partien des Rohstückes spröde und porös und von daher zur Weiterverwendung nicht geeignet sind. Durch weitere gezielte Präparation legte man dann eine oder mehrere Schlagflächen an, von denen aus der eigentliche Abbau auf der Abbaufläche erfolgen konnte (Abb. 30). Von diesem Stadium an bezeichnet man das Rohstück als Kern, die von ihm abgetrennten Stücke sind die Grundformen. Sind noch keine Grundformen abgebaut, heißt der Kern Vollkern.

Je nach Form und Ausprägung teilt man die Grundformen ein in Abschläge, die wesentlich kleineren Absplisse, die länglich schmalen Klingen, die mindestens doppelt so lang sind wie breit, und die schmaleren Lamellen. Die bei weitem wichtigste Grundform war für den Neandertaler zweifellos der Abschlag, während er Klingen und Lamellen in wesentlich geringerem Umfang und meist auch mit einer weniger ausgefeilten Technik herstellte als der anatomisch moderne Mensch des Jungpaläolithikums. Der Artefaktcharakter von Grundformen offenbart sich durch eine ganze Reihe charakteristischer Merkmale (Abb. 30). In erster Linie ist hier der so genannte Schlagbuckel oder Bulbus zu nennen, der sich auf der Unterseite des Artefaktes, der Ventralfläche, unmittelbar unterhalb desjenigen Punktes aufwölbt, in welchem das Schlaginstrument aufgetroffen ist. Der Schlagimpuls wird hier zunächst kurzfristig aufgestaut, wodurch die Wölbung entsteht, und setzt sich dann wellenförmig im Gestein fort, ähnlich wie sich die Wellen auf einer Wasseroberfläche ausbreiten, wenn man einen Gegenstand in das Wasser wirft. Oft entsteht auf dem Bulbus eine kleine Aussplitterung, die so genannte Schlagnarbe. Das kleine Stückchen, das beim Abbau von der Schlagfläche des Kerns mitgenommen wird, bezeichnen wir als Schlagflächenrest. Die Oberseite eines Artefaktes, die Dorsalfläche, zeigt oft die Negativbahnen vorher abgebauter Grundformen. Im Idealfall sind alle Merkmale bei einem Artefakt vorhanden, dem geübten Auge ist aber meist auch eine sichere Ansprache möglich, wenn nur einige von ihnen vorliegen.

Wir kennen ganz verschiedene, unterschiedlich ausgefeilte Methoden für die Gewinnung von Grundformen. So wurden zum Beispiel mit einer wenig systematischen Abbaumethode recht gute Grundformen gewonnen, indem man den Kern im Verlaufe des Abbaus mehrfach drehte und die jeweils am besten geeigneten Schlagpunkte aussuchte.

Der Neandertaler gab sich aber keineswegs mit dieser nur bedingt steuer- und kontrollierbaren Produktion zufrieden. Er entwickelte stattdessen eine Methode, die nach einem Vorort von Paris als Levallois-Methode bezeichnet wird und so charakteristisch für den Neandertaler und das Mittelpaläolithikum ist, dass andere Bearbeitungstechniken weniger beachtet werden. Ihr Prinzip beruht darauf, den Kern in einer Art vorzubereiten, zu präparieren, dass man bereits im Voraus wissen konnte, wie das Endprodukt, der Zielabschlag, aussehen würde (Abb. 31).

Zunächst präparierte man die spätere Unterseite des Kernes durch Abtrennen mehrerer rund um das Rohstück herumlaufender Abschläge (Abb. 31.1). Im nächsten Schritt wandte man sich der kommenden eigentlichen Abbaufläche des Kerns zu, indem man die Unterseite als Schlagfläche verwendete und von hier aus die Oberseite präparierte (Abb. 31.2). Durch ebenfalls meist rundum gesetzte Schläge erzeugte man so eine leicht aufgewölbte Fläche, deren Negative im klassischen Fall strahlenförmig zur Mitte der Oberfläche hin verlaufen. Um nun einen in seiner Form vorherbestimmten Zielabschlag gewinnen zu können, musste gewährleistet sein, dass man mit einem Schlaginstrument exakt auf einen bestimmten Punkt der Schlagfläche treffen konnte. Hierfür war es in der Regel notwendig, in einem dritten Schritt die Schlagfläche besonders sorgfältig zu präparieren (Abb. 31.3). Der vierte und letzte Schritt bestand dann schließlich im Abheben des Zielabschlages von der Abbaufläche selbst (Abb. 31.4). Abschläge, die mit der klassischen Levallois-Methode gewonnen worden sind, geben sich in der Regel durch eine Fazettierung des Schlagflächenrestes zu erkennen, die dadurch entsteht, dass kleine Teile der Präparationsnegative von der Schlagfläche des Kernes mit abgetrennt werden. Oft verwarf man den Kern nach Gewinnung eines einzigen Abschlages, so dass diese Methode als sehr rohmaterialintensiv betrachtet werden muss und folglich nur angewandt werden konnte, wenn man genügend geeignetes Rohmaterial in der Nähe hatte. Vielleicht wurde aber neben dem Zielabschlag auch der Kern als Werkzeug weiterverwendet.

Bei der beschriebenen Vorgehensweise handelt es sich um das klassische Leval-lois-Konzept. Besonders der französische Archäologe Eric Boëda, der sich einge-hend mit der Methode befasst hat, konnte zeigen, dass es daneben eine ganze Reihe weiterer Levallois-Abbaukonzepte gibt, die unter anderem auch zur Her-stellung von Klingen geeignet sind (Boëda 1994).

Es dürfte sofort klar sein, dass zur Beherrschung der Levallois-Methode ein hohes geistiges Potenzial bei den Steinschlägern vorhanden gewesen sein muss. Welche Schlüsse wir daraus in Bezug auf die geistigen Fähigkeiten der Neandertaler zie-hen können, wollen wir in Kapitel 6 beleuchten. Mit einem gewissen Maß an Übung ist übrigens auch ein heutiger Mensch, der nicht mehr auf die Herstellung von Steinwerkzeugen angewiesen ist, in der Lage, innerhalb von etwa 15 bis 30 Minuten aus einem unbearbeiteten Rohstück einen Zielabschlag zu gewinnen und so zum erfolgreichen Levallois-Steinschläger zu werden.

Vom Prinzip her ähnlich ist der Abbau diskoider Kerne, doch bleibt hier die Prä-paration der Unterseite wesentlich grober als bei der Levallois-Methode, und auch die Form der zu gewinnenden Abschläge ist in geringerem Maße vorherbestimmt.

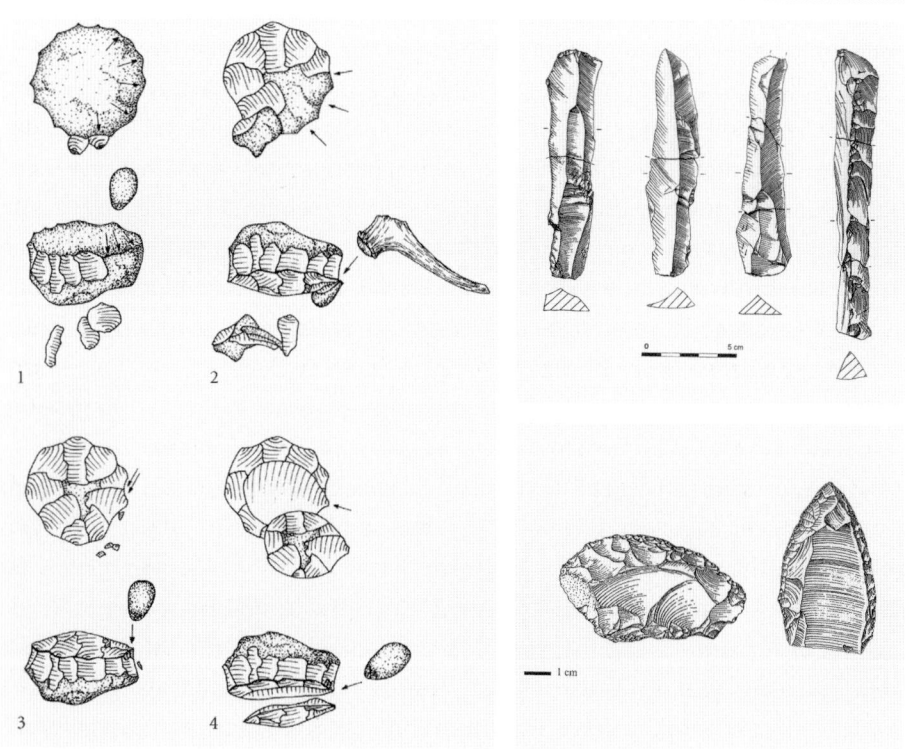

ABB. 31: SCHEMATISCHE DARSTELLUNG DER LEVALLOIS-METHODE. ERLÄUTERUNGEN IM TEXT.
ABB. 32 (OBEN RECHTS): MITTELPALÄOLITHISCHE KLINGEN AUS ETOUTTEVILLE (FRANKREICH).
ABB. 33 (UNTEN RECHTS): TYPISCHE WERKZEUGE DES NEANDERTALERS: SCHABER (LINKS), SPITZE (RECHTS).

Planmäßige Klingenherstellung galt lange als Domäne des anatomisch modernen Menschen, und Neandertaler-Fundplätze mit hohem Klingenanteil waren die Ausnahme. Inzwischen kennt man eine ganze Reihe mittelpaläolithischer Plätze, für die in größerem Umfang gezielte Klingen-, seltener auch Lamellenproduktion in eher „jungpaläolithischer" Weise belegt ist. Zu ihnen gehören in Deutschland Mönchengladbach-Rheindahlen, der Tönchesberg und Wallertheim, in Belgien Rocourt, in Frankreich Seclin und, mit besonders eindrucksvollen Beispielen, Etoutteville. An dieser nordfranzösischen Fundstelle zielte die Grundformproduktion sogar fast ausschließlich auf die Gewinnung von Klingen oder klingenförmigen Abschlägen ab, und es wurden zu diesem Zweck einerseits Levallois-Konzepte und andererseits Konzepte des Klingenabbaus in „jungpaläolithischer" Manier angewandt (Delagnes und Ropars 1996). Besonders eindrucksvoll sind mehrere Kernkantenklingen, die für einige Kerne auf eine Kernpräparation ähnlich wie im Jungpaläolithikum hinweisen (Abb. 32).

Steinwerkzeuge Der Werkzeugkasten der Neandertaler ist erstaunlich umfangreich (vgl. Bosinski 1967). Grundsätzlich unterscheiden wir bei den Steinwerkzeugen zwischen Kern- und Abschlaggeräten, aber ein und derselbe Werkzeugtyp kann sowohl als Kern- wie auch als Abschlaggerät auftreten. Wie der Name bereits andeutet, ist Grundlage für ein Kerngerät das Rohstück selbst, das zum Beispiel aus einer Knolle, einem Geröll oder einer Steinplatte, aber auch aus einer durch Frostbruch entstandenen Scherbe bestehen kann. Durch gezielte Schläge mit einem Schlaginstrument werden so lange Abschläge abgetrennt, bis das gewünschte Werkzeug vorliegt. Klassische Kerngeräte und gleichzeitig klassische Werkzeuge für den Neandertaler sind Faustkeile (Tafel 11), die im Querschnitt dünneren Faustkeilblätter, die im Querschnitt dreieckigen Keilmesser (Abb. 17 oben rechts) sowie oft auch Blattspitzen (Tafel 16), die wir vor allem in der Spätphase der Neandertaler in Mittel- und Osteuropa häufig finden.

Abschlaggeräte sind dagegen Werkzeuge, die durch das Retuschieren von Grundformen entstanden sind. Eher grobe Retuschen entstehen durch aktives Schlagen mit einem Schlaggerät auf die Kanten eines frei in der Hand gehaltenen Artefaktes. Feinere Retuschen entstehen durch leichtes Schlagen oder Drücken auf die Kanten eines auf einer Unterlage liegenden Artefaktes oder „passiv" durch Abdrücken der Kante selbst auf einer Unterlage, die wir dann als Retuscheur bezeichnen. Hierfür eignen sich relativ weiche Gesteine wie zum Beispiel Tonschiefer, aber auch Knochenstücke. Die Retuscheure zeigen nach der Benutzung charakteristische mehr oder weniger ausgeprägte Narbenfelder. In mittelpaläolithischen Fundstellen finden wir regelmäßig vor allem Knochenretuscheure (siehe unten), Steinretuscheure sind dagegen seltener als im Jungpaläolithikum.

Klassische Abschlaggeräte sind Schaber und verschiedene Spitzenformen (Abb. 33). Gerade die Schaber sind so typisch und überwiegen in vielen Fundstellen derart deutlich bei den Werkzeugen, dass immer wieder versucht wurde, eine Gliederung der mittelpaläolithischen Industrien vor allem aufgrund der verschiedenen Schabertypen und ihrer Mengenanteile aufzustellen. Entsprechend variationsreich sind die Ausprägungen, in denen Schaber vorkommen können: Es können eine oder mehrere Kanten retuschiert sein, die retuschierten Kanten können rechtwinklig zueinander stehen oder spitz zulaufen, eine oder auch beide Flächen können flächenretuschiert sein und vieles mehr.

Sehr variantenreich ist auch die Gruppe der Spitzen. Besonders charakteristisch für das Mittelpaläolithikum sind die im Umriss dreieckigen Levallois-Spitzen, die oft nicht weiter retuschiert sind und vor allem im Nahen Osten in großer Menge vorkommen. Wir finden sie deutlich seltener aber auch im europäischen Mittelpaläolithikum (Abb. 41.7–12). Andere Spitzen, zum Beispiel aus der Fundstelle Rheindahlen bei Mönchengladbach, sind sorgfältig retuschiert (Abb. 33 rechts). Sehr interessant ist eine Gruppe kleiner rückengestumpfter Spitzen, die in den mittelrheinischen Fundplätzen Tönchesberg und Wallertheim zutage traten. Ihrer Form und Größe nach ähneln sie Stücken, wie sie eigentlich fast 100.000 Jahre später, ganz am Ende der letzten Eiszeit, regelhaft auftreten (Conard 1992; Conard und Bolus 2003b).

Ergänzt wird das Spektrum der Abschlaggeräte durch gezähnte und gebuchtete Stücke. Darüber hinaus hat der Neandertaler auch völlig unmodifizierte Grundformen für unterschiedliche Zwecke verwendet.

Gelegentlich sind die Steinwerkzeuge der Neandertaler so sorgfältig und vor allem regelmäßig gearbeitet, dass ein über das rein funktional Notwendige hinausreichender Zweck nahe liegt. So erkennt Stephan Veil bei einer Reihe flächenretuschierter Werkzeuge des niedersächsischen Fundplatzes Lichtenberg (Landkreis Lüchow-Dannenberg) eine Verbindung von „Funktion und Design aus Stein" (Veil 2004).

Die Form eines Steinartefakts lässt nicht automatisch auf dessen Funktion schließen. Darüber hinaus muss ein und derselbe Werkzeugtyp nicht immer für dieselbe Tätigkeit benutzt worden sein, wie man auch den multifunktionalen Gebrauch der Werkzeuge eher als den Regelfall annehmen muss. Hilfe erhalten wir hier durch die Mikrogebrauchsspurenanalyse. Durch ihre Verwendung entstehen nämlich an den Steinartefakten mikroskopisch feine Gebrauchsspuren, die je nach dem bearbeiteten Material charakteristisch ausgeprägt sind. Im günstigen Fall lässt sich sogar die Art der Tätigkeit erkennen, also zum Beispiel schabende oder schneidende Tätigkeit, manchmal auch die Bewegungsrichtung, in der das Artefakt geführt wurde. So lässt sich zeigen, dass Schaber oft eben nicht nur zum Schaben im engeren Sinne, sondern auch als Messer verwendet wurden; oft wurden sie bei der Holzbearbeitung eingesetzt. Blattspitzen waren sowohl Projektile, das heißt Bewehrungen von Holzlanzen, als auch Messer; die verschiedenen sonstigen Spitzenformen waren ebenfalls als Projektile eingesetzt. Mit Keilmessern wurde vor allem geschnitten, gekerbte und gebuchtete Stücke dienten häufig zur Holzbearbeitung, und Faustkeile müssen als regelrechte Allzweckgeräte angesehen werden, denn man verwendete sie bei sehr verschiedenen Arbeiten, unter anderem messerartig, und auf sehr unterschiedlichen Materialien, sehr häufig auf Holz. Die häufigen Hinweise auf Holzbearbeitung sind insgesamt sehr auffällig.

Es wäre nun aber sicherlich falsch, die mikroskopische Gebrauchsspurenanalyse als Wundermittel anzusehen. Oft lässt sich allenfalls erkennen, ob weiche oder harte Materialien bearbeitet wurden, und oft sind die feinen Spuren durch Prozesse, die nach der Ablagerung der Stücke auf diese eingewirkt haben, so stark überprägt, dass keine konkreten Aussagen mehr getroffen werden können.

Ausgezeichnet ergänzt wird die Methode durch Residuenanalysen, das heißt die mikroskopische Untersuchung mit dem bloßen Auge oft nicht sichtbarer Rückstände der bearbeiteten Materialien, die sich auch über Jahrzehntausende hinweg in winzigsten Unebenheiten in der Oberfläche der Artefakte erhalten haben. Der amerikanische Forscher Bruce Hardy hat diese Methode mehrfach erfolgreich an Steinwerkzeugen der Neandertaler angewandt, zum Beispiel an der Fundstelle Tabun im Karmel-Gebirge im heutigen Israel. An zehn Stücken aus einer etwa 90.000 Jahre alten Fundschicht konnte er organische Rückstände nachweisen, unter anderem rote Blutzellen, Harz und Haare. Erfolgreich waren auch die Analysen an den mittelpaläolithischen Fundplätzen Starosel'e und Buran Kaya III auf der Krim sowie La Quina in Südwestfrankreich; an Artefakten aller Plätze wurden feinste Reste von Federn gefunden, die auf die Verarbeitung von Vogelbälgen hinweisen, gelegentlich fanden sich Haare, die zwar eindeutig nicht von Menschen stammen, sich aber keiner konkreten Tierart zuordnen lassen. Darüber hinaus fand Hardy häufig Spuren von Pflanzenfasern und Holz, die die Nutzung pflanzlicher Materialien belegen, schließlich mehrfach Hinweise auf die Verwendung von Stücken als Projektil sowie auf das ehemalige Vorhandensein von Schäftungen (Hardy 2004).

Damit sind wir bei einem interessanten Aspekt der Steinartefakte angelangt: den Schäftungen. Es ist klar, dass der Neandertaler zumindest einen Teil seiner Artefakte schäftete, da eine Benutzung mit bloßer Hand oft kaum praktikabel scheint. Leider kennen wir bisher aus dem Mittelpaläolithikum kaum konkrete Reste von Schäftungen, die aus organischem Material wie Holz oder Pflanzenfasern bestanden und sich nicht erhalten haben. Indizien durch Gebrauchsspuren- oder Residuenanalyse sind oft die einzigen Anhaltspunkte, die wir besitzen. Einige wenige Fälle sind jedoch aussagekräftiger. So liegt ein relativ direkter Hinweis mit einem geformten Stück Birkenrindenpech von der Fundstelle Königsaue A in Sachsen-Anhalt vor, das auf der Oberseite einen Fingerabdruck – übrigens der einzige bekannte Fingerabdruck eines Neandertalers – sowie auf der Unterseite Abdrücke einer Holzmaserung trägt (Tafel 10). Die Innenseite weist Abdrücke von Negativen eines flächenretuschierten Werkzeuges auf, das wahrscheinlich einen stumpfen Rücken besaß (Mania und Toepfer 1973; Mania 2004b).

Wie eine solche Schäftung ausgesehen haben kann, zeigen die als Ulus bezeichneten Frauenmesser der Inuit, die als multifunktionale Werkzeuge unter anderem zum Schneiden von Fleisch, darüber hinaus aber auch zum Schaben von Häuten bis in historische Zeit hinein verwendet wurden.

Außer dem genannten Stück kennen wir ein weiteres Stück Birkenrindenpech aus dem Fundhorizont B von Königsaue, ferner Spuren von Kittmasse, in diesen Fällen ein bituminöses Material, auf je einem Schaber und einem Abschlag aus Umm el Tlel in Syrien.

Dagegen fanden sich auf einem Abschlag der Fundstelle Neumark-Nord in Sachsen-Anhalt, der inmitten einer Anhäufung von Elefantenknochen entdeckt wurde, Reste eines Eichenrindensubstrats (Mania 2004a). Dieses Material hatte sich offenbar bei der Arbeit zwischen dem Werkzeug und einem ehemals vorhandenen Griff aus organischem Material angesammelt. Anders als bei den Funden aus Königsaue handelt es sich also nicht um Schäftungsklebstoff selbst, gleichwohl geben diese organischen Rückstände zusammen mit einer deutlich sichtbaren teilweisen Verfärbung des Abschlages einen indirekten Hinweis auf eine ehemals vorhandene Schäftung. Da die Fundstelle Neumark-Nord immerhin etwa 200.000 Jahre alt ist, handelt es sich in der Tat um den ältesten bisher bekannten klaren Beleg für ein Kompositgerät, also ein Werkzeug, das aus verschiedenen Materialien – in diesem Falle Stein und wahrscheinlich Holz – zusammengesetzt ist.

Werkzeuge aus organischen Materialien

Werkzeuge aus organischen Materialien wie Knochen, Geweih und Elfenbein sowie ganz besonders Holz sind wesentlich anfälliger für Zersetzungsprozesse als Steinartefakte und in altsteinzeitlichen Fundschichten deshalb oft nicht oder nur schlecht erhalten. So gilt es auch für das Mittelpaläolithikum zu fragen, in welchem Maße das ausgesprochen seltene Vorkommen solcher Geräte auf schlechte Erhaltungsbedingungen zurückzuführen ist oder aber darauf, dass die Neandertaler solche Werkzeuge nur selten herstellten. Sieht man einmal vom Holz ab, das nur unter wirklich außergewöhnlichen Bedingungen konserviert wird, haben wir nämlich auch auf sehr vielen mittelpaläolithischen Fundplätzen gute Erhaltung bei Tierknochen und Geweih, und es ist eigentlich nicht plausibel, warum in solchen Fällen ausgerechnet die Werkzeuge vergangen sein sollen.

Vorab dürfen hier zwei Fundstellen nicht fehlen, die in die Zeit vor den Neandertalern gehören, doch ist es wahrscheinlich erlaubt, aus dem Vorkommen sorgfältig gearbeiteter Holzobjekte schon bei *Homo heidelbergensis* darauf zu schließen, dass der Neandertaler ähnliche Geräte gehabt hat. Bereits Anfang des 20. Jahrhunderts entdeckte man in der altpaläolithischen Fundstelle Clacton-on-Sea in England eine Eibenholzspitze, die wahrscheinlich das Bruchstück einer ehemaligen Stoßlanze darstellt. Geradezu sensationell waren dann am Ende des Jahrhunderts die Entdeckungen auf dem niedersächsischen Fundplatz Schöningen im Landkreis Helmstedt. Im Zuge des Braunkohletagebaus fanden sich hier mehrere altpaläolithische Fundstellen mit hervorragender Knochen- und Holzerhaltung, und zwei dieser Stellen (Schöningen 12 und Schöningen 13) lieferten einzigartige Holzwerkzeuge (Thieme 1999). Im Oktober 1994 trat an der Stelle Schöningen 13 ein erster Holzspeer zutage; inzwischen gibt es aus der gleichen Fundschicht acht Holzspeere aus Fichtenholz und eine Reihe weiterer Holzgeräte, die Schöningen zu einer exzeptionellen Fundstelle machen, deren Bedeutung nicht genug hervorgehoben werden kann, da es sich bei den Speeren um Wurfspeere und damit vielleicht die ältesten bekannten Distanzwaffen der Menschheit handelt. Dies wiederum ist ein treffender Beleg für aktive Jagd bereits im Altpaläolithikum.

An der Stelle Schöningen 12 wurden weitere Holzgeräte aus Tannenholz entdeckt, die an beiden Enden eine absichtlich eingeschnittene Kerbe aufweisen. Die Funktion dieser Stücke ist nicht klar. Sie belegen aber mit den Speeren und weiteren, nicht näher ansprechbaren Fragmenten von Holzwerkzeugen eine bereits recht große Bandbreite altpaläolithischer Holzgerätschaften.

Bis zur Auffindung der Funde von Schöningen und Clacton-on-Sea war die berühmte mittelpaläolithische Lanze von Lehringen in Niedersachsen eines der ältesten eindeutigen Holzgeräte weltweit (Abb. 34). Und damit sind wir wieder in der Zeit des Neandertalers. Das Stück aus Eibenholz, das in die die Eem-Warmzeit vor etwa 125.000 Jahren gehört, hat eine Gesamtlänge von 2,40 m. Im Gegensatz zu den deutlich älteren Wurfspeeren von Schöningen handelt es sich um eine Stoßlanze. Die Waffe wurde zwischen den Rippen eines Waldelefanten aufgefunden – erneut ein guter Beleg für aktive Jagd. In unmittelbarer Umgebung lagen darüber hinaus einige unretuschierte Steinartefakte, mit denen man Fleisch aus dem Tier herausgeschnitten hatte (Thieme und Veil 1985).

Es deutet sich an, dass wir mit einer gewissen Vielfalt an Holzgeräten auch beim Neandertaler rechnen müssen. Indirekte Hinweise deuten auf eine sogar sehr intensive Holzbearbeitung, so zum Beispiel die Befunde der Gebrauchsspuren- und Residuenanalyse und die Tatsache, dass zahlreiche Steinwerkzeuge, darunter auch die Projektile, in hölzernen Schäften gesessen haben müssen.

Obwohl bei Werkzeugen aus Knochen, Geweih und Elfenbein die Erhaltungsbedingungen eine weniger entscheidende Rolle spielen sollten als beim Holz, werden wir hier kaum häufiger fündig. Einen gewissen Optimismus lässt noch die Fundstelle Salzgitter-Lebenstedt in Niedersachsen aufkommen, deren Altersstellung nicht zweifelsfrei festliegt. Wenn auch die erste Hälfte der letzten Eiszeit am wahrscheinlichsten ist, so ist doch auch eine Zugehörigkeit in eine Spätphase der vorletzten Eiszeit nicht völlig ausgeschlossen. Salzgitter-Lebenstedt lieferte gleich mehrere Knochenwerkzeuge, darunter angespitzte Mammutrippen, deren Verwendungszweck nicht klar ist, und eine Spitze mit einer V-förmig ausgeschnittenen Basis (Gaudzinski 1999).

Wahrscheinliche Knochenprojektile des Neandertalers stammen auf deutschem Boden aus Schicht VI am Vogelherd (Tafel 13), aus Schicht II der Großen Grotte (Wagner 1983), beide auf der Schwäbischen Alb, sowie aus den Weinberghöhlen bei Mauern im westlichen Bayern (Müller-Beck und Schröter 1975). Erst seit der Neuanalyse des Fundmaterials älterer Grabungen ist eine weitere mögliche Knochenspitze aus der Balver Höhle im Sauerland bekannt (Kindler 2005), für die es

ABB. 34: MITTELPALÄOLITHISCHE EIBENHOLZLANZE AUS LEHRINGEN (NIEDERSACHSEN).

bisher weder im Mittel- noch im Jungpaläolithikum eine direkte Parallele gibt. Ohne an dieser Stelle alle Hinweise gleich wieder entkräften zu wollen, muss jedoch leider zugegeben werden, dass mit Ausnahme von Salzgitter-Lebenstedt bei allen Stücken eine Zugehörigkeit zum Mittelpaläolithikum und damit eine Urheberschaft des Neandertalers nicht absolut gesichert ist. Bei wieder anderen Stücken, so einigen scheinbar durch Menschen modifizierten Rippenfragmenten aus dem Rheinland und aus Westfalen, sind dagegen weder die Bearbeitungsspuren eindeutig, noch ist die Altersstellung klar.

Immer wieder wird in diesem Zusammenhang ein Knochenfaustkeil aus Rhede in Westfalen abgebildet. Dieser Fund wurde jedoch bei Kiesbaggerarbeiten aus unbekannter Tiefe ohne weiteren archäologischen Kontext geborgen, und wenn es sich auch um ein mittelpaläolithisches Stück handeln kann, so ist gleichermaßen ein altpaläolithisches Alter nicht auszuschließen, zumal wir von verschiedenen altpaläolithischen Fundplätzen Knochenfaustkeile kennen. Analog zu den Holzgeräten dürfen wir dem Neandertaler aber die Herstellung solcher Stücke ohne Weiteres zutrauen, wenn bereits *Homo heidelbergensis* darüber verfügte.

Eine Werkzeugkategorie, die in der Vergangenheit im Zusammenhang mit mittelpaläolithischen Fundkomplexen erstaunlich wenig beachtet wurde, sind Kochenretuscheure. Es handelt sich dabei um mehr oder weniger längliche Bruchstücke aus Langknochen größerer Säugetiere, oft vom Pferd, die man verwendete, um die Kanten von Steinartefakten zu retuschieren. Sie wurden im Zusammenhang mit der Steinwerkzeugherstellung bereits erwähnt. Die beim Abdrücken der harten Steinkanten auf der Oberfläche des Knochens entstehenden charakteristischen Narben weiten sich bei intensiverer Verwendung zu einem Narbenfeld aus, das dann näpfchenförmig in den Knochen eingetieft ist. Sehr oft tragen Knochenretuscheure an beiden Enden je ein Narbenfeld. Sie gehören regelhaft zu mittelpaläolithischen Fundstellen, und wenn es sich auch im weiteren Sinne um Werkzeuge handelt, sind sie letztlich anders zu gewichten als zum Beispiel Knochenspitzen, da sie nicht durch sorgfältige Formgebung überarbeitet und das eigentliche Zielprodukt sind, sondern lediglich Mittel zum Zweck, das heißt zur Herstellung von Steingeräten.

Erst in der Endphase der Neandertaler treffen wir etwas häufiger Werkzeuge aus organischen Materialien an. Sie stehen dann fast immer im Zusammenhang mit Industrien, die unmittelbar am Übergang vom Mittel- zum Jungpaläolithikum stehen. Zu nennen wären hier zum Beispiel das überwiegend französische Châtelperronien mit der Ausnahmefundstelle Grotte du Renne in Arcy-sur-Cure im nördlichen Burgund, das italienische Uluzzien mit der Grotta del Cavallo und die mittel- und osteuropäischen Blattspitzengruppen mit Fundplätzen wie der Ilsenhöhle bei Ranis in Thüringen, der Obłazowa-Höhle in Polen und Buran-Kaya III auf der Krim. Da diesen so genannten Übergangsinventaren in Kapitel 7 ein eigener Abschnitt gewidmet ist, soll im Moment nicht weiter darauf eingegangen werden. Dagegen bleiben die bis zu 120.000 Jahre alten Funde aus verschiedenen südafrikanischen Höhlen – zum Beispiel Blombos und Klasies River Mouth – unberücksichtigt, da sie zwar zeitlich parallel zum Neandertaler in Europa auftreten, aber von modernen Menschen hergestellt wurden.

Als Fazit bleibt festzuhalten: Wir kennen von Neandertaler-Fundplätzen einige formüberarbeitete Werkzeuge aus organischen Materialien, verglichen mit ihrer Anzahl und Variationsbreite auf Fundplätzen des anatomisch modernen Menschen bleiben sie aber ausgesprochen selten. Darüber hinaus sind sie, selbst in den Übergangsinventaren, der Form nach deutlich weniger standardisiert und oft auch weniger sorgfältig ausgearbeitet als im Jungpaläolithikum. Ihr seltenes Vorkommen scheint – zumindest in Hinblick auf Stücke aus Knochen, Geweih und Elfenbein – tatsächlich die seltene Herstellung und Verwendung durch die Neandertaler widerzuspiegeln. Es ist aber gut vorstellbar, sogar wahrscheinlich, dass die Neandertaler über eine solch breite Palette an Gerätschaften aus Holz verfügten, dass sie gar nicht gezwungen waren, Geräte aus wesentlich schwerer zu bearbeitenden organischen Materialien herzustellen.

DIE SPEISEKARTE

Im Zusammenhang mit Lanzen und Speeren wurde bereits die Jagd erwähnt, und wir kommen damit zu dem vielleicht wichtigsten Bereich des täglichen Lebens: der Ernährung. Was haben die Neandertaler gegessen? Auskunft auf diese Frage geben uns in erster Linie die Tierknochen, die oft in den mittelpaläolithischen Fundplätzen angetroffen werden. Vielfach weisen sie Spuren auf, die uns zeigen, dass Menschen die Tiere verwertet haben. Hierzu gehören Schnittspuren, die entstehen, wenn mit den scharfen Kanten von Steinartefakten Fleisch von Knochen abgeschnitten wird oder Sehnen durchtrennt werden, oder Schlagmarken, die vor allem dann entstehen, wenn Langknochen zur Markgewinnung aufgeschlagen werden.

Nun ist die Tatsache, dass die Neandertaler Tierkörper verwerteten, an sich noch kein schlüssiger Beweis, dass sie auch aktiv jagten. So gab und gibt es immer noch Kollegen, unter ihnen als prominenten Vertreter den Kanadier Lewis Binford, die davon ausgehen, der Neandertaler habe seine Fleischrationen mehr oder weniger ausschließlich aus Aas gewonnen und kaum aktiv gejagt. Angesichts der gerade beschriebenen Jagdwaffen muss uns eine solche Ansicht jedoch erstaunen, denn sie sollten eigentlich auch die letzten Zweifler überzeugen können, dass die Neandertaler geschickte und erfolgreiche Jäger waren.

Jagd auf Großwild Regelhaft finden wir in den mittelpaläolithischen Fundschichten Knochen großer und mittelgroßer Säugetiere. Da die Zusammensetzung der potentiellen Jagdbeute sehr stark von den jeweiligen Klima- und
Umweltbedingungen abhängt, sei für das Artenspektrum auf den Abschnitt zur
Tierwelt in Kapitel 4 verwiesen.

In den meisten Fällen zeigen die Neandertalerfundplätze Hinweise auf gemischte
Jagd, das heißt Jagd auf mehrere Tierarten. Beispiele hierfür sind der Tönchesberg, ein erloschener Vulkan in der Osteifel, der in mehreren Fundschichten in
seiner Kratermulde mittelpaläolithische Steinartefakte zusammen mit Knochen
verschiedener Großsäuger wie Pferd, Rothirsch und Auerochse sowie Nashorn
geliefert hat (Conard 1992). Um nur zwei vergleichbare Beispiele zu nennen, lassen
sich der Bockstein auf der Schwäbischen Alb und die Balver Höhle im Sauerland
anführen. Es gibt daneben aber auch Plätze, an denen – zum Teil saisonal unterschiedlich – fast ausschließlich eine Tierart gejagt wurde. Beispiele hierfür sind
der in den 1920er Jahren durch Otto Schmidtgen ausgegrabene Ausschnitt des
Fundplatzes Wallertheim in Rheinhessen mit fast ausschließlich Wisentknochen
(vgl. Conard und Bolus 2003b) sowie die französischen Fundstellen Mauran mit
Spezialisierung auf Wisent (Farizy u.a. 1994) und La Borde mit überwiegend Ur
(Jaubert u.a. 1990). Besonders spektakulär wegen der Knochendichte und der daraus zu erschließenden Menge erlegter oder verwerteter Wollnashörner und Mammute ist die Fundstelle La Cotte de Saint-Brelade auf der Kanalinsel Jersey, deren
zahlreiche Fundschichten zwischen 75.000 und 200.000 Jahre alt sind.

Wichtigste Jagdwaffen zur Großwildjagd waren für den Neandertaler sicherlich
die hölzernen Wurf- und Stoßlanzen sowie Speere, die am Ende angespitzt, aber
auch mit einem steinernen, seltener wohl knöchernen Projektil bewehrt gewesen
sein können (vgl. Stodiek und Paulsen 1996). Hier ist erneut der Befund des Waldelefanten mit Holzlanze aus Lehringen anzuführen. Ein sowohl hinsichtlich der
Fundsituation als auch der zeitlichen Einordnung in die letzte Warmzeit vergleichbarer Befund eines Waldelefanten mit zum Schlachten verwendeten Steingeräten wurde 1987 in Gröbern in Sachsen-Anhalt entdeckt (Weber 2004). Es handelt sich hier um ein 35 bis 40 Jahre altes Tier, das möglicherweise natürlich
verendet war. Die Situation ist sehr anschaulich in der neu gestalteten Dauerausstellung im Landesmuseum für Vorgeschichte in Halle dargestellt. In beiden
Fällen wurden nur der Elefant und die wenigen zu seiner Verwertung mitgebrachten und benutzten Artefakte gefunden, so dass hier jeweils ein einzelnes
Jagdereignis bzw. die Nutzung eines einzelnen Kadavers sichtbar wird.

Spektakulär im Zusammenhang mit der Nutzung von Großsäugern ist eine Entdeckung in einem Steinbruch in Norfolk. Englische Archäologen fanden hier
2002 die Reste unter anderem von drei oder vier Mammuten, darunter zwei Meter
lange Stoßzähne, zusammen mit mittelpaläolithischen Steinartefakten, unter

ihnen acht sorgfältig gearbeitete Faustkeile. Die Fundstelle ist etwa 50.000 Jahre alt und eine der besterhaltenen Neandertaler-Fundstellen in Großbritannien. Wie auch in Gröbern ist allerdings nicht sicher, ob die Neandertaler die Mammute aktiv gejagt oder lediglich in größerem Umfang verendete Tiere verwertet haben. Die Frage, ob es sich um einen Jagdplatz oder „nur" um einen Schlachtplatz handelt, muss also letztlich unbeantwortet bleiben.

Ein klarer Hinweis auf aktive Jagd ist dagegen das Fragment einer eingeschossenen Levallois-Spitze, das an der Fundstelle Umm el Tlel in Syrien im dritten Halswirbel eines Wildesels steckend aufgefunden wurde. Leider können wir nicht mit letzter Sicherheit sagen, dass ein Neandertaler hier der Schütze war, da im Vorderen Orient auch anatomisch moderne Menschen im Mittelpaläolithikum vorkommen. Bei guten Erhaltungsbedingungen sind Detailuntersuchungen zur Verwertung der Tierkörper möglich. So findet man in der Fundschicht 2B auf dem Tönchesberg vor allem von den erlegten Rothirschen und Pferden hauptsächlich die Knochen der Fleisch tragenden Körperteile, zum Beispiel obere Extremitäten, die viel Fleisch, Knochenmark und Fett lieferten (Conard 1992). Wahrscheinlich wurden diese Tiere nicht im Vulkankrater selbst erlegt, sondern man brachte nach einer Vorzerlegung am Jagdplatz überwiegend die für eine Weiterverwertung interessanten Teile auf den Berg. Fast alle Langknochen wurden systematisch aufgeschlagen, um das für die Ernährung wichtige Knochenmark zu extrahieren. Dieses Zerschlagen von Langknochen zur Markgewinnung ist nicht nur regelhaft auf mittelpaläolithischen Fundplätzen zu beobachten, sondern auch in anderen urgeschichtlichen Phasen. Oft gingen die Menschen dabei nach einem festgelegten Muster vor, indem sie zunächst die Gelenkenden abschlugen und dann den restlichen Knochen in Längsrichtung aufspalteten. An den Auftreffstellen der Schlagsteine entstanden die erwähnten Schlagmarken. Oft splitterten dabei auch Knochenabschläge ab, die einen deutlichen Bulbus aufweisen wie Steinartefakte und am Restknochen ein Abschlagnegativ hinterlassen. Dass die Neandertaler in großem Umfang Fleisch verzehrten, verraten uns nicht nur die Knochen der Tiere und die daraus hochzurechnenden Fleischmengen. Auch die Knochen der Neandertaler selbst können mit Hilfe chemischer Analysen Auskunft geben. Je nachdem, welche Art von Nahrung ein Mensch zu sich nimmt, setzen sich im Kollagen der Knochensubstanz ganz unterschiedliche Mengenverhältnisse vor allem der Elemente Kohlenstoff, Stickstoff und ihrer Isotope ab. So liefert überwiegende Fleischnahrung ein anderes Signal als überwiegende Pflanzennahrung und lässt sich auch nach zehntausenden von Jahren noch nachweisen. Es lässt sich darüber hinaus aufzeigen, welche Tiere überwiegend verzehrt wurden, das heißt ob es sich um Pflanzen-, Fleisch- oder Allesfresser handelte und in welchem Maße weitere tierische Ressourcen genutzt wurden. Der französische Paläobiologe Hervé Bocherens hat sich auf entsprechende Analysen spezialisiert und ist einer der führenden Fachleute auf diesem Gebiet weltweit. Er und seine Kollegen haben inzwischen mehr als ein halbes Dutzend Neandertaler aus einem Gebiet zwischen Frankreich und Kroatien und aus einer Zeitspanne von etwa 100.000 Jahren untersucht, darunter Fossilien aus Marillac in Frankreich, aus Sclayn (Scladina) in Belgien und aus Vindija in Kroatien. In allen Fällen konnten die Wissenschaftler nachweisen, dass die Neandertaler sich vor allem von aminosäurereichem Fleisch ernährt haben, das überwiegend von größeren landbewohnenden Pflanzenfressern wie Ren und Wisent, aber auch Mammut und Wollnashorn stammte. Ab und zu stand offensichtlich auch ein Allesfresser wie der Bär auf der Speisekarte. Das soll natürlich nicht heißen, dass Neandertaler keine weitere tierische Nahrung und keine Pflanzennahrung zu sich nahmen, Großsäugetiere überwogen jedoch bei weitem mit über neunzig Prozent der Gesamtnahrung. Letztlich ernährte sich der Neandertaler also recht einseitig; dem kanadischen Forscher Michael Richards zufolge war seine Nahrung unter allen lebenden Völkern derjenigen polarer Eskimos am ähnlichsten.

Fleisch ist wichtig für die Entwicklung des Gehirns, da dieses für Wachstum und Entwicklung Proteine benötigt, die im Fleisch in wesentlich größerem Umfang vertreten sind als in vegetarischer Nahrung. Um hier gleich wütenden Protesten vorzubeugen sei gesagt, dass natürlich bei Vegetariern oder Menschen, die überwiegend pflanzliche Nahrung zu sich nehmen, das Gehirn nicht unterentwickelt ist, es ist aber sicherlich schwerer, allein auf vegetarischer Basis auf die notwendigen Werte zu kommen. Die Bedeutung fleischlicher Nahrung wird auch immer wieder in erfolgreichen ernährungswissenschaftlichen Büchern betont, und es wird dabei gelegentlich ganz bewusst auf unsere altsteinzeitlichen Vorfahren einschließlich der Neandertaler verwiesen (zum Beispiel Worm 2002).

Für die Aufbereitung und Veredelung der Fleischnahrung war Feuer erforderlich. Hier gab es für den Neandertaler ganz verschiedene Möglichkeiten. Er konnte beispielsweise das Fleisch – wie im Übrigen auch pflanzliche Nahrung – an einem Spieß direkt ins Feuer halten, in der Holzkohleglut oder in heißer Asche grillen oder aber auf dem heißen Stein braten: eine Art und Weise der Fleischzubereitung, die heute gelegentlich wieder in Restaurants oder Steakhäusern als Besonderheit angeboten wird. Hinweise auf Kochen in Wasser, wie sie im Jungpaläolithikum durch Kochgruben und vor allem so genannte Kochsteine in großer Menge vorliegen, kennen wir aus der Zeit der Neandertaler noch nicht. So muss auch fraglich bleiben, ob die Neandertaler Knochenfett aus den Knochen auskochten. Das Braten des Fleisches und auch das Garen pflanzlicher Nahrung hatten positive Wirkungen über den besseren Geschmack, die leichtere Verzehrbarkeit und die größere Bekömmlichkeit hinaus. Die Lebensmittel hielten sich nun auch besser und über längere Zeit, und sie waren schließlich auch nahrhafter, da durch das Garen Aminosäuren aufgebrochen und andere Bestandteile freigesetzt werden.

Jagd auf Kleinwild und die Nutzung weiterer tierischer Ressourcen

Wenn auch das Fleisch von Großsäugetieren bei weitem den Hauptanteil der Neandertaler-Nahrung bildete, so wurde doch auch Jagd auf kleinere Säugetiere wie Hasen, Kaninchen und Füchse gemacht. Inwieweit bei diesen Tieren jedoch eher die Pelzgewinnung als die Fleischgewinnung im Vordergrund stand, ist nur zu vermuten.

Andere tierische Nahrungsressourcen wie Fische, Vögel, Schildkröten, Muscheln, Schnecken und andere wurden nach Ausweis der Untersuchungen an Neandertalerknochen offensichtlich nicht in größerem Umfang genutzt. Auch in den mittelpaläolithischen Fundstellen finden sich nur relativ selten entsprechende Reste. Dabei können sich jedoch regional signifikante Unterschiede zeigen. So lässt sich durch archäozoologische Untersuchungen nachweisen, dass die Neandertaler in einigen Höhlen von Gibraltar, nämlich Vanguard Cave und Gorham's Cave, regelmäßig marine Nahrungsressourcen nutzten, so verschiedene Muscheln aus der unmittelbaren Umgebung; größere Exemplare wurden offensichtlich selektiv in zum Teil bis zu vier Kilometer Entfernung ausgesucht (Barton 2000). Es werden (ebd.) auch größere Muschelschalen-Ansammlungen in Moustérien-Zusammenhängen in Fundstellen bei Torremolinos an der spanischen Costa del Sol erwähnt. Muscheln und/oder Austern, zum Teil auch Schildkröten standen in mehreren italienischen Höhlen und Felsschutzdächern in Latium, Ligurien und Apulien auf dem Speiseplan (Stiner 1994: 158–198). Ebenfalls Schildkröten und wahrscheinlich auch Eidechsen und Kröten ergänzten in der Gorham's Cave in Gibraltar die Neandertaler-Nahrung.

Relativ selten finden sich in Neandertaler-Fundplätzen Hinweise auf Fischnutzung in nennenswertem Umfang, obwohl an den küstennahen Plätzen Fisch in Hülle und Fülle zur Verfügung stand; auch die Bach- und Flussläufe, die sich immer in unmittelbarer Nähe zu den Siedlungsplätzen befunden haben, waren zweifellos voller Fisch. Zu nennen wären hier mit Devil's Tower eine weitere Gibraltar-Höhle, in welcher neben verschiedenen Muscheln auch Fisch konsumiert wurde, und die belgische Höhle Scladina oder Sclayn. Hier lieferte eine Knochenprobe Hinweise, dass neben Mammutfleisch auch Süßwasserfisch eine Rolle für die Ernährung spielte.

Dass die Neandertaler auch Würmer, Insekten, Larven und Vogeleier auf dem Speiseplan hatten, kann nur vermutet werden, ist aber wahrscheinlich.

Zwar finden sich in mittelpaläolithischen Fundstellen immer wieder auch Vogelknochen, doch lässt sich ohne das Vorhandensein eindeutiger Bearbeitungsspuren nicht sagen, ob diese Vögel von Neandertalern oder von Raubsäugern eingebracht worden sind. Deutlicher sind die erwähnten Hinweise durch die Residuenanalyse an den Fundstellen Starosel'e und Buran Kaya III sowie La Quina. Die Federfragmente, die dort an einigen Steinartefakten festgestellt werden konnten, sind ein klarer Hinweis auf Vogelnutzung, doch können wir auch hier nicht sagen, ob sie zu Nahrungszwecken getötet wurden oder wegen ihrer Bälge oder Federn.

Überhaupt dürfen wir bei allen Überlegungen über die Ernährung der Neandertaler nicht vergessen, dass jedes erlegte oder tot aufgefundene Tier nicht nur eine potentielle Nahrungsressource darstellte, sondern auch weitere für das tägliche Leben unerlässliche Materialien zur Verfügung stellte, so Felle und Häute vor allem für die Anfertigung von Bekleidung und vielleicht Behältnissen, Knochen sowie – je nach Tierart – Geweih und Elfenbein zur Werkzeugherstellung, schließlich Sehnen und Federn und anderes.

Wenn wir auch durch Grabungsergebnisse der letzten Jahre zeigen können, dass das Nahrungsspektrum, vor allem regional, über die ausschließliche Verwertung von Groß- und Kleinwild hinausgeht, so ist es dennoch, was weitere tierische Ressourcen wie Vögel, Fisch und andere angeht, deutlich kleiner als beim anatomisch modernen Menschen. Für eine Forschergruppe um Michael Richards ist dies einer der Gründe, warum der Neandertaler letztlich ausstarb. Für sie war der moderne Mensch vor allem aufgrund des höheren Konsums von Fischen und anderen Meeresbewohnern sowie von Vögeln anpassungsfähiger an häufig und schnell wechselnde Umweltbedingungen, während die Neandertaler aufgrund ihrer weit überwiegenden Fleischnahrung zu sehr auf das Vorhandensein großer Säuger fixiert waren. Nach ihrer Studie rekrutierte sich die Hälfte des Proteins, das die frühen modernen Menschen mit der Nahrung aufnahmen, aus Fischen und Wasservögeln, während das von den Neandertalern aufgenommene Protein fast ausschließlich von Großwild stammte.

Nutzung pflanzlicher Ressourcen Sieht man einmal von Blütenpollen ab, so sind Pflanzenreste in Fundplätzen der Neandertaler aus Gründen der Erhaltung selten nachgewiesen, und wenn man welche findet, ist in jedem Einzelfall zu diskutieren, inwieweit sie tatsächlich auf eine Nutzung durch die Neandertaler hinweisen oder aber, wie die Pollen, überwiegend ökologischen Aussagewert besitzen. Vor allem aus dem Nahen Osten gibt es inzwischen einige recht konkrete Hinweise aus spätmittelpaläolithischen Zusammenhängen, zum Beispiel aus Douara in Syrien, aus der Amud-Höhle in Israel (Madella u.a. 2002) und vor allem aus der Kebara-Höhle im Karmelgebirge, ebenfalls in Israel (Lev u.a. 2005). Hier fanden sich über 4000 verkohlte Samen und Früchte verschiedener Pflanzenarten, von denen die meisten zu den ältesten archäologischen Nachweisen dieser Arten überhaupt gehören. Fast achtzig Prozent der Reste gehören zur Ordnung der Hülsenfrüchtler, besonders zur Familie der Schmetterlingsblütler, darunter Linsen, Platterbsen und Wicken. Nur ein verschwindend geringer Anteil gehört zu Gräsern, und während Pistazien recht häufig vorkommen, haben Wildgetreide – in der Amud-Höhle besonders häufig nachgewiesen – offensichtlich keine größere Rolle in der Ernährung der mittelpaläolithischen Bewohner der Kebara-Höhle gespielt. Für Kebara lässt sich zeigen, dass die pflanzliche Nahrung das Nahrungsangebot nicht zuletzt saisonal erweitert hat, wenn tierische Ressourcen nur in eingeschränktem Maße verfügbar waren. Es wird auch vermutet, dass einige der hier nachgewiesenen Pflanzen unter heilkundlichen Aspekten eine Rolle spielten. Hierauf wird in Kapitel 6 näher eingegangen.

Es lässt sich leicht vorstellen, dass die pflanzliche Nahrung der Neandertaler – zumal in Warmzeiten – auch Eicheln, verschiedene Beeren, Knollen und Wurzeln sowie Pilze umfasst haben kann. Die kanadischen Forscher Dennis Sandgathe und Brian Hayden (2003) vermuten darüber hinaus, dass schon Neandertaler die weichen und nahrhaften Innenbereiche von Baumrinde gegessen haben könnten.

Indirekte Hinweise auf den Verzehr pflanzlicher Nahrung lassen sich aus charakteristischen Abnutzungsmustern an Zähnen gewinnen, die unter dem Elektronenmikroskop ausgewertet werden können. So zeigt der Anthropologe Alejandro Pérez-Pérez von der Universität Barcelona, dass die Präneandertaler aus der Sima de los Huesos in Atapuerca offensichtlich Pflanzensamen, Wurzeln oder Knollen zu sich nahmen. Die in ihnen enthaltenen siliziumhaltigen Teilchen, so genannte Phytolithe, sorgen bei regelmäßigem Verzehr relativ schnell für deutliche Abnutzungserscheinungen an den Zähnen. Der Verzehr von Fleisch dagegen nutzt die Zähne weniger ab. Einschränkend muss jedoch angemerkt werden, dass auch unzureichendes Reinigen pflanzlicher Nahrung zu entsprechenden Abnutzungsmustern an den Zähnen führen kann.

Deutliche und relativ zahlreiche Hinweise auf Pflanzennutzung haben wir erneut durch Residuenanalysen an Steinartefakten aus Starosel'e, Buran Kaya und La Quina. Oft ließen sich an den Artefakten mikroskopisch feine pflanzliche Zellen und Fasern nachweisen. Da in der Regel keine nähere Bestimmung dieser Pflanzen möglich ist, können wir allerdings nicht sagen, ob es sich um Pflanzen handelt, die zur Nahrungsaufnahme aufbereitet wurden oder um pflanzliches Material – zum Beispiel Holz –, das anderen Zwecken diente.

MODISCHER CHIC À LA NEANDERTAL

Leider haben wir bis jetzt keine direkten Hinweise auf die Bekleidung der Neandertaler. Indirekt ist aber ihr Vorhandensein aus dem zumindest zum Teil ungemütlichen Klima zu erschließen, dem die Neandertaler ausgesetzt waren. Und selbst in wärmeren Breiten werden die Menschen in den kälteren Monaten nicht unbekleidet herumgelaufen sein.

Meist wird bei der Rekonstruktion der Neandertaler-Bekleidung davon ausgegangen, dass sie aus Tierhäuten und -fellen bestand, und nicht selten werden Anleihen bei der Bekleidung rezenter und subrezenter Eskimo-Populationen gemacht. Der Besucher des neuen Neanderthal Museums in Mettmann bei Düsseldorf kann sich anhand der dort aufgestellten lebensgroßen Neandertalerplastiken einen Eindruck von dem möglichen Aussehen solcher Bekleidung machen. Einige der hier vertretenen Kleidungsstücke würden zweifellos auf einer modernen Modenschau als extravagante Kreationen für Furore sorgen.

Indirekte Hinweise auf Bekleidung können Schnittspuren auf Knochen geben. Je nach dem, wo sich diese Spuren befinden und wie sie verlaufen, lässt sich auf die Tätigkeiten schließen, die zu dem vorliegenden Bild geführt haben. So tragen einige Fußknochen von Höhlenbären aus der Balver Höhle in Westfalen Schnittspuren, die auf Fellgewinnung deuten (Kindler 2005); Bärenfelle könnten also durchaus Bestandteile der Neandertaler-Bekleidung gewesen sein.

In Bezug auf Schuhe oder sonstige Fußbekleidung sind wir erneut auf indirekte Hinweise angewiesen, da die ältesten archäologischen Nachweise von Schuhen nur 9000 Jahre alt, vielleicht wenig älter sind. Indizien auf das Vorhandensein einer Fußbekleidung verdanken wir jüngsten Untersuchungen des amerikanischen Anthropologen Erik Trinkaus (2005). Seine Analysen gehen von der Beobachtung aus, dass sich die Zehenknochen von Menschen aus dem mittleren Jungpaläolithikum (Gravettien) verkleinert haben, während der restliche Bewegungsapparat praktisch unverändert geblieben ist. Hieraus schließt er auf das Tragen einer Fußbekleidung. In einer detaillierten vergleichenden Studie der Zehenknochen von Neandertalern und modernen Menschen aus dem Mittelpaläolithikum sowie Menschen des Gravettien auf der einen Seite und von verschiedenen subrezenten und rezenten nordamerikanischen Populationen auf der anderen Seite zeigt Trinkaus, dass Fußbekleidung mindestens seit dem Gravettien regelmäßig zur Verfügung stand und häufiger getragen wurde, während dies im Mittelpaläolithikum – sowohl bei Neandertalern als auch anatomisch modernen Menschen – offensichtlich eher selten der Fall war. Darüber hinaus lässt sich erkennen, dass die mittelpaläolithischen Menschen nicht regelmäßig Fußbekleidung anlegten und/oder dass diese keine besonders kräftige Sohle hatte. Die Tatsache, dass sich innerhalb der Gruppe der untersuchten Neandertaler und der mittelpaläolithischen modernen Menschen keine Unterschiede zeigen, ganz gleich wo und unter welchen klimatischen Bedingungen diese einst lebten, während die Unterschiede zu den Menschen des Gravettien offensichtlich sind, könnte andeuten, dass die regelmäßige Benutzung von Fußbekleidung ein kulturelles Phänomen darstellt, also im weitesten Sinne als Merkmal kultureller Modernität zu werten ist. Dieses Merkmal hätte damit den Neandertalern, aber auch den anatomisch modernen Mittelpaläolithikern des Vorderen Orients gefehlt.

In diesem Zusammenhang ist ein bisher allein dastehendes Kuriosum erwähnenswert. Bereits 1974 wurden in der rumänischen Vârtop-Höhle drei menschliche Fußabdrücke entdeckt, die aber erst jüngst veröffentlicht wurden. Der vollständigste Abdruck ist 22 cm lang, 10,6 cm breit und stammt nach den Bearbeitern (Onac u.a. 2005) von einem nur etwa 1,46 m großen Individuum. Nach Datierungen der darüber liegenden Schicht wurden die Abdrücke vor mehr als 62.000 Jahren in kalkhaltigen Schlamm, so genannte Mondmilch, eingedrückt, der später verhärtete. Leider wurden außer den Abdrücken keinerlei archäologische Hinterlassenschaften angetroffen, und da die Morphologie der Abdrücke allein keine sichere Zuordnung zu Neandertalern oder anatomisch modernen Menschen erlaubt, beruht die Zuweisung zum Neandertaler auf der Datierung – unter der plausiblen Annahme, dass vor mehr als 62.000 Jahren in Europa ausschließlich Neandertaler lebten. Wir haben damit die ersten datierten Neandertaler-Fußabdrücke vor uns – interessant für die Frage nach Schuhbekleidung bei Neandertalern ist die Tatsache, dass sie von nackten Füßen stammen.

Sehr wahrscheinlich ist die Bekleidung der Neandertaler nicht nur aus tierischen Materialien hergestellt worden, doch ist begreiflicherweise Bekleidung aus pflanzlichen Materialien noch schwerer nachweisbar. Ein zeitlich sehr weit von den Neandertalern entfernter Fund zeigt uns aber, womit wir theoretisch rechnen können. Es ist dies die berühmte Frostmumie vom Tiroler Hauslabjoch, die unter der Bezeichnung Ötzi weltweit für Aufsehen gesorgt hat. Dieser Mann schneite nach seinem Tod vor etwa 5000 Jahren, am Übergang von der Jungsteinzeit zur Kupferzeit, ein, gefror mitsamt seiner Kleidung und Ausrüstung und wurde so bis auf den heutigen Tag konserviert. Die Kleidung, mit der er in ungemütlich kaltem und abweisendem Klima unterwegs war, bestand – wie zum Beispiel hosenartigen Beinlinge – zu einem Teil aus Leder, zu einem nicht unbeträchtlichen Teil – einschließlich der Schuhe, eines umhangartigen Mantels und einer Mütze – jedoch auch aus pflanzlichen Materialien. Es gibt keinen vernünftigen Grund zu der Annahme, dass nicht auch die Neandertaler vergleichbare Kleidungsstücke besessen haben sollten.

Auf welche Weise der Neandertaler die Bestandteile seiner Kleidung zusammenfügte, können wir kaum sagen. Eindeutige Nähwerkzeuge wie zum Beispiel Nadeln kennen wir aus dem Mittelpaläolithikum nicht. Man kann aber auch mit Pfriemen, wie man sie gelegentlich in den Fundstellen findet, oder mit sonstigen spitzen Knochen oder auch mit spitzen Steinartefakten Löcher in Materialien wie Leder bohren und dann Sehnen oder gedrillte pflanzliche Fasern hindurch ziehen und auf diese Weise „nähen".

Wohnen in Höhle *und* Freiland Bereits im Altpaläolithikum nutzten die Menschen Höhlen, und selbstverständlich taten dies auch die Neandertaler. Oft werden sie von der breiten Öffentlichkeit – wie übrigens zum Teil auch die Jungpaläolithiker – wenig differenziert als „Höhlenmenschen" bezeichnet. Manchmal geschieht dies in der Absicht, sie gegenüber den hausbewohnenden Jungsteinzeitlern als unzivilisiert hinzustellen und auf diese Weise nicht zuletzt auch von uns heutigen Menschen weiter zu entfernen. Bis zu einem gewissen Grad hat das Bild vom Höhlenmenschen aber einen nachvollziehbaren Grund, denn zweifellos besteht durch unterschiedliche Erhaltungs- und/oder Auffindungsbedingungen eine Schieflage im Verhältnis zwischen Höhlen und Freilandfundstellen zu Ungunsten der letzteren. Darüber hinaus haben die im Gelände oft so auffälligen Höhlen die Menschen von jeher angezogen und auch die Forscher früh zu Untersuchungen animiert, während die Plätze unter freiem Himmel im Gelände normalerweise nicht erkennbar und dazu noch oft unter erheblichen Sedimentmengen begraben sind. Umso wichtiger ist es, diesem Bild hier entschieden zu widersprechen.

In dem Zusammenhang muss ein methodisches Problem angesprochen werden, mit dem wir besonders in Höhlen konfrontiert werden. Die Interpretation von Siedlungshorizonten in Höhlen ist nämlich oft problematisch, da sich die Hinterlassenschaften wiederholter Besuche wegen der hier meist geringen Sedimentationsraten überlagern und oft vermischen, so dass wir heutzutage nicht mehr in der Lage sind, die einzelnen Begehungen noch aufzulösen. So können Hinterlassenschaften aus mehreren hundert oder tausend Jahren bei der Ausgrabung wie zu einem einzigen Horizont gehörig erscheinen. In Anlehnung an einen Begriff aus der Urkundenlehre sprechen wir hier von einem Palimpsest. Auf Freilandfundplätzen ist die Sedimentationsrate in der Regel höher, und nach einer Besiedlungsphase wird sich oft so viel Sediment ansammeln, dass die Hinterlassenschaften dieses Aufenthaltes eingebettet sind, wenn sich erneut Menschen an dieser Stelle niederlassen (Tafel 5). In solchen Fällen lassen sich die verschiedenen Begehungen im archäologischen Befund einigermaßen gut voneinander trennen. Natürlich ist auch bei Freilandfundplätzen dieser Idealfall keineswegs immer gegeben, und verschiedene Vorgänge, zum Beispiel Aktivitäten bodengrabender Tiere, sorgen auch hier dafür, dass das Gesamtbild verunklart wird. Ein weiteres Problem gerade bei Freilandgrabungen ist die Tatsache, dass die Grabungsfläche meist relativ klein ist und daher nur ein kleiner Ausschnitt des gesamten ehemals besiedelten Areals erfasst wird. Dennoch kennen wir gerade aus den vergangenen Jahren eine ganze Anzahl großflächig erfasster Neandertaler-Fundplätze aus Frankreich, die bei Trassenvorbereitungen für den Autobahnbau untersucht wurden und einigermaßen detaillierte Aussagen zur inneren Organisation mittelpaläolithischer Siedlungsplätze erlauben. Andere klassische Fundsituationen sind Kies- und Lehmgruben, die über Jahre hinweg im Zuge des fortschreitenden Abbaus archäologische Beobachtungen zulassen. Zwar gewinnt man hierbei – abhängig vom Tempo des Abbaus – ebenfalls nur Erkenntnisse über Teilbereiche von Siedlungsarealen, doch lässt sich in der Gesamtschau auf diese Weise ein größeres Bild zusammensetzen. Hervorragende Beispiele hierfür sind die Ausgrabungen in der Kiesgrube von Maastricht-Belvédère in den Niederlanden, in der Ziegeleigrube von Mönchengladbach-Rheindahlen am Niederrhein und in der Ziegeleigrube von Wallertheim am Mittelrhein.

Eine weitere häufig genutzte Wohnsituation sind Felsschutzdächer oder Abris, die zum Teil sehr groß sind und ausgesprochen umfangreiche neandertalerzeitliche Siedlungshorizonte enthalten können. An dieser Stelle seien beispielhaft die Fundstellen La Ferrassie in Südwestfrankreich sowie Krapina in Kroatien genannt.

Die Organisation des Wohnraumes Überzeugende Belege für Wohnobjekte des Neandertalers liegen kaum vor, obwohl es angesichts der zumindest teilweise kalten Lebenswelt mit Mammut und Wollhaarnashorn Behausungen gegeben haben muss. Vielleicht kommt hier das immer wieder in diesem Zusammenhang angeführte vermeintliche Siedlungsobjekt aus dem späten Mittelpaläolithikum von Molodova I, Schicht 4, in der Ukraine in Frage, das der Ausgräber A. P. Černyš als Haus mit einem Unterbau aus Mammutknochen mit einem äußeren Durchmesser von acht Meter interpretiert (vgl. Bosinski 1985). Leider ist dieser Befund als Behausungsgrundriss nicht eindeutig, und einige Wissenschaftler wie der holländische Archäologe Jan Kolen (1999) gehen davon aus, dass wohl nicht alle Knochen in die Pläne eingetragen worden sind und somit der „Grundriss" lediglich durch die selektive Auswahl der kartierten Funde zustande gekommen sein kann. In gleicher Weise wird auch der aus größeren Kalksteinen bestehende, von Lutz Fiedler (1999) publizierte rundliche Befund aus Buhlen in Hessen von anderen Archäologen als Behausungsgrundriss abgelehnt. Die im Boden sichtbaren Verfärbungen an den Fundstellen Ariendorf und Mönchengladbach-Rheindahlen sind sehr wahrscheinlich auf geologische Prozesse bzw. Baumwürfe zurückzuführen und stellen nicht die Reste eingetiefter Behausungen dar.

Gelegentlich werden in der Fachliteratur angebliche Einbauten in von Neandertalern genutzten Höhlen gezeigt. Ein Trockenmauerrest aus der Großen Grotte bei Blaubeuren auf der Schwäbischen Alb, einem der wichtigsten mittelpaläolithischen Fundplätze in Südwestdeutschland, ist aber nach Aussage des Bearbeiters Eberhard Wagner (1983) nicht eindeutig paläolithisch. Inwieweit die pfosten-

lochartige Vertiefung, die François Bordes in der französischen Höhle Combe Gre-
nal fand, wirklich Überrest eines ehemaligen Einbaus ist, ist mehr als fraglich.
Und auch das von Henry de Lumley aufgrund der Verteilung größerer Steine
rekonstruierte große rechteckige Zelt, das sich innerhalb der südfranzösischen
Lazaret-Höhle, angelehnt an eine der Höhlenwände, befunden haben soll, gilt
heutzutage kaum noch als Beleg für eine mittelpaläolithische Behausung.

Um dennoch einen Einblick in die innere Gliederung mittelpaläolithischer Plätze
zu gewinnen, müssen wir uns den so genannten latenten Befunden zuwenden.
Im Gegensatz zu evidenten Befunden, welche bereits bei der Ausgrabung als solche erkennbar sind – zum Beispiel mit Steinen konstruierte Feuerstellen –, werden die latenten Befunde erst bei den Auswertungsarbeiten sichtbar. Vor allem
sind hier die Verteilungsmuster der verschiedenen Fundkategorien zu nennen.
Trägt man die bei der Ausgrabung geborgenen Fundstücke in maßstabgetreue
Pläne ein, so werden häufig erst durch diese Kartierungen Konzentrationen von
Funden – zum Beispiel Steinartefakten, Knochen oder Stücken mit Feuerspuren
– deutlich, die verschiedene Aktivitätszonen erkennen lassen, also Stellen, an
denen Steinartefakte hergestellt oder Tierkörper verarbeitet wurden, oder Stellen,
an denen oder in deren Nähe Feuer gebrannt hat und anderes. Häufig lassen sich
Steinartefakte oder auch zerschlagene Knochen wieder zusammensetzen; ver-
bindet man solche zusammenpassenden Stücke in den Kartierungen durch
Linien, so gewinnt man darüber hinaus Erkenntnisse über Bewegungen der Menschen innerhalb ihres Aufenthaltsortes. Bis zu einem gewissen Grade lässt sich so
die Dynamik der entsprechenden Plätze rekonstruieren.
Letztlich zeichnet sich ab, dass die Neandertaler anscheinend weniger komplexe
Siedlungsmuster hinterlassen haben als die anatomisch modernen Menschen
des Jungpaläolithikums. Zumindest sind die mittelpaläolithischen Muster für
uns schwerer zu deuten als die jungpaläolithischen, und es bedarf sicherlich weiterer großflächig ausgegrabener Siedlungsplätze und ihrer Analysen, um Klarheit
zu bekommen (siehe dazu die einzelnen Beiträge in Conard und Wendorf 1998
sowie in Conard 2001 und 2004).

Feuernutzung und Feuerstellen Ein wichtiger Bestandteil auch mittelpaläolithischer Aufenthaltsorte ist die Feuer- und Herdstelle, wie ja auch das Leben
heutiger Naturvölker ohne Feuerstelle und unser eigenes Leben ohne Herd und
Ofen oder Zentralheizung undenkbar sind. Dabei kommen dem Feuer an sich
verschiedene Funktionen zu, vor allem das Spenden von Wärme, die Nahrungs-
aufbereitung und nicht zuletzt der Schutz gegen wilde Tiere und Nahrungskon-
kurrenten. Feuerstellen sind soziale Mittelpunkte, in deren Umkreis sich ein

guter Teil des täglichen Lebens abspielt, und wahrscheinlich war dies auch beim Neandertaler der Fall.

Hinweise auf Feuernutzung finden wir schon im Altpaläolithikum, und wir können davon ausgehen, dass der Neandertaler von Anfang an über Feuer verfügte und dieses kontrollieren konnte. Inwieweit er allerdings von Anfang an auch in der Lage war, Feuer planmäßig selbst zu entfachen, und nicht nur auf natürlichem Wege – beispielsweise durch Blitzeinschlag – entstandenes Feuer bewahrte und nutzte, ist weniger klar. So sind in Europa Hinweise auf systematische Feuernutzung im Mittelpleistozän vor mehr als 150.000 Jahren spärlich und nicht immer eindeutig; auch kennen wir kaum konstruierte Feuerstellen aus dieser Zeit, also Feuerstellen, die durch Eingraben in den Boden und/oder Umrahmung mit Steinen gebildet sind.

Speziell in Mitteleuropa finden wir im gesamten Mittelpaläolithikum praktisch keine konstruierten Feuerstellen, und die Stellen, an denen einst Feuer gebrannt hat, werden oft nur durch die Kartierung von Objekten mit Feuerspuren sichtbar. Aus West- und Südeuropa dagegen kennen wir inzwischen einige Feuerstellen mit Konstruktionselementen, zum Beispiel aus der portugiesischen Fundstelle Vilas Ruivas. Schöne Beispiele lieferten auch die Châtelperronien-Horizonte einiger Höhlen von Arcy-sur-Cure im nördlichen Burgund. Sehr eindrucksvoll sind großflächige Ascheehorizonte, wie wir sie im Vorderen Orient zum Beispiel aus der Kebara-Höhle kennen. Zahlreiche solcher Horizonte wechseln sich mit „normalen" Sedimentschichten ab und deuten auf eine wiederholte sehr intensive Feuernutzung durch Neandertaler über längere Zeitabschnitte. Vergleichbare Befunde kennen wir aus Europa nicht.

Das Brennmaterial für die mittelpaläolithischen Feuerstellen war vielfältig. An erster Stelle ist natürlich Holz zu nennen, das von Sträuchern, aber auch von Bäumen stammen kann. Aus der Amud-Höhle in Israel gibt es darüber hinaus Hinweise darauf, dass auch getrocknete Gräser oder sonstige getrocknete Pflanzen verbrannt wurden (Madella u.a. 2002). Sehr häufig landeten offensichtlich auch Knochen in den Feuerstellen der Neandertaler. So kennt man aus zahlreichen Fundstellen – zum Beispiel aus der Bockstein-Schmiede auf der Schwäbischen Alb – große Mengen verbrannter (calzinierter) Knochensplitter. Es bleibt dabei jedoch offen, ob man Knochen aus Mangel an Holzmaterial verbrannte, ob man sich zusätzlich zum Holzmaterial die durch das Knochenfett recht guten Brenneigenschaften zunutze machte, oder ob man lediglich auf diese Weise einen guten Teil der Knochen entsorgte, um das Anlocken von Raubtieren und Ungeziefer sowie eine unerwünschte intensive Geruchsentwicklung zu verhindern. Letzteres war wahrscheinlich eher ein angenehmer Nebeneffekt als der Hauptgrund für das Verbrennen von Knochen.

: SKELETT AUS DER BESTATTUNG IN DER KEBARA-HÖHLE (ISRAEL).

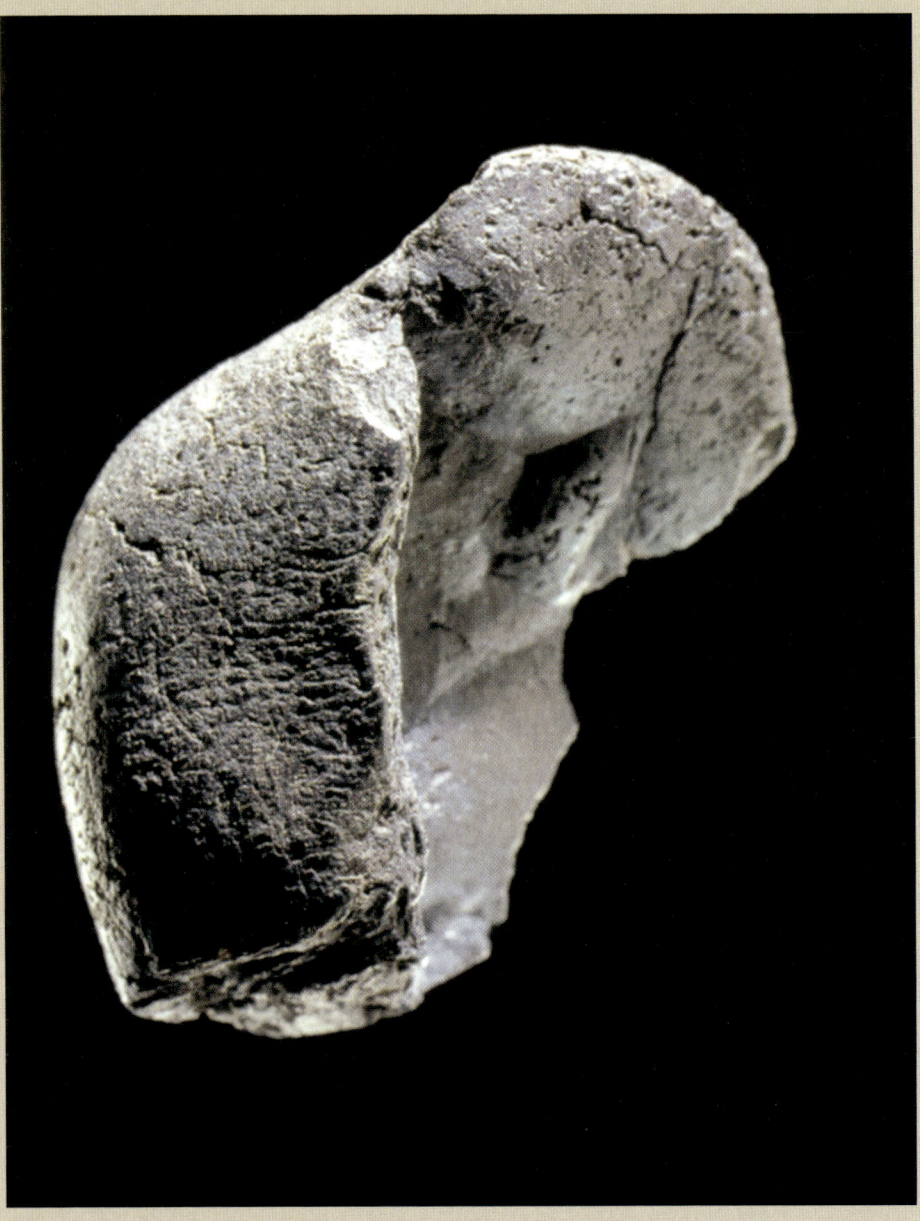

MEHR ALS 80.000 JAHRE ALTE SCHÄFTUNGSMASSE AUS BIRKENPECH VON DER FUNDSTELLE KÖNIGSAUE A. DAS FOTO LÄSST DEN FINGERABDRUCK EINES NEANDERTALERS SOWIE DEN ABDRUCK EINES RETUSCHIERTEN STEINWERKZEUGS ERKENNEN.

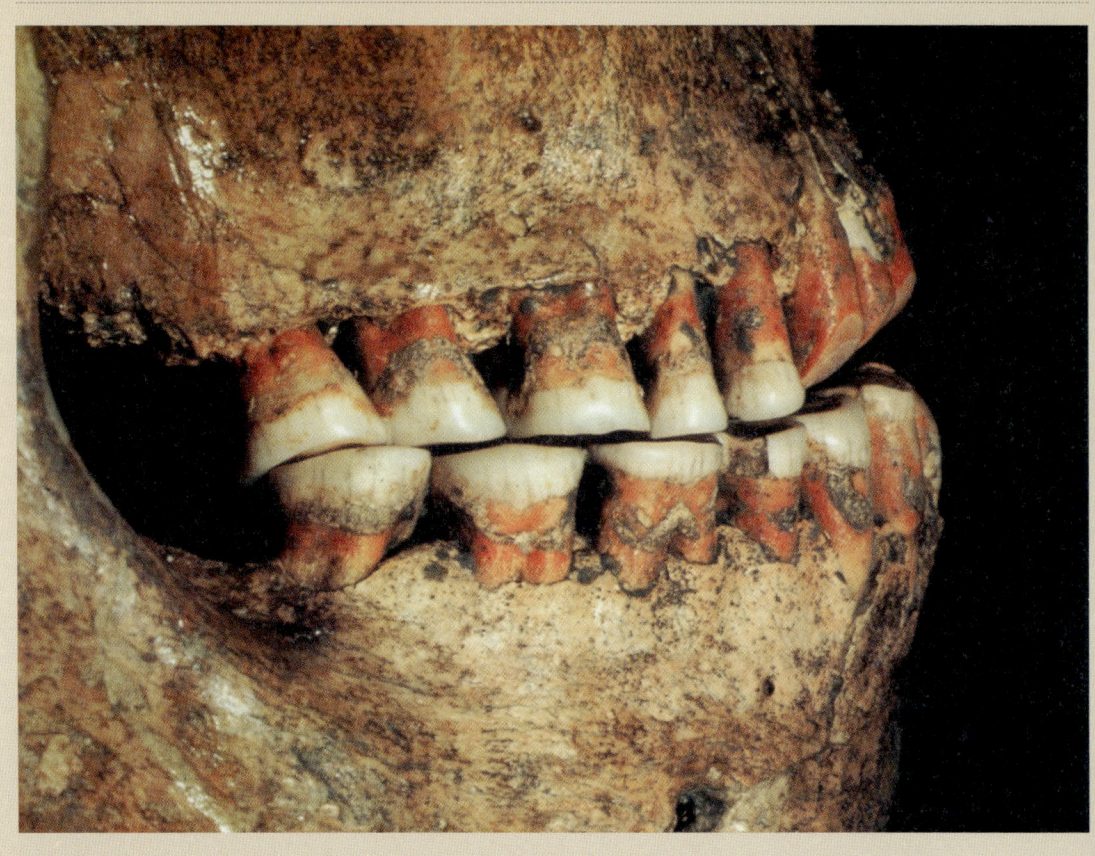

TAFEL 12: ABNUTZUNGSFACETTEN AN DEN SCHNEIDEZÄHNEN DES INDIVIDUUMS SHANIDAR 1 (IRAK).

Fundplatztypen und Aufenthaltsdauer

Nachdem wir festgestellt haben, dass die innere Organisation der Neandertalerplätze – zumindest nach heutigen Kriterien – weniger komplex erscheint als im Jungpaläolithikum, gilt es nun zu fragen, ob sich verschiedene Nutzungen für diese Plätze, also verschiedene Fundplatztypen erkennen lassen. Für mehrere Phasen des Jungpaläolithikums sind größere Basislager nachgewiesen, die über längere Zeit – vielleicht eine Saison oder noch länger – von einer oder mehreren Gruppen bewohnt waren und zu denen wahrscheinlich von einzelnen Mitgliedern der Gruppe für spezielle Tätigkeiten genutzte kleinere Satellitenlager, zum Beispiel Jagdlager, gehört haben. Bisher lässt sich ein solches Muster für das Mittelpaläolithikum nicht eindeutig nachweisen, doch lassen verschiedene Fundplätze aufgrund ihres Fundreichtums und der Mannigfaltigkeit der Fundkategorien darauf schließen, dass hier über einen längeren Zeitraum vielfältige „häusliche" Tätigkeiten verrichtet wurden. Einige Schichteinheiten der Sesselfelsgrotte im Altmühltal in Bayern, die zu den Keilmessergruppen gehören, sind hierfür ein gutes Beispiel (Richter 1997). Dem stehen Fundplätze gegenüber, die eindeutig mit Jagd- und Tierzerlegungsaktivitäten in Verbindung stehen, zum Beispiel die bereits genannten Stationen Lehringen und Gröbern mit Waldelefantenverwertung. Hier ist das Spektrum der nachweisbaren Tätigkeiten deutlich eingeschränkter als auf anderen Plätzen und stets eindeutig mit den Tierresten verbunden. Das gilt auch für solch spektakuläre Fundsituationen wie in Neumark-Nord in Sachsen-Anhalt, wo man in der Uferzone und auch innerhalb eines ehemaligen Sees zahlreiche Tierskelette – unter anderem von Damhirschen, Waldelefanten, Nashörnern und Auerochsen – fand (Mania 2004a). Wenn auch sehr wahrscheinlich ein größerer Teil der Tiere an dieser Stelle natürlich verendet war, haben wir zahlreiche Hinweise darauf, dass Neandertaler die Körper nutzten, zum Teil in Konkurrenz zu Hyänen, und alle am Platz gefundenen Steinartefakte stehen letztlich mit der Tierverwertung in Verbindung.

Ein besonderer Fundplatztyp sind schließlich so genannte Ateliers, Steinschlag-Werkstätten, die immer wieder speziell zur Gewinnung von Rohmaterial sowie zur Steinartefaktproduktion aufgesucht worden sind. Solche Ateliers, die ihrem Charakter entsprechend immer an primären Rohmaterialaufschlüssen liegen, kennen wir für das Mittelpaläolithikum zum Beispiel aus Troisdorf in der Köln-Bonner Bucht oder aus Rörshain und Lenderscheid in Hessen.

Wenn wir die Aufenthaltsdauer einzelner Begehungen abschätzen wollen, so müssen wir die oben genannten allgemeinen methodischen Probleme berücksichtigen, die auch hier klare Aussagen erschweren, wenn nicht verhindern. In der Tendenz scheint sie – unter anderem nach Aussage der meist wenig intensiven Feuerspuren – vor allem in Mitteleuropa jeweils nur kurz gewesen zu sein, in der Größenordnung von allenfalls wenigen Wochen, vielleicht nur Tagen. Demgegenüber lassen im Vorderen Orient die in mittelpaläolithischen Horizonten oft zahlreichen Feuerstellen und Aschehorizonte zusammen mit einer hohen Artefaktdichte und -anzahl in den Fundschichten auf eine intensive Nutzung durch den Neandertaler über lange Perioden – auf das Jahr gesehen vielleicht mit Unterbrechungen – schließen.

Landschaftsnutzung und Mobilität

Wie die Neandertaler die sie umgebende Landschaft als Ganzes nutzten, lässt sich bisher erst in Ansätzen erkennen. Wichtig sind in diesem Zusammenhang die Rohmaterialien, die sie für ihre Steinartefakte verwendeten. Meist griffen die Neandertaler auf Gesteine zurück, die in der näheren oder auch weiterer Umgebung ihrer Aufenthaltsplätze vorkamen, doch immer wieder finden sich auch Stücke, deren Material aus größerer Entfernung, zum Teil aus über hundert Kilometer beschafft wurde. Solche „exotischen" Materialien lassen ermessen, wie groß das Schweifgebiet der Jägergruppen mindestens war, wie weit die Menschen Steinmaterial transportierten und wie groß letztlich ihre Mobilität war. Detaillierte Rohmaterialstudien (Floss 1994; Féblot-Augustins 1997) zeigen uns Neandertaler in verschiedenen Regionen Europas als bewegliche Menschen, die im Laufe ihres Lebens erhebliche Entfernungen zurücklegten und dabei auch ganz unterschiedliche Landschaftstypen nutzten. In diesem Zusammenhang muss kurz auf ein Phänomen eingegangen werden, das in der Vergangenheit, speziell zur Zeit seiner Entdeckung im ersten Viertel des 20. Jahrhunderts, hochstilisiert wurde, bei sachlicher Betrachtung jedoch seinen Mythos einbüßt. Trotz allem sind die Fakten, die bleiben, erstaunlich genug, um uns Bewunderung für den Neandertaler abzunötigen. Die Rede ist vom so genannten „alpinen Paläolithikum" der Schweiz und angrenzender Gebiete. Mehrere Alpenhöhlen, darunter das Ranggiloch in 1845 m Höhe, das Wildenmannlisloch in 1628 m Höhe und das Drachenloch in sogar 2445 m Höhe, lieferten mittelpaläolithische Steinartefakte, scheinbar zusammen mit Faunenresten, unter denen mit etwa neunzig Prozent der Höhlenbär dominiert. Die Ausgräber, vor allem Emil Bächler, leiteten daraus die Vorstellung vom Neandertaler als Bärenjäger ab, und später war dann gar von einem mittelpaläolithischen Bärenkult die Rede. Neuanalysen des Fundmaterials und Neugrabungen erwiesen aber, dass Menschen und Höhlenbären die Höhlen im saisonalen Wechsel nutzten: Während der Bär in den Höhlen überwinterte, kam der Mensch im Sommer. In den Schichten, die auf menschliche Anwesenheit zurückgehen, ist der Höhlenbär deutlich weniger zahlreich, und klare Hinweise auf Höhlenbärenjagd oder die Nutzung toter Höhlenbären durch Neandertaler lassen sich nicht finden. Damit erweist sich auch der Bärenkult unzweifelhaft als Fiktion (siehe zusammenfassend Le Tensorer 1993). Das alpine Paläolithikum ist keine eigenständige mittel-paläolithische Kultur, es bleibt aber nichtsdestoweniger die erstaunliche Tatsache bestehen, dass Neandertaler mit diesen Aufenthaltsorten gelegentlich auch „extreme" Geländesituationen nutzten – sehr wahrscheinlich in Verbindung mit Jagdaktivitäten und wahrscheinlich nur in klimatisch günstigen Phasen.

FORMEN DER ORGANISATION DES TÄGLICHEN LEBENS

Wir sehen, dass die Neandertaler die Organisation ihres Lebens erfolgreich meisterten. Sie waren versierte Werkzeughersteller und erfolgreiche Jäger. Sie nutzten unterschiedliche Landschaftstypen bis hin zu den Hochalpen, sie waren mobil und beschafften Rohmaterialien aus zum Teil mehr als hundert Kilometer Entfernung. Über die archäologisch nachgewiesenen Gegenstände hinaus müssen ihnen aber auch zahlreiche andere Hilfsmittel zur Bewältigung des täglichen Lebens zur Verfügung gestanden haben. So zeigen uns die Rohmaterialtransporte über größere Strecken, der mehrfach nachgewiesene Transport schwerer Gerölle auch über beachtliche Höhendifferenzen und der Transport größerer Teile von Tieren oder sogar ganzer Körper, dass es Trage- und Schlepphilfen gegeben haben wird, die wir aber erhaltungsbedingt nicht kennen. Wie sie ausgesehen haben, können wir natürlich nicht sagen. Vorstellbar wären Konstruktionen aus dünnen Hölzern oder Ästen, die mit Fell umkleidet waren und am Körper getragen wurden, vorstellbar wären aber auch tragenartige Vorrichtungen, ebenfalls mit Fell bespannt, die man hinter sich her zog.

Zur Gruppenorganisation, Gruppengröße und Gruppendynamik lässt sich wenig sagen. Die Paläoanthropologen gehen meist davon aus, dass eine Neandertaler-gruppe einschließlich Kinder etwa 10 bis 15 Personen umfasste, also letztlich relativ klein war. Diese Schätzungen beruhen auf schwachen indirekten Hinweisen wie der geringen Anzahl von Individuen selbst an Bestattungsplätzen und dem oft geringen verfügbaren Wohnplatz bei Abris. Darüber hinaus vergleicht man den Neandertaler als „hochrangiges Raubtier" mit anderen hochrangigen Raubtieren wie Löwen und Wölfen, welche ebenfalls in kleinen Gruppen leben. Die Zusammensetzung der Familie ist schwer zu erschließen, und es lässt sich nicht sicher sagen, in welchem Umfang die Großelterngenerationen regelmäßig lange genug lebten, um eine nennenswerte Rolle im Sozialleben zu spielen.

Inwieweit Arbeitsteilung zwischen den Geschlechtern bestand, bleibt ebenfalls spekulativ. Es kann zwar vermutet werden, dass die Großwildjagd wie bei vielen rezenten und subrezenten Völkern vor allem von Männern ausgeübt wurde, doch kommt der englische Archäologe Paul Pettitt im Zusammenhang mit Untersuchungen zum Lebenslauf von Neandertalern (siehe unten) zu der Erkenntnis, dass kaum geschlechtsspezifische Unterschiede feststellbar seien, so dass auch Frauen als Jägerinnen größerer Tiere in Frage kämen. Großwildjagd selbst ist nur in der Gruppe denkbar, und anders als bei der Jagd auf kleine Tiere, die in kurzer Zeit von nur wenigen Individuen gegessen werden können, ist sie eher sinnvoll, wenn innerhalb einer größeren Anzahl von Individuen Nahrungsteilung praktiziert wird, zumal für das Mittelpaläolithikum Hinweise auf Nahrungskonservierung und -einlagerung fehlen.

ZEUGEN EINES HARTEN LEBENS

Lebenslauf und Lebenserwartung Wir haben uns bis hierher mit verschiedenen Aspekten aus dem täglichen Leben der Neandertaler befasst. Den Abschluss dieses Kapitels sollen nun folgende Fragen bilden: Wie lange dauerte dieses Leben ungefähr und welche Faktoren hatten Einfluss auf den Verlauf des Lebens? Was können wir überhaupt über den Lebenslauf der Neandertaler sagen?

Ein wenig Licht auf den Lebenslauf können neue Untersuchungen der spanischen Anthropologen Fernando Ramirez Rozzi und José Maria Bermudez de Castro (2004) werfen. Ausgangspunkt ihrer Untersuchungen ist die Tatsache, dass sich bei der Bildung von Zahnschmelz auf wachsenden Zähnen in regelmäßigen Abständen leichte Verzögerungen ergeben, die zu einem mikroskopisch sichtbaren Muster führen, welches den Wachstumsringen bei Bäumen ähnlich ist und Rückschlüsse auf die Wachstumsgeschwindigkeit der Zähne zulässt. Die Forscher analysierten das Zahnwachstum bei 146 Zähnen von insgesamt 55 Neandertaler-Individuen, darüber hinaus zu Vergleichszwecken einige Zähne aus der Gran Dolina/Atapuerca, das heißt Zähne der bisher ältesten Europäer, und Zähne von 21 Präneandertaler-Individuen aus der Sima de los Huesos/Atapuerca, die zum späten *Homo heidelbergensis* gehören. Um auch zum anderen Ende der Zeitskala hin Vergleiche zu ermöglichen, wurden weiterhin Zähne von 39 Individuen anatomisch moderner Europäer aus jungpaläolithischen bis mesolithischen Zusammenhängen analysiert. Die Wissenschaftler stellten fest, dass das Zahnwachstum der Jungpaläolithiker und Mesolithiker eher demjenigen heutiger Menschen entspricht, die vorneandertalerzeitlichen Populationen dagegen ein geringeres Zahnwachstum zeigen. Die kürzeste Wachstumsperiode offenbarte nach Aussage der Zähne interessanterweise der Neandertaler. Zudem zeigen die Neandertaler-Zähne eine gleichbleibende Wachstumsrate, während sich bei den modernen Menschen das Wachstum der Zähne mit zunehmender Entwicklung verlangsamte.

Der Verlauf und die Dauer des Zahnwachstums lassen wiederum Rückschlüsse auf die gesamte körperliche Entwicklung eines Menschen zu: Schnelleres Zahnwachstum deutet auf insgesamt schnelleres Erwachsenwerden hin, so dass Unterschiede zwischen verschiedenen Spezies oder Subspezies innerhalb der Gattung *Homo* Rückschlüsse auf unterschiedliche Entwicklungsgeschwindigkeiten erlauben. So kommen die spanischen Forscher zu dem Schluss, dass die Neandertaler möglicherweise bereits mit fünfzehn Jahren erwachsen waren, während dies bei den anatomisch modernen Jungpaläolithikern und Mesolithikern wohl erst mit etwa achtzehn Jahren der Fall war, letztere also rund fünfzehn Prozent langsamer waren als die Neandertaler. Dies könnte letztlich auch Schlüsse auf den Alterungsprozess zulassen dergestalt, dass Neandertaler möglicherweise schneller alterten als moderne Menschen, schneller sogar als ihr unmittelbarer Vorfahre *Homo heidelbergensis.* Natürlich muss diese Ansicht durch weitere Untersuchungen untermauert werden, und eine gewisse Gefahr der Vereinfachung besteht darin, dass die verschiedenen Entwicklungsgeschwindigkeiten der Geschlechter nicht berücksichtigt werden und auch nicht die Unterschiede bei Populationen aus unterschiedlichen geographischen Breiten (beispielsweise Nordeuropäer gegenüber Südeuropäern). Dennoch erscheinen die Tendenzen durch die sehr hohe Anzahl an untersuchten Zähnen durchaus plausibel. Und noch eine weitere Schlussfolgerung wird von den Wissenschaftlern gezogen, dass nämlich Neandertaler und anatomisch moderne Menschen tatsächlich zwei Arten und nicht nur Subspezies sind.

Paul Pettitt (2000) sieht drei wesentliche Wendepunkte innerhalb der Lebenszyklen von Neandertalern, die er mehr oder weniger gleichermaßen für Männer wie für Frauen annimmt. Der erste dieser Wendepunkte – in seinen Augen vielleicht der wichtigste – ist die Entwöhnung, mit der das Kind ein Individuum mit Wert für die Gruppe wird, indem es aktiv am Sammeln von Nahrung teilnimmt und damit zur Versorgung seiner Gruppe beiträgt. Der nächste Wendepunkt erfolgt mit der Pubertät und der sexuellen Reife. Das Individuum verfügt über ein Reproduktionspotential und kann sich um jüngere Angehörige kümmern; vor allem junge Männer nehmen nun an der Jagd teil. Wie lange die nun einsetzende Phase dauert, hängt letztlich vom weiteren Schicksal jedes einzelnen Individuums ab. Abgeschlossen wird sie durch Verletzungen und sonstige Beeinträchtigungen, die eine Fortbewegung aus eigener Kraft unmöglich machen. Das Individuum kann nun nicht mehr zur Versorgung oder zum Erhalt der Gruppe beitragen, ist stattdessen selber pflegebedürftig, behindert letztlich die Mobilität der Gruppe und hat damit, wie Pettitt es sehr nüchtern ausdrückt, seinen Wert verloren. Dieser letzte Wendepunkt musste nicht zwangsläufig eintreten, doch wie die zahlreichen nachweisbaren Verletzungen an den erhaltenen Neandertalerknochen sowie die erstaunlich geringe Zahl an älteren Erwachsenen andeuten, scheint dieser Fall doch relativ häufig eingetreten zu sein.

Grundlegende Untersuchungen zum Sterbealter und zur Lebenserwartung der Neandertaler verdanken wir dem amerikanischen Anthropologen Erik Trinkaus (1995). In seiner entsprechenden Analyse berücksichtigt Trinkaus 206 Neandertaler-Individuen aus insgesamt 77 Fundstellen, die in den Zeitraum zwischen etwa 120.000 (Mitte des Eem-Interglazials) und 35.000 Jahren vor heute gehören und mehr oder weniger das gesamte Verbreitungsgebiet der Neandertaler umspannen. Ausgehend von der Tatsache, dass die Neandertaler Jäger und Sammler waren, werden die für sie ermittelten Daten mit solchen heutiger Jäger und Sammler-Gruppen verglichen, zum Beispiel der Dobe !Kung, einem Buschmannvolk aus dem südlichen Afrika, der Hadza, einem Wildbeutervolk aus Tansania in Ostafrika, sowie der Aché, einem Jäger und Sammler-Volk aus Paraguay. Weitere Vergleichsdaten stammen von archäologisch untersuchten sesshaften nord- und mittelamerikanischen Gruppen sowie mittelalterlichen und neuzeitlichen Bevölkerungsgruppen aus Japan und Nordamerika.

Angesichts der Schwierigkeit, das genaue Sterbealter altsteinzeitlicher Individuen zu bestimmen, und unter der erschwerenden Voraussetzung, dass diese Individuen oft nur durch wenige Knochen und nicht durch mehr oder weniger vollständige Skelette repräsentiert sind, bildete Trinkaus für die von ihm untersuchten Neandertaler sechs Altersgruppen: Neugeborenes (<1 Jahr), Kind (1 Jahr bis <5 Jahre), Heranwachsender Jungendlicher (5 Jahre bis <10 Jahre), Jugendlicher (10 Jahre bis <20 Jahre), Junger Erwachsener (20 Jahre bis <40 Jahre) und Alter Erwachsener (40 Jahre oder älter).

Erwartungsgemäß fanden sich nur sehr wenige Neugeborene, ein durchgehendes Muster in urgeschichtlichen demographischen Proben, da zum einen die Knochen der Neugeborenen wesentlich anfälliger für Zersetzungsprozesse sind und zum anderen Kleinkinder und Neugeborene häufig nicht als vollwertige Individuen betrachtet und deswegen nicht zusammen mit den älteren Individuen bestattet wurden. Etwas erstaunlicher war dagegen die Seltenheit von Individuen aus der Gruppe der mindestens 40-jährigen, also der Alten Erwachsenen. Nur etwa zwanzig Prozent der einer Altersstufe zuweisbaren Neandertaler gehören in diese Gruppe, was im Umkehrschluss bedeuten würde, dass achtzig Prozent starben, bevor sie das 40. Lebensjahr erreicht hatten, also spätestens im Stadium des Jungen Erwachsenen. Müssen wir also davon ausgehen, dass die Lebenserwartung der Neandertaler deutlich geringer war als bei den heutigen Menschen? Eine derart hohe Sterblichkeitsrate bei Jungen Erwachsenen würde für das Überleben der Bevölkerung eine extrem hohe Fruchtbarkeit bei den Neandertalern voraussetzen, wie sie selbst bei sesshaften modernen Menschen ungewöhnlich ist. Ein Vergleich mit rezenten Jäger und Sammler-Gruppen mag dies verdeutlichen. So bekommen die !Kung-Frauen im Durchschnitt 4,7 Kinder, die Hadza-Frauen 6,15 Kinder und die Aché-Frauen gar etwa 8 Kinder. Hält man sich nun vor Augen, dass das durchschnittliche Sterbealter der Aché-Männer bei 54 Jahren und der Aché-Frauen bei 60 Jahren liegt, so käme man im Analogieschluss auf unmögliche Werte bei den Neandertalern, wenn sie tatsächlich die scheinbar geringe Lebenserwartung gehabt hätten. Und das gilt selbst, wenn man davon ausgeht, dass einige Individuen irrtümlich in die Gruppe der Jungen Erwachsenen eingestuft wurden und in Wirklichkeit in die Gruppe der Alten Erwachsenen gehören, die Kurve also gewissermaßen geeicht würde.

Erik Trinkaus bietet einen hypothetischen, dennoch bedenkenswerten Lösungsvorschlag, der es wert ist, an dieser Stelle referiert zu werden. Seine Überlegungen gehen von der sicherlich zutreffenden Vermutung aus, dass die Neandertaler sich im Wesentlichen außerhalb von Höhlen aufhielten und jene nur gelegentlich, vielleicht als Zuflucht bei Gefahr oder bei besonders ungünstigen Witterungsbedingungen, aufsuchten. Nun fanden sich aber nahezu alle Neandertaler-Fossilien in Höhlen oder unter Felsschutzdächern (Abris), Bestattungen kennt man bisher sogar überhaupt nicht aus dem Freiland. Zu einem Teil könnte dies mit den in Höhlen und Abris günstigeren Erhaltungsbedingungen oder der besseren Auffindbarkeit zusammenhängen. Wichtig ist für die Argumentation, dass keiner der fossil überlieferten Neandertaler die Fähigkeit zur Fortbewegung völlig verloren hatte, trotz aller Verletzungen und Deformationen, über die gleich noch zu sprechen sein wird. Einige von ihnen konnten sich vielleicht nicht mehr ohne Hilfe ausreichend ernähren, geschweige denn jagen, sie waren jedoch in der Lage, sich ohne dauernde fremde Hilfe fortzubewegen. Die Hypothese von Erik Trinkaus, die auch von seinem spanischen Kollegen Juan Luis Arsuaga (2003: 239) vertreten wird, geht nun dahin, dass vielleicht ein Teil der Alten Erwachsenen nicht mehr in der Lage war, sich aus eigener Kraft fortzubewegen und deswegen auf den Zügen irgendwo in der Landschaft zurückblieb und schließlich starb. Ihre Reste können damit nicht innerhalb der Wohn- und Aufenthaltsplätze gefunden werden, womit bis zu einem gewissen Grade die Seltenheit älterer Neandertaler im Fossilbefund zu erklären wäre. Gefunden werden – im Umkehrschluss – nur diejenigen Neandertaler, die mehr oder weniger zufällig an einem Wohn- oder Aufenthaltsplatz gestorben sind. Wahrscheinlich liegt die Wahrheit, wie sowohl Trinkaus als auch Arsuaga ausführen, in einer Kombination von mindestens drei Faktoren: Zurückbleiben der Alten im Gelände, Fehler bei der Altersbestimmung und tatsächlich einigermaßen niedrige Lebenserwartung; wahrscheinlich spielen aber auch noch weitere Faktoren eine Rolle.

Wir müssen uns in jedem Falle bewusst sein, dass Angaben zur Lebenserwartung und Altersstruktur bei Neandertalern nur Hypothesen und Modelle darstellen, die in vielerlei Hinsicht angreifbar sind (vgl. für methodische Kritik Auffermann und Orschiedt 2002: 63–65). Insbesondere ist die Datengrundlage, welche die überlieferten Neandertalerreste bieten, statistisch nicht ausreichend für eine Rekonstruktion der Lebenserwartung, da die analysierten Neandertaler zum einen aus dem gesamten enorm großen Verbreitungsgebiet stammen und zum anderen eine Zeitspanne von immerhin fast 100.000 Jahren abdecken. Nicht ganz außer Acht lassen sollte man bei diesen Überlegungen auch die im vorigen Abschnitt diskutierte Möglichkeit, dass die Neandertaler schneller alterten und somit ein 40-jähriger Neandertaler biologisch älter war als ein gleichaltriger anatomisch moderner Mensch.

Verletzungen, Krankheiten und Hinweise auf Gewaltanwendung Ein für die Betroffenen wenig angenehmer Bereich, der aber untrennbar zum täglichen Leben gehört, ist der Bereich der Verletzungen (zum Beispiel Knochenbrüche) und Krankheiten (zum Beispiel degenerative Gelenkerkrankungen). Thomas D. Berger und Erik Trinkaus (1995) konnten an 17 Neandertaler-Individuen insgesamt 27 Verletzungen feststellen, zumeist repräsentiert durch klare Brüche von Rippen, Gliedmaßenknochen oder Gesichtsschädelknochen. Natürlich stellt die Palette der im Folgenden aufgeführten Defekte nur einen Ausschnitt aus dem ehemals tatsächlich vorhandenen Spektrum dar, da wir nur das beurteilen können, was am Knochen in irgendeiner Weise nachweisbar ist. Und trotzdem kann Trinkaus sagen, er habe noch keinen erwachsenen Neandertaler mit nicht mindestens einem Knochenbruch gesehen, und bei Erwachsenen in den Dreißigern seien mehrere verheilte Brüche die Regel.

Das von allen bekannten Neandertalern wahrscheinlich mit den meisten Verletzungen und darüber hinaus krankhaften Veränderungen behaftete Skelett ist das Individuum Shanidar 1 aus dem heutigen Irak (Trinkaus 1983). Dieser etwa 30 bis 40 Jahre alte Mann (Tafel 6) erlitt während seines Lebens mehrere schwere Knochenbrüche, die teilweise wiederum Knochenveränderungen zur Folge hatten (Abb. 35). Da die meisten lange, vielleicht Jahre vor seinem Tod erfolgten, war sein Leben zweifellos erheblich beeinträchtigt. Es gibt keine klaren Hinweise auf Gewaltanwendung, und alle Verletzungen waren wohl

ABB. 35: KRANKHAFTE VERÄNDERUNGEN AM RECHTEN OBERARM DES INDIVIDUUMS SHANIDAR 1 (IRAK).

unmittelbar oder mittelbar Folgen eines oder mehrerer Unfälle. Beginnen wir mit dem Schädel: Hier ist neben einer weniger schweren Verletzung an der Stirn vor allem ein Jochbeinbruch hervorzuheben, der wahrscheinlich als Wirkung eines schweren Schlages – vielleicht doch eines Faustschlages? – oder Aufpralls entstand und das linke Auge erblinden ließ. Der rechte Oberarm (Abb. 35) ist zweimal gebrochen, der restliche Arm fehlt von oberhalb des Ellbogens an; nach Meinung von Erik Trinkaus wurde der Unterarm amputiert, der verbliebene Teil des Armes verkümmerte daraufhin, da der Arm nicht mehr benutzt wurde. In Höhe der Hüfte, des Knöchels und des Fußes hat der Mann starke Schläge auf sein rechtes Bein erlitten, ein Mittelfußknochen war gebrochen. Das Skelett zeigt starke Asymmetrien zwischen beiden Körperhälften. Wir haben also einen Menschen vor uns, der nicht nur durch zahlreiche letztlich gut verheilte Knochenverletzungen behindert war, sondern auch durch die wohl überwiegend durch diese Verletzungen hervorgerufenen degenerativen Veränderungen am Skelett. Auch wenn er sich wohl noch fortbewegen konnte, so war der Mann zweifellos nicht mehr in der Lage zu jagen und in ausreichendem Maße für eine adäquate Ernährung zu sorgen. Die Tatsache, dass er seine Verletzungen trotzdem um mehrere Jahre überlebte, ist ein besonders klarer Hinweis darauf, dass seine Mitmenschen sich um ihn kümmerten, vielleicht auch auf ein erhebliches Maß an Heilfürsorge.

Auch drei weitere Individuen derselben Fundstelle sind hier zu nennen. Auf Shanidar 3 mit einer teilweise verheilten Rippenbeschädigung wird im Anschluss noch einzugehen sein, Shanidar 4 weist einen teilweise verheilten Rippenbruch auf und Shanidar 5 eine völlig verheilte Verletzung an der linken Stirn. Damit lassen sich immerhin an vier der insgesamt neun Individuen aus Shanidar verletzungsbedingte Defekte feststellen.

Wadenbeinverletzungen weisen die Individuen La Ferrassie 2 und Tabun 1 auf, einen Oberschenkelbruch das Individuum La Ferrassie 1, jeweils einen Ellenbruch die Individuen Krapina 180 und 188.8. Das Schlüsselbein ist beim Individuum Krapina 149 gebrochen, eine Rippe bei dem Skelett aus La Chapelle-aux-Saints. Das Skelett Kebara 2 zeigt einen Bruch des 5. und 6. Brustwirbels sowie den Bruch eines Mittelfußknochens.

Außer diesen Verletzungen an den Extremitäten sowie im Brustbereich finden sich mehrfach Schädelverletzungen, so bei den Individuen Krapina 4, Krapina 34.7 und Šala 1. Schließlich konnten auch bei dem Typusexemplar aus dem Neandertal (Neandertal 1) eine Hinterhauptsbeinverletzung sowie ein Bruch im Bereich des Ellbogens festgestellt werden.

Berger und Trinkaus haben die bei den Neandertalern festgestellten Verletzungen hinsichtlich der betroffenen Körperteile und ihrer jeweiligen Häufigkeit mit Skeletten moderner Menschen verglichen und meist deutliche Unterschiede festgestellt. Die einzige Gruppe, die sehr viele Übereinstimmungen zeigt, ist diejenige nordamerikanischer professioneller Rodeoreiter, und die Anthropologen gehen davon aus, dass ähnliche Verhaltensweisen zu ähnlichen Verletzungsmustern geführt haben. Sie denken zum Beispiel an die direkte Konfrontation der Neandertaler mit größeren Huftieren während der Jagd. Mit den ihnen zur Verfügung stehenden Jagdwaffen, Lanzen und Speeren, mussten die Neandertaler sich der Jagdbeute relativ stark annähern und liefen so Gefahr, von verletzten oder aufgebrachten Tieren ihrerseits angegriffen und verletzt, wenn nicht gar getötet zu werden.

Auch von Krankheiten oder krankheitsbedingten Defekten blieben die Neandertaler natürlich nicht verschont. So verdankt der so genannte Alte von La Chapelle-aux-Saints, einer der berühmtesten Neandertaler überhaupt, seinen Namen nicht zuletzt dem Verlust fast aller Zähne; darüber hinaus lässt sich eine vielleicht verletzungsbedingte Arthritis diagnostizieren; ein verheilter Rippenbruch wurde bereits erwähnt. Spuren einer schweren Arthritis zeigt auch der späte Neandertaler aus Saint-Césaire.

Dagegen war das Individuum 11 von Bau de l'Aubesier offenbar bereits zu Lebzeiten weitgehend zahnlos, und der Unterkiefer zeigt Hinweise auf Abszesse. Dieser Mensch war lange das einzige vor-würmzeitliche Beispiel für weitgehenden Zahnausfall vor dem Tod und schwere Kaubehinderungen. Vor kurzem wurde jedoch in der etwa 1,7 Millionen Jahre alten georgischen Fundstelle Dmanisi der ebenfalls völlig zahnlose Unterkiefer eines *Homo erectus* entdeckt, der nun als mit Abstand ältestes Beispiel gelten darf. Beide Fossilien werden auch als Beleg für Sozialfürsorge innerhalb der Gruppe diskutiert. Auf Bau de l'Aubesier 11 wird in diesem Zusammenhang in Kapitel 6 noch einzugehen sein.

Beneidenswert selten tritt bei Neandertalerzähnen Karies auf. So kennt man bis heute nicht einmal ein halbes Dutzend Fälle mit eindeutiger Karies, und das bei der Vielzahl an Individuen, über deren Zähne wir mittlerweile verfügen. An Zahnkronenkaries litten das Individuum 27 aus der Kebara-Höhle, das Individuum 5 von Bau de l'Aubesier und das Individuum Bañoles 1, wobei die Karies bei den beiden letztgenannten Neandertalern nur leicht ausgeprägt war. Deutliche Wurzelkaries, der bisher schwerste Fall von Karies bei Neandertalern, fand sich bei dem Individuum 12 von Bau de l'Aubesier (Lebel und Trinkaus 2002). Hinweise auf eitrige Entzündungen im Wurzelbereich, die im schlimmsten Fall auch zu Zahnausfall geführt haben, und andere entzündliche Prozesse am Zahnapparat sind dagegen keine Seltenheit und waren zweifellos oft mit starken Schmerzen verbunden.

Obwohl sie nicht eigentlich zu den Krankheiten, aber doch zu den Defekten zu zählen sind, sollen hier einige andere Besonderheiten des Neandertaler-Gebisses angeführt werden. Besonders auffällig und charakteristisch ist ein vor allem an den Schneidezähnen des Oberkiefers häufig zu beobachtendes Abschliff-Muster. Ein Paradebeispiel ist auch hierfür das Individuum Shanidar 1, das uns gerade schon im Zusammenhang mit Verletzungen und Deformationen begegnet ist (Tafel 12). Man erkennt deutlich, wie die oberen Schneidezähne sehr stark schräg von innen nach außen abgenutzt und rundgeschliffen und dadurch erhebliche Teile des Zahnschmelzes verloren sind. Dieses Abschliff-Muster findet sich auch bei anderen Individuen derselben Fundstelle (Shanidar 3, 4 und 5) sowie bei zahlreichen anderen Neandertalern, zum Beispiel La Ferrassie 1, Amud und Bau de l'Aubesier 4. Es ist dabei kein Altersindiz, da der Defekt sowohl bei älteren als auch bei jüngeren Neandertalern zu beobachten ist. Bloßes Abkauen durch den Verzehr harter oder mit Sand versetzter Nahrung reicht als Erklärung nicht aus. Wir dürfen vielmehr davon ausgehen, dass Neandertaler ihre eigenen Frontzähne als Werkzeug benutzten, diese also gewissermaßen ein natürliches Werkzeug aus organischem Material darstellten. Was genau sie mit den Zähnen machten, wissen wir nicht. Einen Hinweis können völkerkundliche Beobachtungen geben, denn man weiß zum Beispiel von den Inuit, dass sie ihre Vorderzähne zum Festhalten von Gegenständen oder auch zum Weichkauen von Leder einsetzen. Jedoch unterscheiden sich die dadurch entstehenden Abnutzungsmuster von den bei den Neandertalern beobachteten, so dass wir nach wie vor im Dunkeln tappen. Gelegentlich finden sich im Zahnschmelz der Zähne Schnittspuren, die wahrscheinlich davon herrühren, dass die Neandertaler beim Abtrennen eines Stückes Fleisch, eines Lederstückes oder sonstiger Materialien, die mit den Schneidezähnen und einer Hand festgehalten wurden, mit dem Steinartefakt ausrutschten und so an der Vorderseite der oberen und unteren Schneidezähne Spuren hinterließen. Dass man aus dem Verlauf dieser Rillen darauf schließen kann, ob die Neandertaler rechts- oder linkshändig waren, ist sehr umstritten.

Ein anderer besonderer „Defekt" sind die so genannten Zahnstocherrillen, die sich gelegentlich bei Neandertaler-Zähnen, aber auch bei Zähnen jungpaläolithischer anatomisch moderner Menschen finden. Es handelt sich um flache längliche Rillen mit scharfen Rändern – im Falle des Individuums 10 von Bau de l'Aubesier an einem Backenzahn –, die unter dem Mikroskop deutlich ausgerichtete Gebrauchsspuren aufweisen und sich nicht durch Karies oder andere krankhafte Prozesse erklären lassen. Als weitere Belege ließen sich Zähne aus Krapina und aus der Sima de los Huesos anführen (siehe Lebel u.a. 2001). Wodurch diese Rillen genau entstanden sind, ist nicht klar, doch der Name deutet darauf hin, dass sich in ihnen die häufige Verwendung eines zahnstocherartigen Gegenstandes zur Entfernung von zwischen den Zähnen festsitzenden Fleischfasern widerspiegeln könnte.

Einige traumatische Befunde fallen vielleicht in einen wenig ruhmreichen Bereich, nämlich den der interpersonellen Gewalt, also Gewalt, die Menschen anderen Menschen angetan haben. Bereits seit längerem wird das gerade erwähnte, wahrscheinlich mehr als 50.000 Jahre alte männliche Individuum Shanidar 3 als Beleg für interpersonale Gewalt diskutiert (Trinkaus 1983). Das Skelett zeigt vor allem eine zum Teil verheilte einschnittartige Beschädigung am oberen Rand der neunten linken Rippe, die von einem eingedrungenen schneidenden Gegenstand herrührt, der bis zum Tod des Individuums zwischen den benachbarten Rippen steckte, aber nach dem Tode verloren ging, wahrscheinlich als die Rippe unterhalb des Einschnittes brach. Wahrscheinlich erlitt der Mann auch innere Verletzungen, vielleicht an der Lunge. Er überlebte aber zumindest um einige Wochen. Die beste Erklärung für die Verletzung ist direkte Gewalteinwirkung durch eine andere, ihm gegenüberstehende Person, jedoch sind auch andere Erklärungen denkbar. In jedem Falle kümmerte man sich mindestens mehrere Wochen bis zu seinem Tod um den Verletzten.

Bei computertomographischen Untersuchungen und einer computergestützten Rekonstruktion des etwa 36.000 Jahre alten Neandertalerschädels aus Saint-Césaire stieß man erst kürzlich auf einen weiteren Hinweis (Zollikofer u.a. 2002). Man erkannte einen verheilten Bruch in der Schädeldecke, der eigentlich nur durch den Einschlag eines direkt gegen den Schädel geführten scharfen, wohl klingenförmigen Artefaktes entstanden sein kann. Diese Verletzung verlief offensichtlich relativ glimpflich, denn sie wurde mindestens um einige Monate überlebt und war wohl nicht direkt für den Tod des Menschen verantwortlich. Die unmittelbaren Folgen der Verletzung waren aber zweifellos erheblich: starkes Bluten, Gehirnerschütterung und zeitweilige Behinderung. Die Verletzung zeigt ein anderes Muster als bei einem Unfall, etwa beim Fall auf eine scharfe Kante, bei einem Steinschlag oder unabsichtlichen Schlag. Die kinetische Energie, die benötigt wurde, damit das Artefakt in den Knochen eindringen konnte, setzt eine erhebliche Beschleunigung voraus, wie sie eigentlich nur durch eine Schäftung erzielt werden konnte.

Solche Belege für Gewaltanwendung deuten auf etwas Wichtiges hin: Neandertaler benutzten Werkzeuge offenbar nicht nur als Jagdwaffe, zur Nahrungszu- und -aufbereitung sowie für „häusliche" Tätigkeiten, sondern auch in ganz anderen Verhaltenskontexten. Man funktionierte Werkzeuge auch zu „Kriegs"-Waffen um – ein recht zweifelhafter Beleg für eine erweiterte Palette an Verhaltensmustern und damit ein erweitertes geistiges Potential.

6 Die geistige Welt der Neandertaler

Gedanken und Gefühle versteinern nicht – aus diesem Grunde ist es ausgesprochen schwierig, etwas Konkretes über die geistige Welt der Neandertaler auszusagen. Um dennoch ein Fenster in diesen Bereich öffnen zu können, müssen wir feststellen, welche Verhaltensweisen wir aus den archäologischen Befunden ablesen können und welche Rückschlüsse auf das Denken und Fühlen daraus möglich sind. Wir müssen also genau schauen, wie die Neandertaler ihre Gedanken in materiellen Dingen gewissermaßen „verewigt" haben. Leider werden wir trotz aller Anstrengungen kaum jemals etwas über Gefühle wie Angst, Einsamkeit, Trauer, Freude, Zuversicht, Glück oder Liebe aussagen können. Aber was wir sagen können, ist bereits erstaunlich genug und soll in diesem Kapitel diskutiert werden.

VORAUSPLANUNG UND ERKENNTNISFÄHIGKEIT

Wir sind in diesem Buch bereits mehrfach Belegen für das vorausplanende Handeln und die Planungstiefe der Neandertaler begegnet. Die wichtigsten Punkte sollen an dieser Stelle noch einmal im Zusammenhang betrachtet und hinsichtlich ihrer Aussagekraft für den Neandertaler als vorausplanendes und erkenntnisfähiges Wesen ausgewertet werden.

Nehmen wir zunächst die Herstellung von Steinartefakten. Dass der Neandertaler ein äußerst geschickter Steinschläger und Werkzeughersteller war, muss hier nicht noch einmal betont werden. Die von ihm angewandte Levallois-Methode ist geradezu ein Paradebeispiel für Vorausplanung (vgl. Abb. 31). Der Steinschläger wusste bereits in dem Moment, in dem er den ersten Schlag auf die Rohknolle setzte, wie das erstrebte Endprodukt, der Zielabschlag, aussehen würde, er konnte es gewissermaßen in den Stein „hineinsehen", ähnlich wie ein Bildhauer sein geplantes Kunstwerk. Alle planmäßig ausgeführten Arbeitsschritte dienten einzig dem Ziel, dem letzten Abschlag die gewünschte Form zu verleihen. Man kann die im Gehirn gespeicherten Arbeitsabläufe, in diesem Falle die einzelnen Schläge auf das Rohstück, gut mit einem Programm vergleichen, wie es in der industriellen Produktion eingesetzt wird. Dieser Vergleich erstreckt sich auch auf die Reproduzierbarkeit der Abläufe: Wie die computergesteuerte Maschine war der Neandertaler in der Lage, das Programm immer wieder ablaufen zu lassen und immer wieder gleiche Zielabschläge herzustellen. Dass er sich dabei durchaus verschiedener Programme bedienen konnte, zeigt die Tatsache, dass es ganz unterschiedliche Kerne für ganz unterschiedliche Zielprodukte – seien es Spitzen, Klingen oder einfach regelmäßig geformte Abschläge – gibt.

Noch deutlicher wird diese Variabilität der Vorausplanung, wenn wir die retuschierten Steinwerkzeuge betrachten, zum Beispiel die Faustkeile als klassische Geräte, zu deren Herstellung eine ganze Reihe von Arbeitsschritten notwendig war. Faustkeile sind oft sehr regelmäßig gearbeitet und auch ästhetisch attraktiv (Tafel 11). Sie künden nicht nur vom Formwillen ihrer Hersteller, sondern auch von deren Fähigkeit, voneinander unabhängige Arbeitsschritte im Sinne einer zusammenhängenden Handlungskette durchzuführen, an deren Anfang die Auswahl eines zur Bearbeitung geeigneten Rohstückes stand und deren Ziel das fertige Werkzeug war. Dies wiederum erfordert vorausschauende, komplexe Planung und eine ausgeprägte Erkenntnisfähigkeit (Kognition), denn gedanklich müssen verschiedene Variablen koordiniert werden. So muss bei Entfernung eines jeden Abschlages dessen Auswirkung auf Länge, Breite, Dicke und Gesamtform des Werkzeuges berücksichtigt werden. Die Fehlerkorrektur erfolgt nicht durch Probieren nach dem Zufallsprinzip, sondern durch gedankliches Durchspielen direkter oder gegenläufiger Handlungen (Haidle 2004). Das Vorhandensein geeigneten Rohmaterials in ausreichender Menge vorausgesetzt, kann die Handlungskette beliebig oft wiederholt werden.

Das Rohmaterial selbst ist ebenfalls bedeutend für die Einschätzung der Planungstiefe beim Neandertaler. Zwar wurden meist in der näheren und weiteren Umgebung der Siedlungsplätze vorkommende Rohstoffe zur Steinartefaktherstellung genutzt, doch regelmäßig treten darüber hinaus Stücke auf, deren Rohmaterial aus zum Teil mehr als hundert Kilometer Entfernung stammt. Solche Transporte von Steinmaterialien über größere Entfernungen – sei es als unbearbeitetes Rohstück, als vorpräparierte Knolle, als ausgewählte Grundform oder gar als fertiges Werkzeug – sind ein weiterer Beleg für vorausschauendes Handeln. Für ein noch in der Zukunft liegendes Problem, nämlich eine Arbeit, für die man ein Steingerät benötigte, wurde ein eben solches adäquates Steingerät über größere Strecken mitgeführt, um es später zur Problemlösung einsetzen zu können, oder es wurde ein Rohstück transportiert, aus dem sich vor Ort das benötigte Stück gewinnen ließ, oder eine unmodifizierte Grundform, die man dann erst am Verwendungsort retuschierte. In jedem Falle musste man die geplante Arbeit während der ganzen Zeit „im Hinterkopf" behalten – erneut ein einwandfreies Beispiel für die ausgeprägte Erkenntnisfähigkeit bei den Neandertalern.

Beispielhaft ist in diesem Zusammenhang eine Gruppe mittelpaläolithischer Fundplätze, die innerhalb der Kegel erloschener Vulkane in der Osteifel entdeckt wurden. Regelmäßig finden sich hier unmodifizierte Steinartefakte und auch Werkzeuge aus Feuerstein, der aus mehr als hundert Kilometer Entfernung stammt. Sie belegen die ganze Bandbreite des im englischsprachigen Raum als „curation" bezeichneten Verhaltens, nämlich das vorausplanende Fertigen, Aufbewahren und Transportieren von Steinartefakten sowie deren Nachschärfen.

Noch eine andere Verhaltensweise machen die genannten Vulkanfundplätze deutlich. Mehrfach fand man Steinblöcke von bis zu zwanzig Kilogramm Gewicht, die die Neandertaler über mehrere Kilometer an ihre Siedlungsplätze in den Vulkankratern getragen haben – keine leichte Aufgabe, da die Vulkane rund hundert Meter hoch sind. Auf einigen Vulkankuppen wie dem Plaidter Hummerich, dem Schweinskopf und den Wannen können die Blöcke als bewusst auf den Siedlungsplatz geschaffte Rohmaterialreserven interpretiert werden (Bosinski u.a. 1986), auf dem Tönchesberg dienten bis zu rund zwei Kilogramm schwere Platten aus quarzitischem Schiefer als Ambosse und Arbeitsunterlagen (Conard 1992). Auch hiermit liegen schon für die Neandertaler gute Hinweise auf ein vorausplanendes Verhalten vor, das ihnen von vielen Forschern noch heute nicht zugebilligt wird.

Mindestens so aussagekräftig wie die Steinartefakte sind für die Frage der Vorausplanung die Werkzeuge aus organischen Materialien. Schließlich benötigte man zur Herstellung solcher Artefakte, seien es Knochenspitzen (Tafel 13), Holzspeere oder Lanzen, eben Steinartefakte, die man ihrerseits zunächst hergestellt haben musste. Ob dies nun unmittelbar zur Produktion der organischen Artefakte oder mit einem bei der Herstellung noch nicht fest definierten Ziel geschehen war, spielt dabei keine Rolle. Miriam Haidle (2004) spricht in diesem Zusammenhang von einer „Planung mit Zwischenzielen": Zunächst wurde ein Steinwerkzeug hergestellt, das man dann zum Beispiel zur Herstellung eines Speeres verwendete, der wiederum dem eigentlichen Ziel, nämlich dem Erlegen der Jagdbeute, diente. Man muss dabei auch den Zeitaufwand berücksichtigen, den die Herstellung spezieller organischer Artefakte bedeutet. So dauerte die Herstellung einer Nachbildung der Lanze von Lehringen mit Steinwerkzeugen 4,5 bis 5,5 Stunden (Thieme und Veil 1985). Diesen Aufwand betrieben die Neandertaler zweifellos nicht zum bloßen Vergnügen, sondern sie hatten von Anfang an die Verwendung der Lanze bei der Großwildjagd vor Augen.

Und das Beispiel Lehringen mit der Lanze und den wenigen mitgebrachten Steinartefakten macht uns noch etwas Anderes deutlich: Der Neandertaler plante seine Jagd. Er rüstete sich im Voraus mit effektiven Waffen sowie mit potentiell zur Weiterverarbeitung der Beute benötigtem Werkzeug aus, um die Jagd auf Großwild erfolgreich zu gestalten und abzuschließen.

KOMMUNIKATION UNTER NEANDERTALERN

Dass Neandertaler miteinander kommunizierten, wird gewiss niemand bezweifeln. Wie sah aber diese Kommunikation aus, und in welchem Maße bediente sich der Neandertaler dabei einer echten artikulierten Sprache?

Nonverbale Kommunikation Grundsätzlich müssen wir unterscheiden zwischen nonverbaler Kommunikation, also Verständigung mittels Gestik, Zeichen, Mimik und nichtsprachlichen Lautäußerungen, und Kommunikation mittels Sprache. Die nonverbale Kommunikation muss an dieser Stelle nicht im Detail besprochen werden, da selbst Tiere auf vielfältige und zum Teil sehr komplexe Weise miteinander kommunizieren, erst Recht also weit entwickelte Menschen wie die Neandertaler. Zweifellos stand ihnen ein breites Repertoire an nonverbalen Ausdrucksmitteln zur Verfügung. Sprachfreie Informationsübermittlung beispielsweise durch Handzeichen oder Mimik kann bei Jagdaktivitäten sehr nützlich sein, da man sich auf diese Weise unmittelbar untereinander verständigen kann, ohne die Beute durch gesprochene Worte zu warnen. Damit der Empfänger solche nonverbalen Informationen auch versteht, müssen zumindest zwischen Sender und Empfänger ein gemeinsames Codierungssystem und ein gemeinsamer Katalog an Konventionen bestehen, da ansonsten eine eindeutige Informationsübermittlung nicht möglich ist. Wahrscheinlich erstreckte sich dieser gemeinsame Zeichenvorrat zumindest auf die gesamte Gruppe, denn Großwildjagd, wie sie der Neandertaler betrieben hat, ist in vielen Fällen eine Gruppenaufgabe, deren einzelne Mitglieder bis zu einem gewissen Grade auf den gleichen Erkenntnisschatz zurückgreifen müssen.

Eine komplexe, indirektere Art der nonverbalen Kommunikation stellt die Übermittlung verschlüsselter Inhalte durch Symbole wie zum Beispiel Schmuck oder Kunst dar. Auch hier wird der Zweck nur erfüllt, wenn ein gemeinsames Codesystems besteht, das mindestens innerhalb der Gruppe, letztlich aber auch von anderen Gruppen verstanden wird. Wir werden noch sehen, dass die Neandertaler diese Art der Kommunikation lange nicht so sicher praktiziert haben wie die vorher geschilderte Art nonverbaler Verständigung.

Konnte der Neandertaler sprechen? Um ein komplexes Zeichensystem aufzustellen, das von mehreren Menschen eindeutig verstanden wird, bedarf es bis zu einem gewissen Grade einer Sprache, und wir haben uns jetzt zu fragen, wie es damit beim Neandertaler bestellt war. Was dessen Sprachfähigkeit und vor allem Lautfähigkeit angeht, so stehen sich im wissenschaftlichen Diskurs zahlreiche Meinungen gegenüber, deren Extremstandpunkte von mehr oder weniger völliger Unfähigkeit bis hin zu Fähigkeiten fast wie beim modernen Menschen reichen. Natürlich gibt es unzählige vermittelnde Positionen, von denen zahlreiche von einer durchaus voll ausgeprägten Sprachfähigkeit, aber einer letztlich eingeschränkten Artikulationsfähigkeit ausgehen. Leider verfügen wir über keine Tonaufzeichnungen aus der Zeit der Neandertaler, doch scheint uns nach Abwägung der verschiedenen Argumentationsstränge die zuletzt geäußerte Meinung am plausibelsten.

Sprachfähigkeit beinhaltet die neurologischen und physischen Voraussetzungen zur Erzeugung, zur Wahrnehmung und zum Verständnis von Sprachelementen. Wann wir im Laufe der Menschheitsentwicklung erstmals echte Sprachfähigkeit annehmen dürfen, ist schwer zu sagen. Wir dürfen nicht den Fehler machen, Lautäußerungen auch komplexerer Art mit einer artikulierten Sprache im engeren Sinne gleichzusetzen. Und auch, wenn wir von Körpersprache reden, so ist diese zwar ein Mittel, Informationen und Gefühlszustände auszudrücken, doch um eine Sprache handelt es sich nur im übertragenen Sinne. Erst in dem Moment, in dem Lautfolgen zu Symbolen wurden, die man zur Übertragung von Informationen veränderte, waren die Grundlagen einer echten Sprache gelegt. In den Worten des spanischen Anthropologen Juan Luis Arsuaga (2003) war die Sprache in dem Moment geboren, als „einer unserer Vorfahren intelligent genug war, die Wirkung zu erkennen, die seine Laute und Gesten bei den übrigen auslösten".

Was nun die reine Sprachfähigkeit angeht, so sind hierfür neben der Gestaltung des Kehlkopf- und Rachenraumes sowie der Mund- und Nasenhöhle zwei Zonen im Gehirn von Bedeutung: Das Broca-Zentrum im Schläfenlappen, das offensichtlich für die Koordination der motorischen Abläufe zuständig ist, die für das Hervorbringen der Laute wichtig sind, und das Wernicke-Zentrum im Übergangsbereich von Stirnlappen, Scheitellappen und Hinterhauptslappen, das maßgeblich ist für das Verständnis der Sprache und von Symbolen im Allgemeinen. Offensichtlich sind bereits bei *Homo habilis* vor gut zwei Millionen Jahren, wahrscheinlich auch schon bei *Homo rudolfensis* vor bis zu zweieinhalb Millionen Jahren, beide genannten Gehirnregionen gut ausgebildet, so dass bereits die frühen Vertreter der Gattung *Homo* über die neurale Basis für Sprache verfügt zu haben scheinen. Erst recht ist dies natürlich für den Neandertaler der Fall.

Dürfen wir also grundsätzliche Sprachfähigkeit bei ihm voraussetzen, so haben wir uns jetzt noch zu fragen, ob er auch in der Lage war, Laute zu formen, ob er über eine Lautfähigkeit verfügte, die für das artikulierte Sprechen unerlässlich ist. Hierfür ist ein geeigneter Stimmapparat erforderlich, und lange war es völlig unklar, ob der Neandertaler darüber verfügte. Ein deutlicher und sehr konkreter Hinweis auf Lautfähigkeit beim Neandertaler ist jedoch das Zungenbein des Kebara-Skeletts – das einzige übrigens, das man bisher von einer archaischen Menschenform gefunden hat –, das sich nicht von dem eines modernen Menschen unterscheidet. Allerdings geben einige Anthropologen zu bedenken, dass nur ein Teil des Zungenbeins verknöchert und andere Teile daher nicht erhalten sind, womit eine Gesamtbeurteilung schwierig ist. Außerdem sind die anatomischen Gegebenheiten im Kehlkopfbereich beim Neandertaler anders als beim modernen Menschen, so dass einige Forscher eine begrenzte Bandbreite artikulierbarer Laute beim Neandertaler annehmen. So haben Rekonstruktionen des Stimmbildungsapparats der Neandertaler gezeigt, dass sie sehr wohl in der Lage waren, ein erstaunlich breites Spektrum an Lauten hervorzubringen, bei der Hervorbringung der Vokale a, e und i sowie der Konsonanten g und k jedoch wahrscheinlich scheiterten. Darüber hinaus war der Klang der Sprache bei den Neandertalern durch ihren im Vergleich mit modernen Menschen weiter vorn liegenden Gaumen nasaler als bei uns. Der Forscher Philip Liebermann und seine Kollegen schließen daraus, dass Neandertaler wahrscheinlich eine weniger klar artikulierte Sprache hatten als moderne Menschen, trotz vielleicht gleicher geistiger Grundlagen, der Fähigkeit also, durch Symbole oder Wörter Informationen zu übermitteln.

Seit im Oktober 2001 eine Gruppe englischer Genetiker ihre Entdeckung des so genannten Sprachgens FOXP2 veröffentlicht hat, das offenbar unmittelbaren Einfluss auf die Sprach- und Artikulationsfähigkeit der Lebewesen, also auch der Menschen hat, wird diskutiert, ob man nicht auf diesem Wege etwas über die entsprechenden Fähigkeiten beim Neandertaler aussagen kann. Eine Gruppe am Leipziger Max-Planck-Institut für Evolutionäre Anthropologie kam 2002 aufgrund vergleichender Studien des jeweiligen FOXP2-Gens bei Menschen, Menschenaffen und Mäusen zu dem Ergebnis, dass sich das moderne menschliche FOXP2-Gen vor weniger als 200.000 Jahren von dem entsprechenden Gen anderer Säugetiere zu unterscheiden begann und damit die Herausbildung zumindest einer komplexen, klar artikulierten Sprache relativ jungen Datums ist. Weiterhin schließen auch sie, dass der Neandertaler, da er zu einer anderen Menschenform gehörte, über eine deutlich eingeschränkte Artikulationsfähigkeit verfügte.

WIE „MENSCHLICH" WAREN DIE NEANDERTALER?

Eine wichtige Frage, die uns jetzt beschäftigen soll, lautet: Wie „menschlich" waren die Neandertaler? Heil- und Sozialfürsorge gelten als wichtige Merkmale für moderne Menschen, doch gilt es im Folgenden zu zeigen, dass wir diesbezüglich auch schon beim Neandertaler fündig werden.

Heilfürsorge Die in Kapitel 5 beschriebenen verheilten Verletzungen unterschiedlicher Art geben uns vielfache Hinweise auf medizinische Kenntnisse bei den Neandertalern, da einige Verletzungen ohne entsprechende Behandlung zum Tode geführt hätten. Hier sind vor allem noch einmal die Individuen aus Shanidar im Irak zu nennen, insbesondere Shanidar 1 mit seinen zahlreichen traumatischen Defekten (Abb. 35), unter anderem der Amputation des Armes, und Shanidar 3 mit der teilweise verheilten Rippenverletzung und der wahrscheinlichen Lungenbeschädigung. Aber auch die anderen Neandertaler mit zum Teil schweren und/oder mehrfachen Knochenbrüchen benötigten zweifellos Behandlung und Heilfürsorge.

Hier sei noch einmal an die ebenfalls in Kapitel 5 erwähnten Pflanzenfunde aus der Kebara-Höhle in Israel erinnert. Die Bearbeiter (Lev u. a. 2005) vermuten, dass einige der nachgewiesenen Pflanzen unter heilkundlichen Aspekten eine Rolle gespielt haben könnten. Wenn Rückschlüsse aus Verwendungen in historischer Zeit – beginnend mit den ersten einschlägigen schriftlichen Aufzeichnungen aus Ägypten und Mesopotamien – erlaubt sind, so kämen für die Kebara-Höhle wilder Wein, die Pistazie, die Linsenwicke und Eicheln als Heilpflanzen in Frage. Zum Teil bis heute werden Wirkstoffe dieser Pflanzen oder Pflanzenprodukte für verschiedene medizinische Anwendungen benutzt, beispielsweise zur Blutreinigung, zur Wundpflege, zur Behandlung von Entzündungen, bei Durchfallerkrankungen sowie zur Stillung von Blutungen, um nur einige zu nennen – alles Anwendungen, die auch für die Neandertaler relevant gewesen sein können. Wir dürfen also davon ausgehen, dass sie über medizinische Kenntnisse verfügten und in der Lage waren, den Wundheilungsprozess bei Verletzungen zu unterstützen oder zu beschleunigen.

Soziale Fürsorge An die Hinweise auf Heilfürsorge lassen sich mehrfache Hinweise auf Sozialfürsorge innerhalb der Gruppe anschließen, da sie teilweise von denselben Fossilien geliefert werden. An erster Stelle ist erneut das Individuum Shanidar 1 zu nennen, denn auch nach dem Verheilen der Brüche und Verletzungen wäre der Mann ohne fremde Hilfe nicht mehr in der Lage gewesen, längere Zeit zu überleben, was aber ganz offensichtlich der Fall war. In ähnlicher

Weise war nach neuen Untersuchungen auch das Typusexemplar aus dem Neandertal nach seinem Armbruch zumindest während des Heilprozesses auf Hilfe angewiesen, wie es zweifellos auch für viele andere Neandertaler mit Verletzungen gilt.

Ein Neandertaler, dessen zahnloses Unterkieferbruchstück in der französischen Fundstelle Bau de l'Aubesier gefunden wurde (Aubesier 11) und der den Zahnverlust zum größeren Teil vor dem Tod erlitt, hat zwar wahrscheinlich noch gekaut, aber nichts Festes und Hartes mehr, und dies auch wohl nur unter starken Schmerzen. Den Bearbeitern (Lebel u. a. 2001) zufolge bedurfte der Mann erheblicher Fürsorge, um längerfristig am Leben bleiben zu können, zum Beispiel durch Aufbereitung der Nahrung oder längeres Kochen. Warum er dies allerdings nicht auch selbst hätte tun können, ist nicht ganz nachzuvollziehen und wurde deshalb auch zu Recht als unzureichender Beweis für die Hilfsbedürftigkeit und die daraus abgeleitete Fürsorge kritisiert (DeGusta 2003).

In jedem Falle scheint die fürsorgliche Betreuung Benachteiligter für die Neandertaler eher die Regel als die Ausnahme gewesen zu sein. Vielleicht wurden Menschen, die nicht mehr produktiv zum Lebensunterhalt der Gruppe beitragen konnten, versorgt und gepflegt, da sie aufgrund ihrer Lebenserfahrung – auch wenn sie körperlich hinfällig waren – über Kenntnisse und Informationen verfügten, die für die Gruppe von Bedeutung waren. Indirekt wirft ein solches Verhalten auch Licht auf die Rolle der Generationen und auf eine gewisse Langlebigkeit der Individuen. Vergleichende Untersuchungen bei Primaten und ethnologische Feldforschungen lassen darauf schließen, dass im Laufe der menschlichen Evolution – einsetzend vielleicht bereits mit *Homo erectus* – die Bedeutung der Großelterngenerationen zu wachsen begann und dieser Sachverhalt wiederum maßgebliche Folgen für die Evolution hatte. Die in diesem Zusammenhang aufgestellte Großmutter-Hypothese geht davon aus, dass durch verlängerte Lebensspannen ältere Mütter in der Lage waren, ihre geschlechtsreifen Töchter zu entlasten, indem sie sich um ihre Enkel kümmerten. Sie stellten diese so für Tätigkeiten frei, die für den Lebensunterhalt notwendig waren, erhöhten die Überlebenschancen der Familie und garantierten damit letztlich höhere Fortpflanzungsraten.

Allerdings diskutieren Thomas Berger und Erik Trinkaus (1995) auch die Möglichkeit einer gewissermaßen „negativen" Sozialfürsorge. Aufgrund des weitgehenden Fehlens alter Erwachsener unter den Neandertalerskeletten (siehe Kap. 5) kommen sie zu dem Schluss, dass verletzte Mitmenschen wahrscheinlich nur so lange gepflegt wurden, wie sie sich noch aus eigener Kraft fortbewegen konnten. Ihrer Meinung nach wurden Verletzte, bei denen dies nicht der Fall war und die deswegen ein Hindernis für die Mobilität der Gruppe darstellten, einfach zurückgelassen und starben. Ob wir jedoch so weit gehen müssen, ist nicht klar, denn aus der Völkerkunde kennen wir verschiedene Beispiele, dass Personen, die ein Hindernis für das Überleben der Gruppe darstellen, auch freiwillig zurückbleiben, um zu sterben.

DIE NEANDERTALER UND DAS JENSEITS

Ein immer wieder unermüdlich diskutiertes Thema ist die Frage, ob Neandertaler ihre Toten bestatteten und Grabbeigaben kannten.

Bestattungen und die Frage von Grabbeigaben Ein Grab ist ein Befund, der erkennen lässt, dass ein verstorbenes Individuum bewusst niedergelegt und bedeckt wurde. Eindeutige Gräber mit frühen Neandertalern wurden bisher nicht entdeckt; alle potentiellen Neandertaler-Gräber stammen von klassischen Neandertalern. Am ältesten sind einige der Gräber aus Shanidar und – falls es sich wirklich um ein Grab handelt – die 80.000–90.000 Jahre alte Frau aus Tabun. Alle anderen Neandertaler-Bestattungen fallen in den Zeitraum zwischen 70.000 und 35.000 Jahren vor heute.

Die Gräber fanden sich ausschließlich in Höhlen und unter Felsschutzdächern (Abris); bisher ist kein einziges Neandertaler-Grab aus dem Freiland bekannt. Wie diese Gräber zur Zeit der Bestattung genau aussahen, wissen wir allerdings nicht, obwohl wir inzwischen eine ganze Reihe von ihnen kennen (zusammenfassend Defleur 1993).

Der Schwerpunkt der Neandertaler-Bestattungen liegt in Westeuropa mit Fundstellen wie La Chapelle-aux-Saints, Le Moustier, La Ferrassie, La Quina, Regourdou und Roc de Marsal, wohingegen das westliche Mitteleuropa mit fraglichen Bestattungen in Spy in Belgien und im Neandertal nur in den Randbereich der Verbreitung gehört. Auch aus Osteuropa und Mittelasien kennen wir mit Kiik-Koba auf der Krim und Teshik-Tash in Usbekistan nur wenige Belege. Relativ häufig finden wir bestattete Neandertaler dagegen wiederum im Vorderen Orient, nämlich an den Fundstellen Kebara (Tafel 9), Amud und wahrscheinlich Tabun in Israel, Dederiyeh in Syrien sowie Shanidar im Irak, letzteres bereits am Rande Mittelasiens. Dabei ist eines der beiden etwa zwei Jahre alten Kinder aus Dederiyeh das bisher vollständigste Skelett eines Neandertaler-Kindes. Überhaupt ist die sorgfältige Behandlung der Kinder aus Dederiyeh bemerkenswert, da sie uns verrät, dass die Neandertaler vor etwa 50.000 Jahren Kinder als Menschen achteten, denen wie den Erwachsenen eine liebevolle Bestattung zustand. Die Neandertaler wurden in unterschiedlichen Positionen bestattet; so finden sich Skelette in Rückenlage, aber auch solche in seitlicher Hockerstellung mit angezogenen Beinen. Mehrfachbestattungen fehlen, wie sie im Mittelpaläolithikum überhaupt nur in einem Fall – einer anatomisch modernen Frau mit Kleinkind aus Qafzeh – nachgewiesen sind und auch im Jungpaläolithikum erst im mittleren Abschnitt (Gravettien) auftreten.

Eine Besonderheit stellen regelrechte kleine Friedhöfe in La Ferrassie mit acht Neandertalern sowie in Shanidar mit neun Neandertalern dar, deren einzelne Bestattungen zum Teil aber zeitlich wohl recht weit auseinander liegen. Bemerkenswert sind in La Ferrassie außer den Gräbern neben weiteren Gruben ohne Skelette neun kleine Erdhügel, deren Bedeutung und unmittelbarer Zusammenhang mit den Bestattungen unklar sind und deren einer direkt oberhalb eines Kindergrabes lag.

Auch wenn wir die Existenz von Neandertaler-Gräbern klar bejahen, soll hier nicht verschwiegen werden, dass einige Forscher wie der Amerikaner Robert Gargett grundsätzlich nur anatomisch modernen Menschen das Bestatten Verstorbener zugestehen. Sie erklären alle grabartigen Befunde aus Neandertaler-Zusammenhängen mit taphonomischen Prozessen, das heißt Vorgängen, die nach Ablagerung von Objekten auf diese einwirken und Veränderungen hervorrufen. Dazu gehören unter anderem natürliche Zerfallsprozesse, aber auch alle Verlagerungen und Veränderungen durch Aktivitäten von Mensch und Tier, beispielsweise auch Tierverbiss. Man darf im Übrigen nicht vergessen, dass über das Bestatten in einem eingetieften Grab hinaus andere Formen der Totenbehandlung denkbar sind, die keine dauerhaften Spuren hinterlassen und sich deswegen im archäologischen Befund nur ausgesprochen schwer nachweisen lassen. Anzuführen wären hier zum Beispiel das Aussetzen des Leichnams zur Entfleischung durch Wildtiere oder auch das Verbrennen.

Sind die Neandertaler-Bestattungen Hinweise auf religiöses Empfinden? Gräber an sich geben nach Ansicht zahlreicher Forscher durch die reine Tatsache des Bestattens Verstorbener bereits einen Hinweis auf geistige Vorstellungen und ein Symbolsystem, vielleicht im Zusammenhang mit einem Fortleben nach dem Tode. Nach Ansicht des israelischen Forschers Avraham Ronen bringt der Akt der Bestattung keinen materiellen Vorteil. Für ihn ist die Anlage eines Grabes „ein Hinweis auf das Wissen um den Tod und auf die Einsicht, dass das Leben außerhalb der Kontrolle des Menschen liegt. Ohne eine solche Erkenntnis können die Gräber nicht verstanden werden. Das Wissen um den Tod beinhaltet auch einen Zeitbegriff, Vergangenheit und Zukunft. Die Verbindung der Vorstellungen von Zeit und Tod führt zu dem Wissen um die Unvermeidlichkeit des eigenen Todes" (Ronen 1995). Zwingend sind diese Schlussfolgerungen jedoch nicht. Vielleicht wollte man mit den Gräbern auch nur einen Fixpunkt zur Erinnerung an die toten Angehörigen schaffen. Sie wären damit immerhin ein Ausdruck der Trauer um die Verstorbenen.

Die Hinweise auf Grabbeigaben in Neandertaler-Gräbern sind mehr als dürftig. Das gelegentliche Vorkommen von Fundstücken in Bestattungen hängt vielleicht eher damit zusammen, dass die Gräber oft in unmittelbarer Nähe von Siedlungshorizonten mit zahlreichen Siedlungsresten lagen und beim Ausheben oder Verfüllen der Grabgrube nach der Beisetzung Knochen und Steinartefakte ohne weitere Absicht in das Grab gelangten. Dies kann sowohl für die Ziegenhörner aus dem Grab von Teshik-Tash gelten als auch für die Blütenpollen aus einem Grab von Shanidar, die nach ihrer Entdeckung zu einer romantischen Verklärung des Bestattungsvorganges auf einem Bett aus Blüten führten. Allerletzte Sicherheit besteht zwar im Falle der Blütenpollen nicht, jedoch konnte man zeigen, dass eine bestimmte Wühlmausart gerade bevorzugt diejenigen Blumen zum Nestbau verwendet, deren Pollen man unter dem Toten gefunden hat. Die wesentlich prosaischere Erklärung, dass irgendwann nach der Bestattung Wühlmäuse ihre Nester innerhalb des Grabes anlegten, scheint uns plausibel. Das Bestreuen der Toten mit rotem Farbstoff – im Jungpaläolithikum so häufig praktiziert – ist bisher für das Mittelpaläolithikum nicht eindeutig nachweisbar, und auch die wenigen Farbbrocken mit Benutzungsspuren aus Neandertaler-Gräbern können unbeabsichtigt in diese gelangt sein.

Totenrituale Auffallend ist, dass zahlreiche Neandertaler-Knochen, darunter sehr häufig die Schädel, Spuren menschlicher Manipulation aufweisen, zum Beispiel Schnittspuren, aber auch Spuren eines absichtlichen Zerschlagens. Wir haben bei dem frühen Neandertaler aus Ochtendung darauf hingewiesen (siehe Kapitel 2). Während früher solche Spuren grundsätzlich mit kannibalistischen Praktiken in Verbindung gebracht wurden (siehe unten), ist man heutzutage vorsichtiger und sucht auch nach anderen Erklärungen. So kennt man aus der Völkerkunde zahlreiche Bestattungsriten, die Spuren an den Knochen hinterlassen, und auch Sekundärbestattungen, bei denen dies in noch größerem Ausmaße der Fall ist (vgl. Orschiedt 1999). Hierbei werden bereits bestattete Körper exhumiert, die Knochen oft aus dem anthropologischen Zusammenhang gelöst, anhaftende Fleisch- und Gewebereste entfernt und dann – häufig ohne erkennbare Ordnung und zusammen mit ähnlich behandelten Überresten weiterer Toter – neu deponiert. Derartige Manipulationen hinterlassen an den Knochen vielfältige Spuren und führen zu schwer deutbaren Fundsituationen.

Dagegen sind die deutlich sichtbare Erweiterung des Hinterhauptsloches und die angeblich absichtsvolle Niederlegung des Neandertalerschädels vom Monte Circeo in Italien nicht das Werk von Menschen, sondern gehen nach neueren Untersuchungen klar auf Raubtieraktivitäten zurück.

Im Zusammenhang mit Totenritualen soll kurz noch einmal ein Punkt aufgegriffen werden, der bereits bei der Behandlung besonders exponierter Geländesituationen angesprochen wurde, nämlich die Frage nach der Existenz eines Bärenkultes bei den Neandertalern. Sowohl bei den alpinen Höhlen in der Schweiz als auch im Falle der Bestattung im französischen Regourdou konnte inzwischen schlüssig gezeigt werden, dass die angeblichen Deponierungen von Bärenknochen einschließlich der „Steinkisten" durchweg nicht auf menschliche Aktivitäten zurückgehen.

Kannibalismus bei Neandertalern? Eindeutige Schnitt- und Schlagspuren auf Neandertalerknochen und daraus abzuleitende bewusste Modifikationen sind nicht wegzudiskutieren, und so polarisiert die Frage, ob die Neandertaler Kannibalismus praktizierten, die Fachwelt wie die allgemeine Öffentlichkeit seit nunmehr hundert Jahren. Natürlich ist ein solches Thema emotional behaftet, und je nach Blickwinkel wird Kannibalismus als barbarisches Merkmal eingestuft und von entsprechender Seite dem Neandertaler nur umso bereitwilliger zugesprochen. Dabei muss man sich aber vor groben Verallgemeinerungen hüten. So ist es sicherlich falsch, selbst bei gelegentlichen fundierten Hinweisen auf Kannibalismus die Neandertaler pauschal als Kannibalen zu bezeichnen, genauso wie wir heutigen Menschen uns dies verbitten würden, nur weil heutzutage vereinzelt Fälle von Kannibalismus auftreten.

Im engen Sinne umfasst Kannibalismus jeglichen Konsum von Teilen des menschlichen Körpers, also nicht nur den Verzehr von Fleisch. Die Motivation kann sehr vielfältig sein. Vielleicht am wichtigsten ist der rituelle Kannibalismus, also die Tötung und der Verzehr von Menschen oder Menschenteilen im Zuge ritueller oder religiöser Handlungen, sei es als Opfer für die Götter, sei es zur Aneignung der Kräfte und Fähigkeiten des Opfers. Dabei können Angehörige der eigenen Gruppe verzehrt werden (Endokannibalismus), aber auch fremde Personen (Exokannibalismus), die man vielleicht durch den Verzehr endgültig vernichten will. Die höchste Akzeptanz in der Öffentlichkeit kommt dem Notkannibalismus zu, also dem Verzehr von Menschenfleisch als äußerste Rettung vor dem Verhungern. In der Regel wird man aber in prähistorischen Fällen den Grund für Kannibalismus nicht mehr ermitteln können.

Versucht man sich der Frage des Kannibalismus bei Neandertalern mit der gebotenen Nüchternheit und Sachlichkeit zu nähern, so muss man sich zunächst einmal über die Kriterien verständigen, an Hand derer man Kannibalismus überhaupt nachweisen oder wahrscheinlich machen kann. Denn nicht jede Manipulation an menschlichen Knochen ist ein Beleg für Kannibalismus. Ein entscheidendes Kriterium über die feststellbaren Knochenmodifikationen hinaus ist, ob Menschenknochen und die in den gleichen Fundkontexten der Fundstelle aufgefundenen Tierknochen gleich behandelt wurden und übereinstimmenden Ab- und Verlagerungsmechanismen unterworfen waren. Lassen sich dann noch die Tierknochen als Jagdbeutereste und damit gleichzeitig als Mahlzeitreste erweisen, so kann dies im Analogieschluss auch für die Menschenreste angenommen und somit als Hinweis auf Kannibalismus gewertet werden. Vor diesem Hintergrund zeichnen sich einige wenige Neandertaler-Fundplätze ab, für die kannibalistische Praktiken in Erwägung gezogen werden können.

Die Fundstelle, an der die Frage des Kannibalismus bei Neandertalern am Anfang des 20. Jahrhunderts erstmals seriös diskutiert wurde, ist nach wie vor im Gespräch. Es handelt sich um Krapina, eine höhlenartige Felsöffnung bei Zagreb in Kroatien. Man fand hier insgesamt fast 900 Neandertalerreste aus verschiedenen Teilen des Skelettes, die zum größten Teil sehr stark fragmentiert waren, darüber hinaus Steinartefakte und Tierknochen. Die Individuenzahl der Menschen beiderlei Geschlechts mit einem Alter zwischen ein bis zwei und etwa vierzig Jahren schwankt je nach Bearbeiter erheblich, dürfte aber bei mindestens 23 liegen. Zahlreiche der Menschenreste weisen Defekte auf, die auf bewusste Manipulationen an den Leichen hindeuten, zum Beispiel Schnitt- und Schabespuren von Steinartefakten sowie Spaltungsspuren. Diese Spuren belegen eine absichtliche Entfleischung, darüber hinaus das Aufschlagen zahlreicher Langknochen und die gewaltsame Öffnung vieler Schädel. Rund sieben Prozent der Menschenknochen tragen leichte Feuerspuren. Da in Krapina die Forderung nach der identischen Behandlung von Mensch und Jagdbeute nicht völlig erfüllt ist, sehen Gegner des Neandertaler-Kannibalismus (z.B. Orschiedt 1999) hier eher Hinweise auf Bestattungs- oder Sekundärbestattungspraktiken – auch die wenigen Feuerspuren könnten nachträglich und zufällig entstanden sein, doch letztlich lässt sich der Fall nicht endgültig entscheiden.

Die vielleicht klarsten Hinweise auf Kannibalismus stammen aus der französischen Fundstelle Moula-Guercy, einer kleinen Höhle im Département Ardèche (Defleur u.a. 1999). Neandertaler hielten sich hier vor etwa 100.000 Jahren auf und hinterließen neben Steinartefakten und Jagdbeuteresten auch mehrere Dutzend sicher identifizierte menschliche Knochenstücke von mindestens sechs Individuen: zwei Kindern, zwei Jugendlichen und zwei Erwachsenen, die alle innerhalb derselben Schicht angetroffen wurden. Mit Ausnahme einiger Hand- und Fußknochen ist keiner der Knochen vollständig. Stattdessen zeigen zahlreiche Stücke Spuren intentioneller Zerschlagung, und viele tragen darüber hinaus Schnittspuren von Steinartefakten. Sie gleichen damit einem guten Teil der Reste vom Rothirsch, der wichtigsten Jagbeute der Neandertaler von Moula-Guercy. Tatsächlich weist die Übereinstimmung zwischen den Modifikationen an den Menschenknochen und den Schlachtspuren auf den Rothirschknochen auf die geforderte Gleichbehandlung von Mensch- und Tierknochen hin: Zunächst entfernte man das Fleisch von den Knochen, diese wurden dann aus dem anatomischen Verband gelöst. Schädel und Langknochen wurden anschließend systematisch zur Entnahme des Gehirns bzw. des Knochenmarks aufgeschlagen. Da Menschen- und Rothirschknochen innerhalb der Fundschicht auch die gleichen räumlichen Verteilungsmuster aufweisen, kommen die Bearbeiter zu dem Schluss, dass die Menschen- und Tierkörper auf gleiche Weise zerlegt wurden und somit ein deutlicher Hinweis auf kannibalistische Praktiken vorliegt, zumal sich andererseits keine Hinweise darauf finden lassen, dass die Manipulationen an den Menschenknochen mit Bestattungsriten zusammenhängen. Es scheint also, als müssten wir uns bei aller Vorsicht doch damit abfinden, dass der Neandertaler gelegentlich seinesgleichen oder Teile davon verspeist hat.

NEANDERTALERÄSTHETIK

Wie wir gesehen haben, waren die Neandertaler in der Lage, auch komplexe Aktionen weit im Voraus zu planen; sie besaßen offensichtlich eine Sprache und bestatteten ihre Verstorbenen. Sie bildeten jedoch ganz offensichtlich nicht ein derart komplexes System zur Übermittlung symbolischer Inhalte heraus, wie dies der anatomisch moderne Mensch tat. Inwieweit sie überhaupt aus sich heraus über ein Symbolsystem verfügten oder die relativ schwachen, im Folgenden kritisch zu würdigenden Hinweise darauf doch eher auf Begegnungen mit modernen Menschen zurückgehen, ist kaum zu sagen.

Verwendung von Farbpigmenten Es ist eindeutig, dass der Neandertaler mineralische Farbpigmente verwendete. Auf etwa einem Dutzend Fundplätzen vor allem in Südwestfrankreich – zum Beispiel in La Ferrassie und Le Moustier – fanden sich Ockerfragmente mit oft klaren Benutzungsspuren, deren Farbpalette von Gelb über Rot bis hin zu Rotbraun reicht. Noch häufiger sind Bröckchen schwarzen Mangandioxids, und allein an der Fundstelle Pech de l'Azé I in der Charente fanden sich etwa 250 solcher Stückchen. Viele von ihnen lassen unter dem Mikroskop Abnutzungsspuren erkennen; einige scheinen zu regelrechten Stiften geformt worden zu sein, die man auf weichem Material abrieb. Was der Neandertaler mit der Farbe machte, ist allerdings nicht klar, und selbst wenn man davon ausgeht, dass er das gewonnene Farbpulver nicht nur für profane Zwecke – zum Beispiel als Zusatzmittel beim Gerben von Leder – verwendete, ist noch nicht klar, ob mit der Farbe tatsächlich symbolische Inhalte übermittelt werden sollten. Auch das Bemalen des eigenen Körpers muss in Betracht gezogen werden. Wahrscheinlich kann man den Neandertalern einen gewissen Sinn für Ästhetik nicht absprechen. Dennoch ist der Farbstoffgebrauch, wenn er auch in der Vergangenheit vielleicht etwas unterschätzt worden ist, nicht mit demjenigen des anatomisch modernen Menschen im Jungpaläolithikum zu vergleichen.

Ästhetische Steine? Ein ästhetischer Aspekt scheint sich auch bei einigen Steinartefakten der Neandertaler anzudeuten. Immer wieder werden in diesem Zusammenhang die Moustérienartefakte von Fontmaure im Département Vienne zitiert, die aus einem ganz charakteristischen Jaspis gefertigt sind, dessen Farbenspiel zumindest uns heutige Menschen sehr anspricht. Mehrfach sind die Werkzeuge dieser Fundstelle auch noch von einer nahezu perfekten Symmetrie. Weitere Geräte, zum Beispiel völlig symmetrische Faustkeile aus einer sehr späten mittelpaläolithischen Industrie – dem so genannten Moustérien de tradition acheuléenne – von verschiedenen französischen Fundplätzen, lassen sich hier anfügen.

In den Bereich des ästhetischen Empfindens gehört letztlich auch das Sammeln von Kuriositäten. So findet man auch in mittelpaläolithischen Fundstellen immer wieder Fossilien, die von Neandertalern gefunden und aufbewahrt wurden (Beispiele bei Lorblanchet 1999). Dabei darf man jedoch nicht vergessen, dass im zur Steinbearbeitung verwendeten Rohmaterial, zum Beispiel im Feuerstein, oft Fossilien eingeschlossen sind, die dann bei der Steinbearbeitung zutage treten. Inwieweit der Neandertaler solche fossilführenden Artefakte bewusst aufbewahrte, lässt sich heutzutage kaum noch klären. Etwas eindeutiger sind Funde von zwei nordfranzösischen Fundstellen: zum einen zwei Pyritknollen und zwei ortsfremde Fossilien aus dem Spätmoustérien der Grotte de l'Hyène in Arcy-sur-Cure, die nahe beieinander aufgefunden wurden, zum anderen ein taubeneigroßes Stück des Minerals Bleiglanz und ein zu einem Schaber umgearbeiteter fossiler Seeigel aus dem Châtelperronien der nur etwa sieben Kilometer entfernten Höhle Roche-au-Loup in Merry-sur-Yonne, die ebenfalls nahe beieinander lagen und aus mindestens dreißig Kilometer Entfernung stammen. Alle Funde stammen aus der Spätphase der Neandertaler und zeigen, dass diese vielleicht erst kurz vor ihrem Verschwinden Fossilien und sonstige außergewöhnliche Steine als etwas Besonderes zu erkennen begannen.

Schmuck Gehen wir nun noch einen Schritt weiter und setzen dabei voraus, dass Neandertaler zumindest gelegentlich Objekte, die sie in irgendeiner Weise ansprachen, aufgesammelt und mitgenommen haben. Wie sieht es aber mit

Objekten aus, die man bewusst modifizierte, um sich mit ihnen zu schmücken und sie über den ästhetischen Aspekt hinaus vielleicht zu Trägern neuer Inhalte, zu Gegenständen mit symbolischem Aussagegehalt zu machen? Im Zusammenhang mit nonverbaler Kommunikation war bereits kurz davon die Rede.

Um es gleich vorweg zu sagen: Wir kennen, von wenigen Ausnahmen abgesehen, kaum Stücke, die als Schmuck des Neandertalers in Frage kommen. In erster Linie sind hier einige durchlochte Objekte zu nennen. Leider stammen fast alle Stücke aus Altgrabungen und/oder sind in ihrer Zuweisung zu mittelpaläolithischen Schichten nicht sicher. In einigen Fällen ist nicht einmal sicher, ob wirklich Menschen für die Durchlochung verantwortlich sind.

So scheint bei dem Schwanzwirbel eines Wolfes aus der Bocksteinschmiede in Baden-Württemberg die Durchbohrung einigermaßen deutlich zu sein, während der Mittelfußknochen eines Wolfes derselben Fundstelle zwar gelocht, aber keinesfalls durchbohrt ist (Abb. 36; Wetzel und Bosinski 1969). Dieses Loch kann auch ohne Zutun des Menschen entstanden sein. Bei einem Wolfszahn aus der österreichischen Repolusthöhle ist die Bohrung eindeutig, bei einem Knochenfragment aus der gleichen Fundschicht nicht, bei einem nur einseitig perforierten Fuchszahn aus La Quina in Südwestfrankreich nicht völlig sicher – bei allen Stücken ist die Zugehörigkeit zu mittelpaläolithischen Fundschichten fraglich. Erwähnt wird auch noch ein Bäreneckzahn aus der Fundstelle La Rochette (Dordogne), der eine wahrscheinlich absichtlich eingeschnittene Rille aufweist, die aber nicht zwangsläufig eine Aufhängungshilfe darstellt.

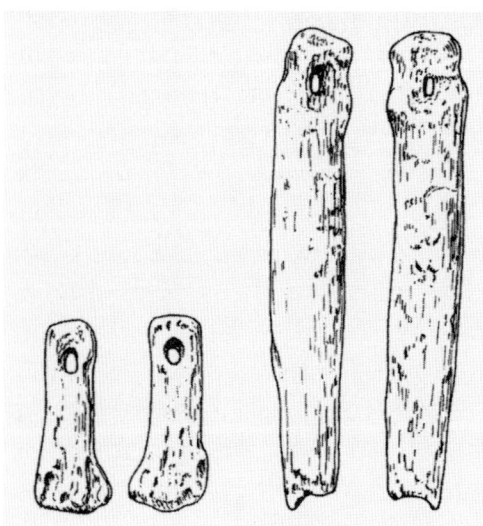

ABB. 36: DURCHLOCHTER SCHWANZWIRBEL (LINKS) UND DURCHLOCHTER FUSSKNOCHEN (RECHTS) EINES WOLFES AUS DER BOCKSTEINSCHMIEDE IM LONETAL (BADEN-WÜRTTEMBERG). DAS LINKE STÜCK IST ETWA VIER, DAS RECHTE ETWA NEUN ZENTIMETER LANG.

Sieht man von einigen noch fraglicheren Stücken ab, wäre damit die Aufzählung möglicher Schmuckobjekte des Neandertalers bereits erschöpft, gäbe es nicht noch einige Châtelperronien-Fundstellen wie die Grotte du Renne bei Arcy-sur-Cure im nördlichen Burgund oder die Fundstelle Quinçay in der Charente. Nach dem gegenwärtigen Kenntnisstand ist der Neandertaler Träger des Châtelperronien und damit wohl Hersteller der vor allem in der Grotte du Renne relativ zahlreichen Schmuckobjekte. Diese Industrie wird in Kapitel 7 ausführlicher behandelt, und auch die Bedeutung der Schmuckobjekte soll dann diskutiert werden. Zwar sind die gerade aufgeführten Schmuckobjekte weltweit nicht die ältesten, die wir kennen, denn die Blombos-Höhle in Südafrika lieferte in einer etwa 70.000 Jahre alten Schicht zahlreiche absichtlich durchlochte Schmuckschnecken, hergestellt haben sie jedoch anatomisch moderne Menschen und keine Neandertaler.

Schöne Künste und Musik beim Neandertaler? Gehen wir noch einen weiteren Schritt und fragen, ob sich der Neandertaler künstlerisch betätigt hat. Ab wann dürfen wir überhaupt von Kunst sprechen? Sind die Ritzlinien auf einigen Knochen der *Homo heidelbergensis*-Fundstelle Bilzingsleben bereits Kunst, nur weil sie wahrscheinlich „non-utilitaristisch" sind, also weder als Arbeitsspuren zu deuten noch einem eindeutig funktionalen Zweck zuzuordnen sind?
Selbst wenn wir den Kunstbegriff derart großzügig auslegen, finden wir beim Neandertaler ausgesprochen wenige Hinweise auf Kunstschaffen, die zudem aus den verschiedensten Gründen sehr vage sind. Zunächst ist ein 11,5 cm langer Knochen aus La Ferrassie (Dordogne) zu nennen, der mehrere Gruppen zueinander parallel verlaufender Ritzlinien trägt, die wahrscheinlich absichtlich in der vorliegenden Form angebracht wurden. Leider stammt das Stück aus einer Altgrabung, und die Zuweisung zur neandertalerzeitlichen Schicht ist nicht völlig sicher. Bei anderen Knochen oder auch geritzten Rindenpartien mittelpaläolithischer Steinartefakte (Beispiele bei Mellars 1996 und Lorblanchet 1999) ist die Abgrenzung zwischen absichtlich angelegten Linien und Arbeitsspuren so unklar, dass wir sie hier nicht weiter beachten.
Zwei potentielle Kandidaten stammen aus der ungarischen Moustérien-Fundstelle Tata. Das erste Stück ist ein Nummulit, ein Fossil, das auf seiner Oberfläche ein Kreuz aufweist, das mit zwei Linien eingeritzt worden ist. Eine der beiden senkrecht aufeinander stehenden Linien ist dabei einem natürlichen Riss folgend eingraviert. Leider sind nach Aussage einer Grabungsteilnehmerin die Fundumstände völlig unklar, so dass dieses Stück, obwohl eindeutig von Menschenhand modifiziert, als Beleg für Neandertalerkunst entfällt. Bei dem zweiten Stück aus Tata handelt es sich um das ovale Stück der Lamelle eines Mammut-

Backenzahnes, die in allen Partien verrundet ist und geringe Reste eines roten Farbstoffes trägt. Da aber nicht klar ist, ob das Stück nicht eher durch Benutzung die vorliegende Form annahm, soll es ebenfalls aus der Liste der Belege für Gegenstände mit symbolischem Aussagewert gestrichen werden.

Ein gravierter Stein aus einer etwa 39.000 Jahre alten Schicht der rumänischen Temnata-Höhle gehört zeitlich in die Spätphase des Neandertalers. Wenn auch einiges dafür spricht, dass Neandertaler für das Fundmaterial dieser Schicht verantwortlich sind, so darf nicht vergessen werden, dass um diese Zeit wahrscheinlich auch bereits anatomisch moderne Menschen in Europa gelebt haben. Sicher auf moderne Menschen gehen wiederum die mit etwa 70.000 Jahren wesentlich älteren Hämatitbrocken mit eingeritzten Kreuzmustern aus der südafrikanischen Blombos-Höhle zurück.

Noch ein weiteres, scheinbar spektakuläres Stück bleibt fraglich: das vermeintliche etwa 32.000 Jahre alte „Gesicht" aus einer spätmittelpaläolithischen Schicht der Höhle La Roche-Cotard im französischen Département Indre-et-Loire. Es handelt sich um einen grob trapezförmigen natürlichen Feuersteinblock, der nach Angaben der Bearbeiter an den Kanten leicht modifiziert ist und auf den ersten Blick einem menschlichen Gesicht ähnelt (Marquet und Lorblanchet 2003). Dieser Eindruck wird noch verstärkt durch ein längliches Knochenstück, das in einer natürlichen röhrenförmigen Durchlochung des Steines sitzt und dessen herausragende Enden die Augen anzudeuten scheinen. Wenn auch die formende und bildende Absicht eines späten Neandertalers nicht ausgeschlossen werden kann, so ist doch Vorsicht geboten, da das Stück in der vorliegenden Form auch durch taphonomische Prozesse entstanden sein kann.

Mögliche Kunst aus vergänglichen Materialien wie Holz, Baumrinde und Pflanzenfasern können wir natürlich nicht beurteilen, ebenso andere vergängliche Kunst, zum Beispiel Sandbilder, wie wir sie aus verschiedenen Kulturkreisen kennen, so von den Navajo-Indianern in Nordamerika und den Papua in Neuguinea, um nur zwei Beispiele zu nennen. Aber auch bei rezenten und subrezenten Völkern stellen solche Kunstäußerungen in der Regel nur einen Aspekt des Gesamtschaffens dar, und es scheint eher unwahrscheinlich, dass die Neandertalerkunst ausschließlich aus vergänglichen Materialien bestand.

Alle bisher als mittelpaläolithische Knochenflöten angesprochenen Stücke hielten einer kritischen Prüfung nicht stand (Albrecht u.a. 1998), auch nicht das auf den ersten Blick recht überzeugend wirkende Stück aus der Höhle Divje Babe I in Slowenien. Wie dieses, so sind auch die in der Literatur immer wieder aufgeführten Jagdpfeifen – zum Beispiel aus dem Bockstein in Baden-Württemberg (vgl. Wetzel und Bosinski 1969) – durch Tierverbiss oder sonstige taphonomische Prozesse entstanden. Nicht beurteilen können wir dagegen Musikinstrumente aus leicht vergänglichen Materialien sowie archäologisch nicht nachweisbare musikalische Ausdrucksformen wie Singen und Händeklatschen, aber auch Trommeln, da dies ohne speziell geformte Schlaginstrumente geschehen kann und auch keine sichtbaren Spuren zurücklässt.

Auftreten und Stil Lässt sich nach den in diesem Kapitel gewonnenen Ergebnissen ein spezielles Auftreten und ein persönlicher Stil der Neandertaler erkennen? Juan Luis Arsuaga (2003) definiert „Auftreten" als das persönliche Aussehen der Menschen, das die Aufgabe hat, „die Größe unserer sozialen Gruppen bis ins Unendliche auszudehnen, sodass diese auch Personen einschließen kann, die wir nicht persönlich kennen, die wir aber an ihrer Art, sich zurechtzumachen, erkennen. Das Individuum übergibt seine Identität an die Schmuckobjekte, die wiederum am Körper getragen werden und den Körperausdruck unterstützen." Anders ausgedrückt: Mit Schmuck kann man die Zugehörigkeit zu einer bestimmten Gruppe signalisieren, aber auch Individualität, Status, soziale Stellung und anderes.

In vergleichbarer Weise definiert Polly Wiessner (1983) Stil als Ausdrucksweise innerhalb der materiellen Kultur, die Informationen über persönliche und soziale Identität vermittelt. Sie unterscheidet zwischen zwei Aspekten von Stil: „emblemic style" liegt vor, wenn mit materiellen Gegenständen oder Ausdrucksmitteln die Zugehörigkeit zu einer sozialen Gruppe mit ihren Normen, Werten, Zielen und Besitztümern definiert und nach außen dokumentiert wird; er lässt sich als Gruppenstil bezeichnen. Ausdrucksmittel können dabei Kleidung, Haartracht und anderes oder bestimmte Erkennungszeichen sein. Es werden keine Informationen über die Wechselwirkungen innerhalb einer Gruppe übermittelt. Der „assertive style" beruht dagegen auf persönlichen Grundlagen und beinhaltet Informationen zur Untermauerung der Individualität; er lässt sich als persönlicher Stil bezeichnen, der Einzelpersonen von anderen unterscheidet. Ausdrucksmittel können ein bestimmtes Schmuckstück, besondere Steingeräte, sonstige persönliche Gegenstände oder ebenfalls die Kleidung, die Haartracht und anderes sein. Inwieweit sich einer oder beide Stilaspekte bereits beim Neandertaler im Mittelpaläolithikum nachweisen lassen, bleibt allerdings unsicher.

Dachten die Neandertaler anders als wir? Diese Frage kann eindeutig mit „ja" beantwortet werden, wenn man das Fazit des vorliegenden Kapitels über die geistige Welt der Neandertaler zieht. Einerseits lässt sich zwar zeigen, dass der Neandertaler über eine ausgeprägte Erkenntnisfähigkeit verfügte, dass er verschiedene Aktivitäten über längere Zeiträume im Voraus plante und in der Lage war, komplexe Handlungsketten zu bewältigen und diese beliebig oft zu wiederholen, worin er sich vielleicht nur wenig vom anatomisch modernen Menschen unterschied. Zweifellos hat der Neandertaler auch gesprochen, doch scheint seine Artikulationsfähigkeit gegenüber derjenigen moderner Menschen eingeschränkt gewesen zu sein.

Darüber hinaus war der Neandertaler ein fürsorgliches Wesen; er kümmerte sich um verletzte Mitglieder seiner Gruppe und sorgte auch für sie, wenn sie aufgrund ihrer Behinderungen nicht mehr selbst für ihren Unterhalt sorgen konnten. Der klassische Neandertaler bestattete zumindest teilweise seine Toten und hatte vielleicht eine Vorstellung vom Jenseits.

Andererseits unterschied sich aber allem Anschein nach das ästhetische Empfinden der Neandertaler deutlich von dem anatomisch moderner Menschen. Und was gar die Bereiche Schmuck und Kunst sowie Ausdruck und Übermittlung symbolischer Inhalte angeht, so ist unser Fazit ernüchternd. Schmuck, sei er nun „lediglich" Ausdruck ästhetischen Empfindens oder aber Träger symbolischer Inhalte, ist beim Neandertaler mit wenigen Ausnahmen aus seiner Spätphase ausgesprochen selten oder nicht vorhanden. Erste Ansätze zu einem künstlerischen Schaffen lassen sich in der Spätzeit der Neandertaler zwar erkennen, jedoch gibt es kein einziges Stück, bei dem man ohne Bedenken sagen würde: Ja, das ist Kunst! Eine musikalische Tradition ist archäologisch nicht nachzuweisen. Wir können daraus nur schließen, dass der Neandertaler, von seiner Spätphase abgesehen, offensichtlich nur wenig Bedürfnis – und Zwang? – gehabt hat, symbolische Inhalte zu übermitteln und so etwas wie einen „persönlichen Stil" zu entwickeln. Es sieht also ganz so aus, als seien diese Bereiche des Lebens mehr oder weniger ausschließlich unserer eigenen Menschenform vorbehalten.

EINE NEUE MENSCHENFORM BETRITT EUROPA

Bevor wir uns mit den letzten Neandertalern beschäftigen, wollen wir zunächst auf unsere eigene Menschenform eingehen: den anatomisch modernen Menschen *Homo sapiens sapiens*. Dieser betritt zu einer Zeit die europäische Bühne, als der Neandertaler dabei ist, sie zu verlassen. Wir selbst müssen auf der Suche nach dem Ursprung der modernen Menschen Europa zunächst für eine Weile verlassen.

Afrikanische Ursprünge oder multiregionale Entwicklung? Hinsichtlich der Frage nach der Entstehung und Ausbreitung des anatomisch modernen Menschen stehen sich als Extremstandpunkte zwei Modelle gegenüber, zu denen es jedoch verschiedene vermittelnde und gemäßigtere Positionen gibt (Abb. 37).

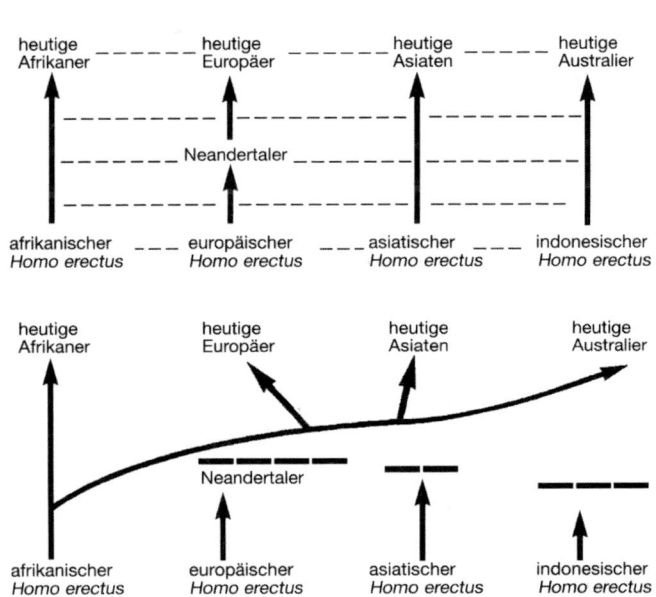

ABB. 37: VEREINFACHTE DARSTELLUNG DES MULTIREGIONALEN EVOLUTIONSMODELLES (OBEN) UND DES OUT OF AFRICA-MODELLES (UNTEN).

Nach der Out of Africa-Hypothese hat der anatomisch moderne Mensch seinen Ursprung ausschließlich in Afrika und von dort aus die gesamte Welt besiedelt. In Abgrenzung von der in Kapitel 2 erwähnten Out of Africa-Hypothese über das erstmalige Verlassen des afrikanischen Kontinents durch Menschen der Form *Homo erectus* sprechen wir auch von der Out of Africa II-Hypothese. Demnach sollen vor etwa 100.000 bis 120.000 Jahren moderne *Homo sapiens*-Populationen sukzessiv nach Asien und später auch nach Europa gelangt sein und überall dort, wo sie auf archaische Bevölkerungen trafen, diese verdrängt haben, in Europa zum Beispiel die Neandertaler. Während einige Anthropologen – unter anderen Fred Smith und Günter Bräuer – dabei eine Vermischung von Neandertalern und modernen Menschen ausdrücklich bejahen, schließen andere eine solche Hybridisierung grundsätzlich aus oder gestehen, wie zum Beispiel Christopher Stringer, dem Neandertaler allenfalls einen verschwindend geringen genetischen Beitrag bei der Entstehung der heutigen Europäer zu und nehmen letztlich eine vollständige Verdrängung („replacement") der Neandertaler an.

Demgegenüber geht die Hypothese von der multiregionalen Entwicklung des modernen Menschen mit ihrem prominentesten Vertreter Milford Wolpoff davon aus, dass moderne Menschen sich in verschiedenen Kontinenten aus den dort bestehenden Populationen entwickelten und dass die regional unterschiedlichen Entwicklungslinien aller modernen Bevölkerungen trotz Wanderung und ständigem Genfluss bis zu dem Zeitpunkt zurück reichen, als Menschen erstmals Afrika verließen.

Wenn auch zugegeben werden muss, dass sich keines der Modelle endgültig durchsetzen konnte, so stützt der Fossilbefund doch deutlich das Out of Africa II-Szenario (z.B. Bräuer 2004), dem auch wir folgen. So liegen eindeutige Fossilbelege für die Linie, die schließlich zur Herausbildung des anatomisch modernen Menschen führte, bisher nur aus Afrika vor. Hier zeichnet sich eine lange Entwicklungsreihe ab, die mit dem frühen archaischen *Homo sapiens* vielleicht schon vor mehr als 600.000 Jahren beginnt, spätestens jedoch vor 400.000 bis 450.000 Jahren. Es folgen späte archaische *Homo sapiens*-Formen, die erstmals vor etwa 300.000 Jahren auftreten und deutlich häufiger belegt sind.

Wenn die jüngst publizierten neuen Daten für die Fundstelle Omo-Kibish in Äthiopien zutreffen, dann sind die ältesten Fossilien des anatomisch modernen *Homo sapiens* in Afrika bereits fast 200.000 Jahre alt. Die ebenfalls in Äthiopien befindliche Fundstelle Herto lieferte anatomisch moderne Menschen mit einem Alter von etwa 160.000 Jahren (White u.a. 2003).

Bis zu dieser Entdeckung gehörten die Reste aus den Höhlen des Klasies River Mouth in Südafrika, die wahrscheinlich zwischen 80.000 und 100.000 Jahren alt sind, zu den ältesten anatomisch modernen Menschen. Ähnlich alt sind weitere

Fossilien aus Südafrika, beispielsweise aus der Border Cave und aus Die Kelders, oder solche aus Tansania in Ostafrika, zum Beispiel Mumba, außerdem Funde aus Nordafrika wie Dar es Soltane in Marokko.

Vor etwa 90.000 bis 110.000 Jahren, also ungefähr gleichzeitig, treten anatomisch moderne Menschen im Vorderen Orient auf, und zwar in zwei Höhlen im heutigen Israel: in Skhul im Karmel-Gebirge und in Qafzeh bei Nazareth. Andere Fundstellen derselben Region lieferten Neandertalerreste. Weiter unten wird davon noch die Rede sein.

Als weiterer nordafrikanischer Fund ist zeitlich die Kinderbestattung aus der Fundstelle Taramsa in Oberägypten anzuschließen. Obwohl in einem mittelpaläolithischen Horizont gefunden, handelt es sich um einen anatomisch modernen Menschen, der nicht sehr präzise in den Zeitraum zwischen 49.800 und 80.400 vor heute bei einem Durchschnittsalter von etwa 55.000 vor heute datiert wurde.

Möglicherweise erreichten anatomisch moderne Menschen bereits vor bis zu 60.000 Jahren Australien, wo sie auf späte *Homo erectus*-Populationen gestoßen sein könnten. Dass wir in Ausnahmefällen mit einem langen Fortleben erectoider Menschenpopulationen rechnen müssen, zeigen uns die Aufsehen erregenden und völlig unerwarteten Funde von der indonesischen Insel Flores im Jahre 2004 (Brown u.a. 2004; Morwood u.a. 2005). Man fand hier inzwischen mehrere Individuen einer zwergenhaft kleinen Menschenart, deren geringe Größe aber nach Auskunft der Bearbeiter nicht durch krankhafte oder degenerative Prozesse bedingt ist. Obwohl die Funde nur etwa 18.000 Jahre alt sind, handelt es sich offenbar um eine anatomisch nicht moderne, sondern archaische *Homo*-Form, die als eigene Art *Homo floresiensis* bezeichnet wird. Wahrscheinlich haben wir hier Zeugen einer sehr frühen Abspaltung der ältesten afrikanischen Auswanderer vor uns.

Bisher lässt sich – auch bei Berücksichtigung des Taramsa-Fundes – wegen der insgesamt dünnen fossilen Überlieferung keine eindeutige Ausbreitung anatomisch moderner Menschen aus Afrika zum Nahen Osten und darüber hinaus belegen. Rein theoretisch bestünde sogar die Möglichkeit einer unabhängigen Entstehung des modernen Menschen im Vorderen Orient oder in anderen Regionen Asiens, doch sind archaische *Homo sapiens*-Fossilien sowie Übergangsformen in Asien nicht in der Form nachweisbar wie in Afrika.

Wie und wann erreichte der anatomisch moderne Mensch Europa? Wie und wann der anatomisch moderne Mensch erstmals Europa erreichte, ist ebenfalls unklar. Die ältesten anatomisch modernen Europäer, die wir bislang kennen, stammen aus der rumänischen Höhle Peştera cu Oase. Sie wurden 2001 und 2003 allerdings ohne archäologischen Zusammenhang aufgefunden und sind – gemessen am Alter vergleichbarer Fossilien in Afrika und im Nahen Osten – mit etwa 35.000 Jahren recht jung (Trinkaus u.a. 2003). Die erwähnten Fossilien aus Flores zeigen uns aber, dass wir jederzeit mit neuen Überraschungen rechnen müssen, und die Tatsache, dass der älteste zur Zeit bekannte anatomisch moderne Europäer etwa 35.000 Jahre alt ist, heißt nicht, dass nicht auch schon früher Vertreter derselben Menschenform unseren Kontinent betreten haben können.

So findet man Hinterlassenschaften aus der Kulturstufe des Aurignacien – benannt nach der Fundstelle Aurignac im französischen Pyrenäenvorland – in Europa bereits vor etwa 38.000 bis 40.000 Jahren. Das Aurignacien gehört zu den frühesten jungpaläolithischen Industrien in Europa und wird meist mit dem anatomisch modernen Menschen in Zusammenhang gebracht – eine Meinung, die auch von uns vertreten wird (vgl. Bolus 2004b, 2005). Besonders charakteristische Funde aus dem frühen Aurignacien stammen aus mehreren Höhlen der Schwäbischen Alb, zum Beispiel aus dem Vogelherd und dem Hohlenstein-Stadel im Lonetal sowie dem Geißenklösterle und dem Hohle Fels im Achtal. Herausragend an diesen Fundstellen ist das Vorkommen von zahllosen und mannigfaltigen Schmuckobjekten, meist aus Elfenbein geschnitzten Kleinkunstwerken sowie zum Teil Musikinstrumenten. Gerade diese Fundinventare unterscheiden sich besonders deutlich von den lokalen mittelpaläolithischen Inventaren.

Wir wollen das Vorkommen früher, bis zu 40.000 Jahre alter Aurignacieninventare an verschiedenen Stellen Europas – neben der Schwäbischen Alb auch in Bayern, in Niederösterreich, in Norditalien und im nördlichen und nordöstlichen Spanien – als Hinweis auf die Anwesenheit anatomisch moderner Menschen in Europa auch schon vor den rund 35.000 Jahre alten Menschen aus der Peştera cu Oase werten. Diese Inventare gewinnen umso mehr an Bedeutung, als der Fossilbefund gerade für die Frühphase des anatomisch modernen Menschen in Europa mehr als dürftig ist. Leider mussten auch einige der bisher scheinbar eindeutigen Vertreter aus der Liste der Belege gestrichen werden. Es handelt sich zunächst um die Menschenfunde aus dem Vogelherd auf der Schwäbischen Alb, für die bisher immer ein eindeutiger Zusammenhang mit etwa 32.000 bis 33.000 Jahre alten Aurignacienfunden angenommen wurde und die damit die ältesten anatomisch modernen Europäer in archäologischem Kontext gewesen wären. Eine jüngst durchgeführte direkte Datierung der Knochen ergab jedoch ein Alter aller Fossilien von nur etwa 5000 Jahren, und es handelt sich wahrscheinlich um Reste jungsteinzeitlicher Bestattungen, die man bei der offensichtlich stellenweise nicht sehr sorgfältigen Ausgrabung des Vogelherds im Jahre 1931 nicht als solche erkannt hatte (Conard u.a. 2004).

Deutlich weniger dramatisch stellt sich der Fall der berühmten Skelette aus Cro-Magnon in Südwestfrankreich dar, der namengebenden Funde für die als aurignacienzeitlich angesehene Cro-Magnon-Rasse, ein Begriff, der ohnehin sehr unglücklich war. Eine Schmuckschnecke, die mit einem der Skelette vergesellschaftet war, ergab immerhin noch ein Alter von knapp 28.000 Jahren. Demzufolge gehören die Menschenreste wohl nicht mehr in das Aurignacien, sondern bereits in die folgende Phase des frühen Gravettien (Henry-Gambier 2002).

Dagegen ist es inzwischen gelungen, die zahlreichen Menschenfossilien aus Mladeč in Mähren – auch unter dem deutschen Namen Lautsch bekannt – direkt zu datieren, von denen man immer angenommen hatte, dass sie in ein frühes Jungpaläolithikum gehören, ohne dass man dies hätte verifizieren können. Die Knochen ergaben ein Alter von etwa 31.000 Jahren und dürfen nun mit Gewissheit unter die ältesten bekannten anatomisch modernen Europäer eingereiht werden (Wild u.a. 2005).

Entwerfen wir nun auf der Grundlage der Menschenfossilien ein Szenario, wie der anatomisch moderne Mensch nach Europa gekommen sein könnte, so kommt eine Einwanderung von Afrika her – vielleicht durch das Niltal (Taramsa) – über den Vorderen Orient (Skhul und Qafzeh) in Frage (Abb. 38). Mögliche Routen in Europa könnten dann über den Balkan und weiter die Donau oder die nördliche Mittelmeerküste entlang geführt haben. Gut möglich wäre statt einer Einwanderung aus dem Nahen Osten aber auch eine Bewegungsrichtung entlang des Schwarzen Meeres durch heute russisches und ukrainisches Gebiet. Dafür fehlen aber bislang Hinweise durch Fossilien.

Wie bereits gesagt, bringen wir die anatomisch modernen Menschen in Europa grundsätzlich mit jungpaläolithischen Industrien in Zusammenhang, auch

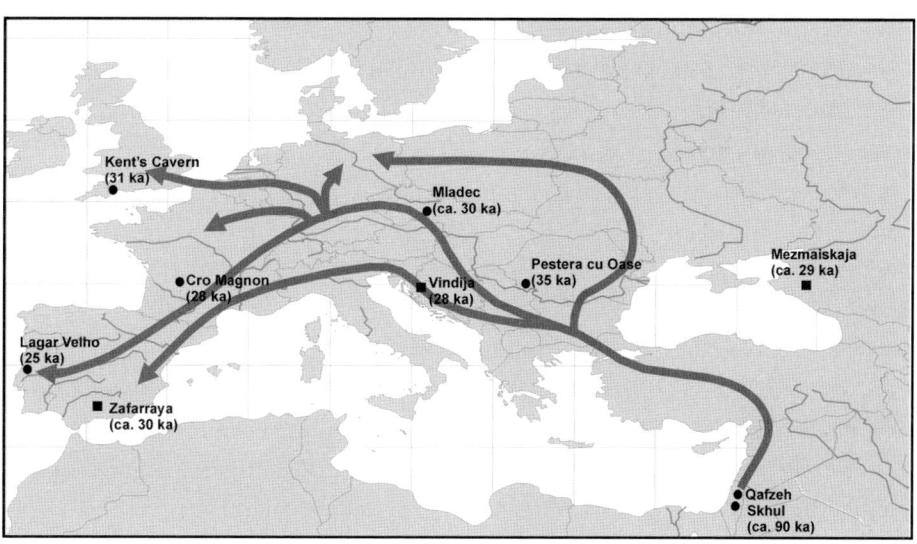

ABB. 38: MÖGLICHE EINWANDERUNGSROUTEN ANATOMISCH MODERNER MENSCHEN NACH EUROPA. DIE PUNKTE KENNZEICHNEN FUNDSTELLEN VON FOSSILIEN FRÜHER ANATOMISCH MODERNER MENSCHEN, DIE QUADRATE STEHEN FÜR FOSSILIEN SEHR SPÄTER NEANDERTALER.

wenn die frühen anatomisch modernen Menschen in Afrika und Israel ähnliche mittelpaläolithische Industrien hergestellt haben wie die Neandertaler des europäischen Mittelpaläolithikums. Bisher kennen wir in Europa keinen anatomisch modernen Menschen, der mit einer mittelpaläolithischen Industrie vergesellschaftet wäre, und wir gehen davon aus, dass das europäische Mittelpaläolithikum nur von Neandertalern hergestellt wurde.

Wie sieht es aber mit dem umgekehrten Fall aus, also der Möglichkeit, dass späte Neandertaler Träger voll jungpaläolithischer Industrien waren? Hier müssen wir zugeben, dass der Fossilbefund diese Möglichkeit rein theoretisch zulässt. Schließlich sind die ältesten Knochen anatomisch moderner Europäer wie erwähnt etwa 35.000 Jahre alt, die ältesten voll jungpaläolithischen Industrien aber bis zu 40.000 Jahren. Da wiederum die letzten Neandertaler vor vielleicht 27.000 bis 28.000 Jahren verschwunden sind, sehen wir uns hier einem Zeitraum von etwa 5000 Jahren gegenüber, für den wir in Europa zwar das Jungpaläolithikum und auch Neandertalerreste kennen, aber keine Fossilien anatomisch moderner Menschen. Andererseits dürfen wir nicht vergessen, dass sich die geistige Welt der Neandertaler doch sehr stark von der des modernen Menschen unterschied, und wir halten es von daher für sehr unwahrscheinlich, dass voll jungpaläolithische Inventare in Europa – wie zum Beispiel das Aurignacien – auf Neandertaler zurückzuführen sind. Gehen wir also bis zum Beweis des Gegenteils davon aus, dass in Europa nur anatomisch moderne Menschen Träger der jungpaläolithischen Industrien waren, während mittelpaläolithische Industrien nur von Neandertalern hergestellt wurden.

EINE ARCHAISCHE MENSCHENFORM TRITT AB

Kehren wir damit zu den Neandertalern zurück. Gerade war davon die Rede, dass die letzten Vertreter dieser Menschenform vor etwa 27.000 bis 28.000 Jahren verschwunden sind und dass zu dieser Zeit das Jungpaläolithikum und damit der anatomisch moderne Mensch in Europa bereits eine Entwicklung von gut 10.000 Jahren hinter sich hatten. Wie sah also die Landkarte aus, als der anatomisch moderne Mensch erstmals europäischen Boden betrat?

Einige der spätesten Neandertaler wurden im Laufe des Buches bereits erwähnt. Ihre geographische Verbreitung sowie ihre Altersstellung sollen an dieser Stelle noch einmal im Zusammenhang behandelt werden (vgl. Abb. 38). Die Frage, wann man die Endphase der Neandertaler ansetzen soll, ist letztlich willkürlich. Wir wollen sie hier vor etwa 40.000 Jahren beginnen lassen, also zu der Zeit, als die frühesten jungpaläolithischen Industrien in Europa auftauchen.

Lange Zeit hat man geglaubt, die letzten Neandertaler hätten sich – mehr oder weniger durch immer weiter vorrückende moderne Menschen gezwungen –, nach und nach in Refugien im Süden der Iberischen Halbinsel zurückgezogen und seien dort schließlich ausgestorben. Einige sehr jung datierte Neandertalerfossilien aus dem südlichen Spanien schienen diese Meinung zu stützen. Ein weiteres Phänomen, das auch für das weiter unten behandelte Thema möglicher Begegnungen zwischen Neandertalern und anatomisch modernen Menschen von Bedeutung ist, schien zusätzliche Argumente zu liefern. Es handelt sich um die Beobachtung, dass es südlich des Ebro offenbar keine frühjungpaläolithischen Fundstellen gibt, die älter sind als 30.000 Jahre, während man andererseits dort durchaus Moustérien-Fundstellen aus dieser Zeit kennt und sogar noch jüngeres Mittelpaläolithikum. Nördlicher, besonders in Kantabrien und Katalonien, finden wir jedoch Fundstellen mit Aurignacienfunden, die vielleicht bis zu 40.000 Jahre alt sind, zum Beispiel El Castillo, L'Arbreda oder Reclau Viver. Der portugiesische Archäologe João Zilhão glaubt, dass die Ebroregion eine Grenze zwischen dem frühen Jungpaläolithikum mit anatomisch modernen Menschen in Nordspanien und dem späten Mittelpaläolithikum mit Neandertalern im südlichen Spanien bildete und bezeichnet das Phänomen als Ebro-Grenze.

Inzwischen kennen wir auch aus anderen Teilen Europas Neandertaler, die offensichtlich etwa 40.000 Jahre alt oder auch deutlich jünger sind und aus unterschiedlichen archäologischen Zusammenhängen stammen. Die meisten dieser Fossilien sind nicht direkt datiert, und die Datierungen für die Fundschichten sind teilweise wenig präzise. Dies ist besonders der Fall bei den Resten eines Kindes aus Pech-de-l'Azé in Frankreich, für dessen Fundschicht mit einem spätmittelpaläolithischen Moustérien de tradition acheuléenne (MTA) Daten zwischen fast 31.000 und gut 46.000 Jahren vor heute angegeben werden. Aus Moustérien-Zusammenhängen kennen wir weiterhin einen einzelnen Oberschenkel aus dem französischen Rochers-de-Villeneuve mit einem Alter von etwa 40.700 Jahren; die Reste eines Kindes aus Carigüela in Spanien werden meist einer 26.000 bis 30.000 Jahre alten Schicht zugewiesen, jedoch ist die Schichtzugehörigkeit unsicher. Für Zafarraya, ebenfalls in Spanien und wie der gerade genannte Fundplatz südlich des Ebro gelegen, werden Radiokohlenstoffdaten von knapp 30.000 Jahren vor heute angegeben, Uran-/Thorium-Daten belaufen sich jedoch auf fast 33.500 Jahre. Das Teilskelett eines Kindes aus Mezmaiskaja in der Ukraine ist angeblich etwa 29.200 Jahre alt.

Weitere sehr späte Neandertaler kennen wir aus dem französischen Châtelperronien, so ein Teilskelett aus Saint-Césaire mit einem Alter von etwa 34.000 bis 36.000 Jahren und isolierte Zähne sowie einen Schläfenbeinrest aus der Grotte du Renne in Arcy-sur-Cure mit einem Alter von knapp 33.700 Jahren. Ein einzelner Neandertaler-Zahn aus Lakonis in Griechenland stammt aus dem oberen Bereich einer Schicht, für deren Basis Daten zwischen gut 38.200 und 44.500 Jahren vor heute vorliegen. Das Inventar der Schicht wird von den Bearbeitern als initiales Jungpaläolithikum bezeichnet; sie weisen aber gleichzeitig auf Ähnlichkeiten des Artefaktbestands mit Übergangsinventaren aus dem vor allem östlichen Mittelmeerraum hin. In der Tat handelt es sich um ein Übergangsinventar im Sinne der weiter unten gegebenen Definition, und die Vermutung, dass die Übergangsinventare – zumindest die meisten – von Neandertalern hergestellt wurden, gewinnt damit weitere Unterstützung.

Die Neandertaler-Fossilien aus Vindija in Kroatien gehören mit Daten zwischen gut 28.000 und gut 29.000 Jahren vor heute, die direkt an den Menschenknochen selbst ermittelt wurden, zu den jüngsten Neandertalern überhaupt. Der archäologische Zusammenhang, vor allem die Zugehörigkeit mehrerer Knochenspitzen ist letztlich nicht eindeutig. Wir kommen darauf noch zurück.

Andere Fossilien, die auch immer wieder im Zusammenhang mit den letzten Neandertalern genannt werden, sollen hier nicht weiter berücksichtigt werden, da ihre Ansprache als Neandertaler unsicher ist, so bei den Resten aus dem Uluzzien der Grotta del Cavallo in Italien oder denjenigen aus dem Moustérien der Gruta de Oliveira in Portugal.

Die Hypothese der Ebro-Grenze und der südlichen Iberischen Halbinsel als Refugium für die letzten Neandertaler wird durch die aufgezählten jungen Neandertaler relativiert. Wenn wir auch sehr späte Neandertaler vom Süden der Iberischen Halbinsel bis hin zum Kaukasus kennen, also letztlich vom äußersten Westen Europas bis hin zum äußersten Osten, so fällt doch auf, dass es sich eigentlich immer um südlichere Breiten handelt (vgl. Abb. 38). Bisher kennen wir beispielsweise keine ganz späten Neandertalerfossilien aus Mitteleuropa. Dass dies ein Fehlen von Neandertalern vor etwa 30.000 bis 35.000 Jahren in dieser Region belegt, ist zu bezweifeln.

Neben den recht jungen Fundstellen mit Neandertaler-Fossilien kennen wir nämlich eine ganze Reihe weiterer Fundstellen, die, den Neandertaler als Hersteller des europäischen Moustérien vorausgesetzt, ein recht langes Überleben der Neandertaler bezeugen. Auch diese Fundstellen weisen eine weite geographische Streuung auf und finden sich zum Beispiel auf der Krim und in Georgien, aber auch in Frankreich, Spanien und Portugal, um nur die östlichsten und westlichsten Eckpunkte zu nennen. Im Grunde können wir in diesem Zusammenhang auch alle Übergangsinventare einbeziehen, da die Träger des Châtelperronien nach dem gegenwärtigen Kenntnisstand Neandertaler waren und auch mittel- und südeuropäische Industrien wie die Blattspitzengruppen und das Bohunicien eher von Neandertalern hergestellt wurden als von anatomisch modernen Menschen. Wenn auch die Datierungen für die Übergangsinventare oft wenig präzise sind und die in ihnen ohnehin selten auftretenden Menschenfossilien meist nicht eindeutig dem Neandertaler zugeordnet werden können, so scheint doch die Welt der letzten Neandertaler einen wesentlich größeren Raum umfasst zu haben, als von den Vertretern der Rückzugstheorie angenommen.

Ein Problem, das bei der Diskussion um die letzten Neandertaler nicht außer Acht gelassen werden darf, ist die Frage nach der Verlässlichkeit der Daten, meist Radiokohlenstoffdaten. So ist in den letzten Jahren deutlich geworden, dass es vor allem im Zeitraum zwischen etwa 50.000 und 30.000 Jahren vor heute, also auch in der Zeit der letzten Neandertaler, zu gewaltigen Schwankungen bei der Produktion und Ablagerung radioaktiver Isotope gekommen ist, deren Auswirkungen für die Paläolithforschung wir gerade erst zu ermessen beginnen (vgl. Conard und Bolus 2003a; Bolus 2004b).

Analysen eines grönländischen Eisbohrkerns (GRIP) belegen Höchstwerte in der Produktion von Chlor- und Berylliumisotopen im Zusammenhang mit kurzfristigen Schwankungen des erdmagnetischen Feldes, die als Mono Lake-Ereignis und Laschamp- Ereignis bezeichnet werden. Untersuchungen des Radiokohlenstoffgehalts sowohl in nordatlantischen Einzellern (Foraminiferen) als auch in geschichteten Seeablagerungen in Japan (Warven) und in Tropfsteinen (Stalagmiten) auf den Bahamas zeigen erhebliche Unterschiede im Anteil des radioaktiven Kohlenstoffs in der Atmosphäre während des Sauerstoffisotopen-Stadiums 3. Mehrere Arbeitsgruppen haben Schwankungen der ^{14}C-Konzentrationen dokumentiert, die mit erdmagnetischen Minima in Zusammenhang stehen und vielleicht auch mit wechselnden Meereszirkulationen. Die Änderungen in den nordatlantischen Foraminiferen spiegeln extreme Spitzenwerte in der Produktion radioaktiven Kohlenstoffs wieder, welche zu Datierungen führen können, die um mehr als 6000 Jahre, vielleicht bis zu 10.000 Jahre zu jung ausfallen. Man muss sogar mit noch größeren Schwankungen der Radiokohlenstoff-Konzentrationen in terrestrischen Archiven und damit auch in archäologischen Fundstellen rechnen.

Bedauerlicherweise fallen diese weltweiten Hauptschwankungen in der Produktion, dem Transport und der Ablagerung radioaktiver Isotope gerade in den Zeitraum zwischen 50.000 und 30.000 vor heute, das heißt in den Zeitraum, in dem anatomisch moderne Menschen nach Europa kamen und das Verschwinden der Neandertaler einsetzte. Man muss wegen der beschriebenen Datierungsanomalie alle Radiokohlenstoffdaten aus dieser Zeit mit großer Vorsicht betrachten, und es ist gut möglich, dass die besonders jungen Daten für einige Neandertaler-Fossilien durch dieses Phänomen verursacht sind.

DIE VERWANDTSCHAFTSFRAGE

Sind sich nun Neandertaler und anatomisch moderne Menschen begegnet und haben sie sich sogar vermischt? Eines der faszinierendsten Kapitel der Neandertaler-Forschung ist die Frage nach der Verwandtschaft zwischen beiden Menschenformen. „Steckt noch etwas von den Neandertalern in uns?", ist eine der häufigsten Fragen, die im Anschluss an Vorträge gestellt werden. Die Fachwelt versuchte dies mittels der bereits erwähnten Modelle zu beantworten, doch ließ sich das Problem eines Genflusses zwischen Neandertalern und anatomisch modernen Menschen lange Zeit nicht in die eine oder andere Richtung entscheiden.

Molekulare Archäologie Mit der raschen Entwicklung der Molekularbiologie sollte sich dies ändern. Eine besondere Rolle spielt dabei die DNA, die Erbsubstanz, der Mitochondrien, der „Kraftwerke" der Zelle (mtDNA).

Während die DNA des Zellkerns in gewundenen Doppelsträngen auf einer Länge von über drei Milliarden Bausteinen (Basen) angeordnet ist, besteht die nur mütterlicherseits vererbte mitochondriale DNA aus einem ringförmigen Genom von etwas über 16.000 Basenpaaren. Im Laufe der Zeit sammeln sich in der DNA Vervielfältigungsfehler und durch äußere Einflüsse wie etwa die allgegenwärtige kosmische Strahlung verursachte Schäden an. Diese Mutationen können weitervererbt werden. In den Mitochondrien steigt die Zahl der Mutationen schneller, da die natürlichen Reparaturmechanismen hier weniger effektiv arbeiten als im Zellkern. Somit ist die mtDNA für den Vergleich auch nah verwandter Lebewesen innerhalb einer Art gut geeignet.

Eine hierauf fußende bahnbrechende Studie zu den Verwandtschaftsverhältnissen heute lebender Menschen erfolgte Mitte der achtziger Jahre. Allan Wilson und sein Team befassten sich in Berkeley mit der mtDNA des modernen Menschen. Wilson und Vincent Sarich hatten zuvor die These aufgestellt, dass die Zahl der Unterschiede zwischen zwei Arten direkt mit der seit der Trennung der Arten vergangenen Zeit verknüpft ist. Diese Theorie ist unter dem Begriff „molekulare Uhr" bekannt geworden.

Das Ergebnis der Untersuchungen war verblüffend: Unabhängig von ihrer geographischen Herkunft waren die mtDNA-Sequenzen heutiger Menschen einander sehr ähnlich. Dies bedeutet, dass die Evolution nach erdgeschichtlichen Maßstäben nicht sehr viel Zeit gehabt hatte, um stärkere Abweichungen hervorzubringen. Die afrikanischen Proben wiesen in diesem Feld jedoch die meisten Mutationen auf – ein Indiz dafür, dass die molekulare Uhr hier bereits länger lief als bei den übrigen Menschen und sich somit mehr Abweichungen angesammelt hatten. Die Schlussfolgerung lag auf der Hand: Die Wurzeln der heutigen Menschheit mussten in Afrika liegen. Das Alter des anatomisch modernen Menschen setzte man mit etwa 200.000 Jahren an. Der 1987 durch Rebecca Cann, Allan Wilson und Mark Stoneking veröffentlichte Beitrag „Mitochondrial DNA and Human Evolution" gilt heute als Meilenstein der Forschung (Cann u.a. 1987).

Es erscheint durch die Entwicklung der technischen Möglichkeiten beinahe zwangsläufig, dass man sich zu dieser Zeit auch für Verwandtschaftsanalysen ausgestorbener Tiere zu interessieren begann. Dabei ist allerdings der fortschreitende Zerfall der DNA nach dem Tod des jeweiligen Tieres das größte Problem. Dieser erfolgt durch schädliche Einflüsse wie etwa Sauerstoff und Wasser. Hinzu kommt, dass auch hohe Temperaturen die Zerstörung der DNA begünstigen.

Während man bei den Untersuchungen an heutigen Menschen beispielsweise durch eine simple Blutprobe Millionen intakter DNA-Stränge zur Verfügung hat, stecken in einer Fell- oder Knochenprobe eines ausgestorbenen Tieres nur noch Fragmente der ehemaligen Erbinformation. Diese pflanzte man in Bakterien ein, die man zur Vermehrung anregte. Hierdurch ließen sich auch die DNA-Schnipsel eines seit Jahrhunderten toten Tieres für eine Untersuchung vermehren.

Tatsächlich halfen genetische Analysen an Gewebeproben und Knochen aus Museumsbeständen mit, die Verwandtschaft von ausgestorbenen Tierarten zu klären. So war es beispielsweise möglich, die zuvor unklare enge Verwandtschaft des ausgerotteten afrikanischen Quagga mit den Zebras zu beweisen. Sogar Untersuchungen an ägyptischen Mumien brachten Ergebnisse. Die zeitliche Tiefe derartiger Untersuchungen war jedoch auf maximal einige tausend Jahre begrenzt. Aber immerhin war mit diesen Arbeiten die Tür zum neuen Wissenschaftszweig der „Paläogenetik" aufgestoßen. Der Durchbruch in eine weitere Dimension bedurfte jedoch einer genialen Technologie.

Auf immer mit dem Namen Kary Mullis verbunden ist die Idee, die DNA-Doppelstränge in einer Lösung durch Hitze wie einen Reißverschluss aufzutrennen, während einer nachfolgenden Abkühlung das jeweilige Gegenstück aus in der Lösung befindlichen Bausteinen neu anzufügen, wieder zu erhitzen und damit zu trennen, wieder abzukühlen und neu anzubauen und so fort. Mit diesem als Polymerase-Kettenreaktion (PCR) bezeichneten Verfahren lässt sich jedes Fragment eines DNA-Doppelstranges in einigen Stunden milliardenfach vervielfältigen, bis die Menge für weitere Analysen ausreicht. Aber auch diese Medaille hat eine Kehrseite, denn leider werden in der Lösung auch alle Verunreinigungen mit Fremd-DNA milliardenfach kopiert, so dass die naturgemäß selteneren alten DNA-Fragmente in dieser Masse von Verunreinigungen schlicht untergehen können. Trotz aller Probleme durfte man sich nun jedoch an Proben heranwagen, die nur noch extrem wenige DNA-Fragmente enthielten. Zu den untersuchten Arten gehörten ausgestorbene Lebewesen wie die Moas, jene bis zu drei Meter hohen flugunfähigen Riesenvögel Neuseelands, der tasmanische Beutelwolf oder Säbelzahnkatzen aus den berühmten Asphaltschichten von Rancho La Brea in Kalifornien (Pääbo 1993).

Der Weg zur ersten DNA-Sequenz eines Neandertalers Bestärkt durch diese positiven Ergebnisse begannen zu Beginn der 90er Jahre Archäologen und Anthropologen ernsthaft über Untersuchungen an Neandertalern nachzudenken. Da ich (RWS) gerade in Zusammenarbeit mit dem Rheinischen Landesmuseum Bonn ein Forschungsprojekt zur inderdisziplinären Neuuntersuchung des berühmten Fundes aus dem Neandertal gestartet hatte, rumorte es auch in meinem Kopf ganz gewaltig, als ein packender Wissenschaftsartikel die bisherigen Erfolge der noch jungen Paläogenetik beleuchtete. Wenn das an unserem Neandertaler möglich wäre … Mit genau dieser Frage besuchte ich kurze Zeit später in Begleitung der Präparatorin des Projektes, Heike Krainitzki, den damals in München tätigen Genetiker Svante Pääbo. Dessen Forschungen hatten bereits einiges Aufsehen erregt, auch der auslösende Zeitungsbericht war im Wesentlichen seiner Arbeit gewidmet gewesen. In unserem ausführlichen Gespräch erfuhr ich, dass ein Versuch an einem Knochenfragment eines Neandertalers aus der Shanidar-Höhle im Irak gescheitert war. Viele Probleme der Erhaltung und Konservierung flossen in die Beratungen ein, auch das ungeklärte Alter des Fundes aus dem Neandertal bereitete uns Kopfzerbrechen. Zum Schluss gab Svante mir die Bitte mit auf den Weg, nicht mit einem Stück Rippe oder Wirbel wiederzukommen, da die dünne kompakte Knochensubstanz für eine DNA-Erhaltung ungünstig sei. Dies bedeutete aber, die Säge dort anzusetzen, wo es den Kurator besonders schmerzt, nämlich an einem der besterhaltenen Knochen des Skelettes. Nachdenklich, aber beseelt von der Idee, den Weg für die erste DNA-Sequenz eines Neandertalers zu bereiten, reisten wir wieder ab. Glücklicherweise waren die Verantwortlichen des Museums bereit, meinen umfassenden schriftlichen Antrag, der auch Proben für andere Untersuchungen einschloss, einem anonymen Gutachter vorzulegen. Und nun trat die größte denkbare Panne ein: Der Gutachter zweifelte an der Durchführbarkeit und am wissenschaftlichen Wert des Unterfangens. Was mich damals mit Entsetzen erfüllte – das Projekt schien beendet, bevor es richtig begonnen hatte –, vermag mich mit dem Abstand der Jahre zu erheitern. Der Gutachter hatte nämlich in seinem offensichtlichen Bemühen, meine Forschungen zu blockieren, seine Argumentation derart überzogen, dass es mir mit einiger Mühe gelang, die Verantwortlichen zu zwei neuen Gutachten zu bewegen. Die Wartezeit geriet mir zur Qual, aber am Ende standen Ausführungen, die den wissenschaftlichen Fortschritt im Falle eines Gelingens in den Vordergrund stellten und nicht von Eifersüchteleien geprägt waren. Damit begann jedoch die nächste Staffel schlafloser Nächte. Alle Recherchen bezüglich des Erhaltungszustandes der einzelnen Knochen, der ehemaligen Einbettungsbedingungen des Skelettes in der Höhle sowie der späteren Anwendung von Konservierungsmitteln hatten gezeigt, dass der besterhaltene Knochen der rechte Oberarmknochen war. Weiterhin gereichte ein schmerzhafter Unfall des Neandertalers uns nun zum Vorteil: Durch einen Bruch des linken Armes in jugendlichem Alter war dieser nicht mehr voll einsatzfähig, was durch eine Überbeanspruchung des rechten Armes ausgeglichen wurde. Hierdurch ist die Knochensubstanz des rechten Armes verdickt und verdichtet. Wenn also irgendwo im Skelett des Neandertalers noch DNA zu finden sein sollte, dann dort. Das Ergebnis der Recherchen bedeutete aber, in diese „Reliquie" der Urgeschichtsforschung hineinzusägen, um eine Probe zu entnehmen. Heike quälte sich ebenfalls mit diesem Gedanken, denn ich hatte ihr die undankbare Aufgabe zugedacht, die hauchdünne Goldschmiedsäge zu führen. Sie hatte sich intensiv mit dem Fund vertraut gemacht und war von der Idee potentieller Neandertaler-DNA ebenso besessen wie Svante und ich. Am Tag der Beprobung in Bonn jedoch war uns gar nicht wohl in unserer Haut. Zwar war alles durch Voruntersuchungen und Gutachten gründlich abgesichert, aber dennoch fühlten wir uns wie Denkmalschänder. Hatte dafür das Rheinische Landesmuseum diesen Fund seit 1877 behütet und sicher durch alle Kriegswirren gebracht?

Klinische Schutzkleidung und sterilisiertes Gerät sollten Verunreinigungen der Probe mit moderner DNA verhindern, schließlich wusste niemand, ob Neandertaler-DNA nicht der unseren sehr ähnlich ist. In diesem Fall wäre es äußerst problematisch gewesen, den Nachweis zu führen, dass eine Sequenz wirklich DNA aus dem Knochen darstellt und nicht eine beim Sägen in den Knochen hineingebrachte Verunreinigung. Heike führte den eigentlichen Eingriff unter meinen besorgten Blicken mit aller Sorgfalt aus, und als ich schließlich die entstandene Fehlstelle im Knochen sah, hoffte ich inständig, dass dies wirklich durch einen wissenschaftlichen Fortschritt seine Rechtfertigung erfahren würde. In München nahm sich einer von Svantes Doktoranden, Matthias Krings, der steril verpackten und persönlich überbrachten Probe an. Natürlich konzentrierte auch er sich auf die mitochondriale DNA, denn erstens war sie beim heutigen Menschen bereits damals sehr gut erforscht, zweitens benötigte man für eine klare Aussage nur relativ kurze Sequenz-Abschnitte und drittens entfallen auf einen Zellkern je nach Zelltyp bis zu mehreren tausend Mitochondrien mit jeweils einem eigenen kleinen DNA-Strang. Dies bedeutete, dass die Chancen eines Nachweises aussagekräftiger mtDNA-Abschnitte in unserer damals noch undatierten, aber gewiss Jahrzehntausende alten Probe ungleich besser waren als für den Nachweis von Kern-DNA. Um diese Zeit war just ein Test einsatzreif geworden, der heute als Standard im Vorfeld einer Beprobung Anwendung findet. Der so genannte Aminosäuretest gibt anhand einer sehr kleinen Probe Aufschluss über den molekularen Erhaltungszustand des untersuchten Fundes. Für unseren Neandertaler kam dieser Test zu spät, dennoch entschloss sich das Münchener Team, ihn an der bereits entnommenen Probe durchzuführen. Mit großer Erleichterung vermerkten wir, dass die Werte den in allen Recherchen erarbeiteten sehr guten Erhaltungszustand bestätigten. Matthias begann mit den eigentlichen genetischen Analysen. Nun konnten wir nur noch hoffen. Unsere ersten Telefonate waren jedoch sehr ernüchternd. Ein Versuch mit 0,1 Gramm Probensubstanz war ohne greifbares Ergebnis verlaufen. Vielleicht hatten wir doch zuviel erwartet. Matthias schlug vor, den Versuch mit der vierfachen Substanzmenge zu wiederholen. Vielleicht war ja DNA des Neandertalers im Knochen erhalten geblieben, aber in so geringer Menge, dass sie in der Analyse unterhalb der Nachweisgrenze geblieben war. Wieder hieß es abzuwarten.

Der entscheidende Anruf kam im Oktober 1996. Matthias teilte mir mit, dass er nun mtDNA gefunden hatte, die Abweichungen von der des heutigen Menschen zeigte. In den folgenden Tagen kamen weitere Abweichungen hinzu. Am nächsten Wochenende war es Heike und mir vergönnt, in München die weiteren Experimente zu begleiten. Ich war wie berauscht, denn es zeichnete sich in diesen Tagen mit der Entdeckung weiterer Abweichungen ab, dass die erste Gensequenz eines Neandertalers aus unserem Projekt erwachsen würde.

Nun zählt es jedoch zu den ehernen Gesetzen der Naturwissenschaft, dass ein Versuchsergebnis, das sich nicht wiederholen lässt, als wertlos zu betrachten ist. Die Frage war also: Gelingt es, die gleiche Sequenz aus einem weiteren Stück derselben Probe nochmals zu gewinnen? Auch diesen Schritt wollte ich unbedingt „live" erleben. Diesmal begleiteten mich Heike und Jürgen Thissen, mein Mitstreiter im Neandertal-Projekt, nach München. Matthias hatte alles minutiös vorbereitet, es hing schließlich sehr viel vom Verlauf dieses Versuchs ab. Die über fünfstündige Wartezeit auf die Daten des Sequenzierautomaten war schier unerträglich, wir verbrachten sie, abgesehen von einer Unterbrechung für einen Check der Apparaturen, in einem gemütlichen Bistro. Am späten Abend kehrten wir in das Institut zurück und stellten uns der mitleidlosen Präzision moderner Analysetechnik. Nun würden wir unsere Antwort erhalten.

Als Matthias den Computerausdruck studierte und in Jubel ausbrach, stand endlich fest, dass die so wichtige Wiederholung des Ergebnisses gelungen war. Nun lag der Ausdruck der ersten Gensequenz eines Neandertalers auf dem Labortisch, bald eingerahmt von Gläsern, in die wir zunächst drei Flaschen Champagner und anschließend Sekt schütteten. Parallel hierzu informierten wir unsere Familien, Freunde und einige Kollegen. Es war mir ein besonderes Anliegen, Hans-Eckart Joachim, den damaligen Museumskurator des Neandertalers, noch privat herauszuklingeln, hatte er doch im entscheidenden Moment den neuen Gutachten zugestimmt und letztlich die Probenentnahme verantwortet. Der Abend endete später in ausgelassener Stimmung in einer Kneipe, wobei wir uns, soweit wir dazu noch in der Lage waren, über die grobe Struktur unserer anstehenden Publikation berieten.

Am nächsten Tag versuchten wir uns über das weitere Vorgehen zu verständigen. Dass man ein solches Ergebnis in der wissenschaftlichen Gemeinschaft sehr kritisch betrachten würde, war allen Beteiligten klar. Schließlich waren vor nicht allzu langer Zeit zwei Studien in hochwertigen Zeitschriften nachträglich widerlegt worden. Dabei handelte es sich um die mit viel Medienrummel vom Stapel gelaufene Publikation von „Dinosaurier-DNA" und um solche aus in Bernstein eingeschlossenen Tieren. Beides hatte man kleinlaut zurücknehmen müssen. Und nun kamen wir mit Neandertaler DNA …

Aus diesem Grund überprüfte die Gruppe Pääbo nochmals mehrfach alle möglichen Fehlerquellen, um methodisch so einwandfrei wie möglich argumentieren zu können. Obwohl wir inzwischen keinerlei Zweifel mehr hatten, sollte als letzte argumentative Absicherung die Wiederholung des Experimentes in einem anderen Institut vollzogen werden. Die Wahl war bereits vorher auf das Labor von Mark Stoneking an der Pennsylvania State University gefallen, und so schickten wir eine Teilprobe per Kurierdienst an seine Mitarbeiterin Anne Stone. Es zeigte sich aber, dass die Wiederholung des Ergebnisses ganz erhebliche Probleme bereitete. Es waren viele Verunreinigungen mit moderner DNA im Spiel, die ausweislich der bekannten Sequenzen von früheren Versuchen in diesem Labor stammten. Wochen vergingen, und bei uns kam wieder die Unruhe auf, dass uns vielleicht ein anderes Team auf der Zielgeraden überholt und wir nur Sequenz Nummer zwei vorlegen können. Schließlich profitierte Anne dann von einer wesentlichen methodischen Neuerung der Münchener Versuche: Es waren spezielle „Primer" entwickelt worden, die in der Probenlösung gezielt nach Neandertaler-mtDNA suchen. Hierdurch wurde es möglich, diese gezielt zu vervielfältigen und störende moderne Verunreinigungen zu ignorieren. Mit dieser entscheidenden Hilfestellung und einigen anderen guten Tipps von Matthias gelang es, unseren Neandertaler aus dem unerfreulichen Cocktail moderner DNA zu fischen.

Nachdem alle Ergebnisse und kritischen Punkte nochmals gegengeprüft und durchdiskutiert waren, konnten wir endlich an die Abfassung eines Manuskriptes denken. Fünf Monate nach den entscheidenden Versuchen reichten wir unsere 379 Basenpaare lange Neandertaler-DNA-Sequenz zum Druck ein. Svante hatte vorgeschlagen, hierfür die sehr renommierte molekularbiologische Zeitschrift „Cell" zu wählen, die für ihre sehr kritische und harte Begutachtung von Artikeln bekannt war. Sollte unser Manuskript hier Aufnahme finden, so wäre es wohl nach derzeitigem Stand der Forschung nicht zu widerlegen.

Natürlich hatten die Gutachter noch einige Fragen, Kommentare, und an manchen Stellen baten sie um mehr Transparenz oder Zusatzerläuterungen, insgesamt aber fand der Beitrag ihre Zustimmung. Die Freude war riesengroß, als die Mitteilung uns erreichte, dass unser Manuskript akzeptiert sei und dass das eingereichte Foto der Schädelkalotte des Neandertalers das Titelbild zieren soll. Am 11. Juli 1997 stellten wir „Neandertal DNA Sequences and the Origin of Modern Humans" den Medien vor (Krings u.a. 1997), die das Ergebnis rund um die Welt vermeldeten.

Sofort entbrannte eine heftige Diskussion zwischen den Anhängern der verschiedenen Modelle: Während die *Replacement*-Anhänger von einer klaren Bestätigung der nachkommenlosen Ablösung der Neandertaler sprachen, warnten die Befürworter einer Kontinuität vor voreiligen Schlüssen. Schließlich sei es ja nur eine einzelne Sequenz, man wisse noch nicht, ob unser Neandertaler nicht ein Extrem innerhalb der Variationsbreite der Neandertaler darstelle, weiterhin könne ein möglicher genetischer Beitrag der Neandertaler zum anatomisch modernen Menschen in den letzten 30.000 Jahren wieder verloren gegangen sein. Aber kaum jemand zweifelte prinzipiell daran, dass wir Neandertaler-DNA gefunden hatten und nicht irgendeine Verunreinigung. Die Sequenz war ja auch relativ leicht als nicht modern zu identifizieren: Im untersuchten Abschnitt der so genannten Hypervariablen Region 1 der mitochondrialen DNA weisen heutige Menschen im paarweisen Vergleich durchschnittlich acht abweichende Bausteine auf. Vergleicht man unseren Neandertaler mit heute lebenden Menschen aller Kontinente, so schlagen im Durchschnitt 27 abweichende Basen zu Buche. Nur über diesen Weg war die Argumentation, eine Neandertaler-Sequenz gefunden zu haben, möglich. Neandertaler-DNA mit beispielsweise sechs oder zehn Abweichungen wäre gar nicht als solche erkennbar und erst recht nicht vom Verdacht der Verunreinigung der Probe zu befreien gewesen. Aber unser Neandertaler hatte es gut mit uns gemeint: Eine Sequenz wie die nun entdeckte hatte bisher noch kein Genetiker gesehen. Die weiteren Sequenzanalysen zeigten auch, dass der Neandertaler von den Menschen verschiedener Kontinente in gleichem Maße abweicht. Hätten die Multiregionalisten Recht, so wären die Neandertaler Vorfahren der heutigen Europäer und mit diesen enger verwandt als mit heutigen Afrikanern oder Asiaten. Dies ist aber definitiv nicht der Fall. Insbesondere dieses Teilresultat hat letztlich viele Kritiker überzeugt. Durchweg feierte man nun diese erste Gensequenz als Meilenstein der Neandertaler-Forschung.

Weitere Sequenzen von Neandertalern Nun wartete die wissenschaftliche Gemeinschaft mit großer Spannung auf die zweite Sequenz eines Neandertalers. Wie würde sie aussehen? Wäre sie ebenso eindeutig wie die des Typusexemplars? Wie sieht die Varationsbreite innerhalb der Neandertaler aus? An diesem Punkt zeigte sich, dass unsere alte Befürchtung, noch auf der Zielgeraden durch ein anderes Team abgefangen zu werden, unbegründet war. Es bestanden offensichtlich erhebliche Probleme, mit den Methoden der Zeit einem anderen Fossil seine Erbinformationen zu entlocken. Im Jahr 2000 war es soweit; William Goodwin und seine Kollegen untersuchten erfolgreich das ebenfalls exzellent erhaltene Neandertaler-Kind aus der Mezmaiskaja-Höhle im Kaukasus und bestätigten unsere Resultate; wenige Monate später legten die Münchener eine Sequenz

TAFEL 13: MITTELPALÄOLITHISCHE KNOCHENSPITZE AUS DEM VOGELHERD (BADEN-WÜRTTEMBERG).
IN DER UNTEREN HÄLFTE SIND DEUTLICH DIE SPUREN DER BEARBEITUNG MIT EINEM STEINGERÄT
ZU ERKENNEN.

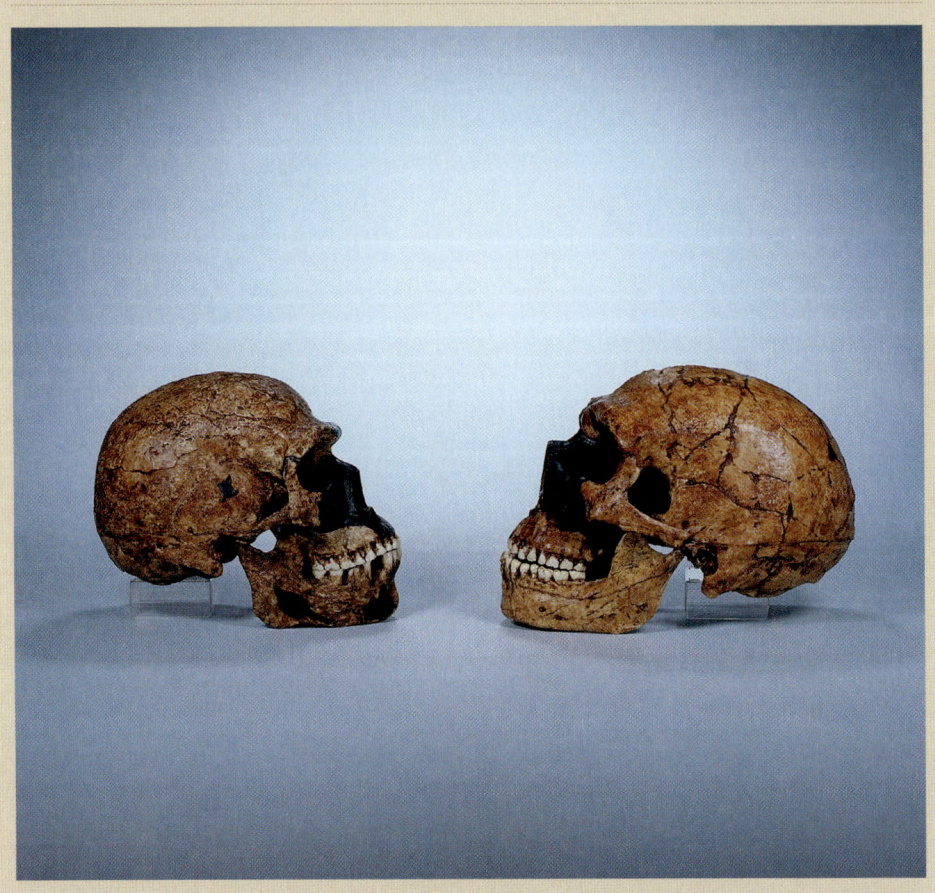

: SCHÄDEL EINES ANATOMISCH MODERNEN MENSCHEN VON SKHUL (LINKS) UND EINES NEANDER-
TALERS VON AMUD (RECHTS).

TAFEL 15: BEGEGNUNG ZWISCHEN NEANDERTALERN UND ANATOMISCH MODERNEN MENSCHEN IM MUSEUM: SZENE »FAMILIENTREFFEN« IN DEN REISS-ENGELHORN-MUSEEN MANNHEIM. FIGURENREKONSTRUKTION W. SCHNAUBELT UND N. KIESER, WILDLIFE ART BREITENAU.

TAFEL 16: TYPISCHE SPÄTMITTELPALÄOLITHISCHE BLATTSPITZEN AUS DER HALDENSTEIN-HÖHLE
(BADEN-WÜRTTEMBERG). GRÖSSE DER STÜCKE CA. 9 BIS 10 CM.

aus einem Neandertaler der Vindija-Höhle in Kroatien nach. Unserem 1997 neu entdeckten Neandertaler aus dem Neandertal war es immerhin vergönnt, im Jahr 2002 als Nummer Vier gefeiert zu werden. Die Untersuchungen ergaben, dass die Sequenz drei Abweichungen gegenüber der von Neandertal 1 zeigt. Damit steht fest, dass diese beiden Neandertaler mütterlicherseits nicht verwandt sind. Im Vergleich mit dem heutigen Menschen zeigt dieser Neandertaler 23 Abweichungen (Schmitz u.a. 2002).

Bis heute folgten sieben weitere Funde aus Kroatien, Belgien, Frankreich, Spanien und Italien, an weiteren Fossilien wird vielversprechend gearbeitet (Serre u.a. 2004; Beauval u.a. 2005).

Dabei profitierten die späteren Experimentatoren davon, die bereits erwähnten neandertalerspezifischen Primer einzusetzen. Diese methodische Neuerung ermöglichte es nun, auch mit schlechter erhaltenen Proben zu arbeiten. Es bleibt aber festzuhalten, dass alle bisher erfolgreich analysierten Neandertaler jünger als 50.000 Jahre sind.

Vermischungen mit anatomisch modernen Menschen? Insgesamt sprechen sämtliche Resultate dafür, dass Neandertaler und anatomisch moderne Menschen sich nicht oder nur in geringem Maße vermischt haben. Ein weiteres interessantes Ergebnis ist, dass die mtDNA-Variationsbreite anscheinend bei Neandertalern ebenso gering war wie bei heutigen Menschen. Dies ist ein Argument dafür, dass die jeweilige Bevölkerung zu einem bestimmten Zeitpunkt auf einen relativ kleinen Rest zusammenschmolz, der später zur Keimzelle einer erneuten Ausbreitung wurde. Ein vergleichbarer, als *bottleneck* bezeichneter Einschnitt wird auch als Ursache für die geringe genetische Variationsbreite des heutigen Menschen diskutiert. Was genau diese gravierenden Einschnitte verursacht haben könnte, ist noch nicht abschließend geklärt, denkbar sind aber zum Beispiel katastrophale Klimaverschlechterungen. Wir wollen in Kapitel 8 noch darauf zurückkommen. Es liegt in der Natur der Sache, dass eine entscheidende Verbesserung der statistischen Basis ohne weitere Untersuchungen an einer größeren Zahl von Neandertalern undenkbar ist. Dabei sollte möglichst die gesamte zeitliche Tiefe und geographische Verbreitung der letzteiszeitlichen Neandertaler erfasst werden. Glücklicherweise haben die guten Ergebnisse der letzten Jahre bei den Verantwortlichen der Museen die Bereitschaft gefördert, eine Beprobung ihrer kostbaren Fossilien zuzulassen.

Schon kurz nach der ersten Sequenz hatten Kritiker bemängelt, dass man bei den Vergleichen nur heute lebende Menschen dem Neandertaler gegenübergestellt hatte. Man fragte, ob nicht zur Zeit der Neandertaler lebende anatomisch moderne Menschen den Neandertalern genetisch ähnlicher waren als heutige Men-

schen. Auch das Argument, ein potentieller genetischer Beitrag der Neandertaler zum Genom des anatomisch modernen Menschen könnte seit dem Verschwinden der Neandertaler vor rund 30.000 Jahren wieder verloren gegangen
sein, war nicht ohne weiteres von der Hand zu weisen.

Aus diesen Argumenten ergibt sich die Notwendigkeit der Untersuchung von Fossilien anatomisch moderner Menschen aus dem räumlichen und zeitlichen
Umfeld der Neandertaler. Allerdings stellt die Gefahr der Verunreinigung von
Proben mit moderner DNA das größte Problem bei der Untersuchung derartiger
Proben dar: Eine Sequenz wäre nur dann als sicher aus dem Fossil stammend zu
identifizieren, wenn sie deutliche Unterschiede zu den Sequenzen heutiger Menschen aufweist. In die Variationsbreite des heutigen Menschen fallende Sequenzen blieben dagegen stets mit dem Makel der modernen Herkunft behaftet.

Nicht frei von diesem Schatten blieb auch die 2003 veröffentlichte Studie eines ita-
lienisch-spanischen Teams an zwei 23.000 bzw. 25.000 Jahre alten Cro-Magnon
Menschen aus der Paglicci-Höhle in Süditalien. Die Analyse der Hypervariablen
Region 1 zeigte deutlich, dass die Fossilien in die genetische Variationsbreite heutiger Menschen fallen. Zu den bisher untersuchten Neandertalern bestehen hingegen deutliche Unterschiede (Caramelli u.a. 2003). Zwar bleibt der Verdacht
einer Verunreinigung mit moderner DNA bei jeder einzelnen Untersuchung an
fossilen anatomisch modernen Menschen bestehen, doch könnte hier eine
erhöhte Zahl an Proben weiterhelfen: Entdeckt man auch bei allen zukünftigen
Analysen an anatomisch modernen Menschen aus dem Zeitraum von etwa 35.000
bis 20.000 vor heute nur „normale" Sequenzen, so wird es von einem gewissen
Punkt an schlicht unwahrscheinlich, dass es sich in jedem einzelnen Fall nur
um Verunreinigungen handelt.

Festzuhalten bleibt auch, dass bis jetzt in keinem anatomisch modernen Menschen eine mtDNA-Sequenz entdeckt wurde, die der eines Neandertalers entspricht. Selbst Untersuchungen mit neandertalerspezifischen Primern vermoch-
ten bisher keine Neandertaler-Sequenz in einem Cro-Magnon-Menschen zu
entdecken (Serre u.a. 2004). Allerdings stehen insbesondere die letztgenannten
Analysen noch am Anfang, auch hier wird die Sicherheit mit der Anzahl der untersuchten Individuen wachsen. Von größtem Interesse wäre in diesem Zusammenhang das Skelett eines anatomisch modernen Kindes aus dem portugiesischen
Lapedo-Tal, bekannt unter dem Fundplatznamen Lagar Velho. In diesem etwa
24.000 bis 25.000 Jahre alten Fund sehen einige Wissenschaftler das Fortleben
einiger anatomischer Merkmale der Neandertaler, andere suchen die Ursache für
die Abweichungen lediglich in Entwicklungsstörungen oder einer anderen Erkrankung. Bedauerlicherweise ist der Fund so schlecht erhalten, dass selbst Radiokohlenstoffdatierungen am Skelett selbst nicht möglich waren, geschweige denn
die wesentlich anspruchsvolleren genetischen Analysen (Zilhão und Trinkaus

2002). Generell ist bis jetzt an keinem Fossil aus dem zeitweilig gemeinsamen Verbreitungsgebiet der Neandertaler und anatomisch modernen Menschen der zweifelsfreie anatomische Nachweis einer Vermischung gelungen. Alle bisherigen genetischen Studien verneinen eine solche Vermischung ohnehin.

Es ist wahrscheinlich, dass zukünftig auch die wesentlich schwierigere Untersuchung von Zellkern-DNA an Neandertalern und fossilen anatomisch modernen Menschen einen wichtigen Beitrag zur Frage des Verwandtschaftsgrades und einer fraglichen Vermischung beider Menschenformen leisten wird.

Limitierender Faktor bei allen genetischen Analysen wird jedoch stets die Überlieferung von DNA über Zeiträume von Jahrzehntausenden sein, die nur unter besten Einbettungsbedingungen gewährleistet ist. So ist es zu erklären, dass nur ein Teil der bisher untersuchten Funde auch tatsächlich eine ursprünglich aus dem Knochen stammende mtDNA-Sequenz erbrachte. In einem gewissen Umfang lässt die Entwicklung neuer und die Verfeinerung bestehender Verfahren auch in diesem Punkt hoffen, denn in den letzten Jahren gelangen Analysen an Proben, die in den ersten Jahren der Paläogenetik ein negatives Resultat erbracht hatten. Insgesamt betrachtet ist das Entwicklungspotential des noch jungen Wissenschaftszweiges bei weitem noch nicht ausgeschöpft, und ich bin sicher, dass der vor 150 Jahren entdeckte namengebende Fund aus dem Neandertal auch zukünftig seinen Beitrag hierzu leisten wird.

Arten oder Unterarten? Wie gerade gezeigt wurde, lassen die Untersuchungen an Erbsubstanz der Neandertaler keine Hinweise auf Vermischungen zwischen Neandertalern und anatomisch modernen Menschen erkennen, und alles deutet darauf hin, dass beide Menschenformen nicht direkt miteinander verwandt sind. Es sei an dieser Stelle aber noch einmal betont, dass die Tatsache, dass ein Beitrag des Neandertalers zum Genpool des heutigen Menschen nicht nachweisbar ist, nicht automatisch bedeutet, dass es ihn vor mehreren Tausend Jahren nicht gegeben haben kann. So gehen auch mehrere Anthropologen – zum Beispiel Günter Bräuer und Fred Smith, beide führende Experten für den Übergang vom Neandertaler zum anatomisch modernen Menschen aus anthropologischer Sicht – davon aus, dass es zu Vermischungen zwischen beiden Menschenformen gekommen ist. Dennoch sehen aber auch sie die heutigen Menschen nicht als Neandertaler-Nachfahren.

Von Bedeutung im Zusammenhang mit der Frage nach Vermischungen von Neandertalern und anatomisch modernen Menschen ist, ob es sich bei beiden Menschenformen lediglich um Unterarten (Subspezies) von *Homo sapiens* oder um unterschiedliche Arten (Spezies) handelt. Im ersten Fall hätten wir es mit *Homo sapiens neanderthalensis* und *Homo sapiens sapiens* zu tun, und die Möglichkeit problemloser Vermischungen wäre gegeben. Im Falle unterschiedlicher Spezies müssten wir von *Homo sapiens sapiens* und *Homo neanderthalensis* sprechen, und Vermischungen zwischen beiden Arten wären nicht ohne weiteres möglich.

Die Anthropologin Katerina Harvati (2003) hat Vergleiche zwischen Neandertalern und anatomisch modernen Jungpaläolithikern auf der einen Seite und zwischen verschiedenen modernen Populationen auf der anderen Seite, schließlich auch zwischen verschiedenen Schimpansen-Spezies durchgeführt. Sie kommt zu dem Ergebnis, dass die Unterschiede zwischen den Neandertalern und den paläolithischen anatomisch modernen Menschen durchweg größer sind als zwischen den verschiedenen modernen Populationen und auch zwischen den verschiedenen Schimpansen-Spezies. Sie spricht sich deswegen dafür aus, die Neandertaler als eigene Spezies zu sehen, die nicht zur Evolution der anatomisch modernen Menschen beigetragen hat.

Zu ähnlichen Ergebnissen kommt auch die Forschergruppe, die sich mit dem unterschiedlichen Zahnwachstum bei Neandertalern einerseits sowie anatomisch modernen Menschen und *Homo heidelbergensis* andererseits befasst. Wir sind in Kapitel 5 bereits darauf eingegangen.

Auch neue detaillierte Untersuchungen der Zahnmorphologie bei Neandertalern durch Shara Bailey (2004) sprechen eher für zwei verschiedene Arten. Ein Vergleich mit Zähnen von *Homo erectus* und *Homo heidelbergensis* sowie anatomisch modernen Menschen belegt die auffällige Eigenständigkeit einiger charakteristischer Merkmale der Neandertalerzähne, und Bailey schließt von daher auch Vermischungen zwischen Neandertalern und anatomisch modernen Menschen in größerem Umfang aus. Natürlich wird die Forschung in diese Richtung weitergehen, und wir wissen nicht, welche Überraschungen beispielsweise neu gefundene Fossilien für uns bereithalten. Bis auf weiteres wollen wir aber in den Neandertalern und den anatomisch modernen Menschen zwei unterschiedliche Menschenarten sehen.

BEGEGNUNGEN MIT ANATOMISCH MODERNEN MENSCHEN?

Nachdem also die Untersuchungen am Erbgut keine eindeutigen Hinweise auf Vermischungen zwischen Neandertalern und anatomisch modernen Menschen erbracht haben, wollen wir uns nun anschauen, ob wir im archäologischen Fundmaterial Hinweise auf kulturelle Kontakte zwischen beiden Menschenformen finden können (siehe auch Conard u.a. 2005).

Der Nahe Osten als Stätte der Begegnung? Im Nahen Osten schien über eine Spanne von mehreren zehntausend Jahren eine Koexistenz von Neandertalern und modernen Menschen zu bestehen (Bar-Yosef und Vandermeersch 1993;

Ronen 1995). Auf dem Gebiet des heutigen Israel fand man an verschiedenen Stellen Menschenfossilien, und zwar einerseits Neandertaler, andererseits anatomisch moderne Menschen (Tafel 14). Die zunächst ermittelten Radiokohlenstoff-Daten schienen anzudeuten, dass beide Menschenformen im Zeitraum zwischen etwa 110.000 und 50.000 Jahren vor heute zwar jeweils in unterschiedlichen Höhlen lebten, dies jedoch möglicherweise gleichzeitig, so dass unmittelbare Kontakte für möglich gehalten wurden. Beide Menschenformen stellten mittelpaläolithische Industrien her, die sich praktisch nicht voneinander unterscheiden, so dass auch hier enge Beziehungen gesehen wurden.

Inzwischen gibt es eine ganze Reihe neuer, verlässlicherer Datierungen für diese Fundstellen, und es zeichnet sich ab, dass in Qafzeh bei Nazareth sowie in Skhul im Karmel-Gebirge vor etwa 90.000 bis 110.000 Jahren moderne Menschen lebten, im benachbarten Tabun vor etwa 80.000 bis 90.000 Jahren Neandertaler und dann vor etwa 60.000 Jahren in Kebara im südlichen Karmel-Gebirge und vor etwa 50.000 Jahren in Amud nördlich des Sees Genezareth auch wieder Neandertaler. Nach den Datierungen für die genannten Fossilien ist es eher unwahrscheinlich, dass beide Menschenformen gleichzeitig benachbarte Höhlen bewohnten und gar miteinander in Kontakt standen. Vielmehr sieht es so aus, als handele es sich um eine abwechselnde Besiedlung, wobei zunächst interessanterweise wohl die modernen Menschen anwesend waren und danach, bis zu ihrem Verschwinden im Nahen Osten, das bislang durch den Neandertaler von Amud markiert wird, nur noch Neandertaler nachzuweisen sind (vgl. Haidle 2005).

Gestützt wird dieses Szenario durch die Erkenntnisse, die man kürzlich durch eine Neuuntersuchung der Tierknochen aus den Schichten mit Menschenfossilien gewonnen hat. Danach jagten die anatomisch modernen Menschen Tiere, die auf ein relativ warmes und trockenes Klima mit Winterregen, ähnlich dem heutigen Klima in Israel hindeuten, während die Jagdbeute der Neandertaler auf etwas kühleres Klima mit gleichmäßig über das Jahr verteilten Niederschlägen verweist. Moderne Menschen kamen demnach in warmen und trockenen Phasen, wohl von Afrika her, in den Nahen Osten und zogen sich in kühleren und feuchteren Phasen wieder nach Afrika zurück. Neandertaler dagegen wanderten in kühl-feuchten Phasen ein, wahrscheinlich, weil es ihnen in ihrer europäischen Heimat zeitweilig zu ungemütlich war.

Wir können damit den Nahen Osten wohl als Stätte der Begegnung zwischen Neandertalern und anatomisch modernen Menschen ausschließen, und inzwischen glaubt man durch besonders detaillierte Untersuchungen der Steinartefakte doch feine Unterschiede zwischen den jeweiligen mittelpaläolithischen Industrien erkennen zu können.

Begegnungen in Europa? – Die so genannten Übergangsinventare Die sehr jungen Datierungen für die letzten Neandertaler einerseits sowie recht alte Datierungen für voll jungpaläolithische Industrien andererseits lassen rein zeitlich gesehen eine Koexistenz von Neandertalern und modernen Menschen in Europa als möglich erscheinen. Vorbehalte bezüglich der Verlässlichkeit der Radiokohlenstoffdaten wurden bereits angesprochen. Sollten die jungen Neandertalerdaten tatsächlich zu einem gewissen Grade auf die Datierungsanomalien zurückzuführen sein, so könnte dadurch eine Koexistenz über längere Zeit vorgespiegelt werden, als sie tatsächlich gegeben war. Um es aber an dieser Stelle deutlich zu sagen: Wir gehen von einer zeitweiligen gemeinsamen Existenz und damit von der Möglichkeit von Begegnungen aus.

Eine Schlüsselrolle für die Frage möglicher Begegnungen spielen die so genannten Übergangsinventare, die in verschiedenen Ausprägungen in vielen Teilen Europas auftreten. Allen gemeinsam ist eine Kombination sowohl mittelpaläolithischer als auch jungpaläolithischer Merkmale (Bolus 2005). Dies führt in der Konsequenz dazu, dass ein und dieselbe Industrie von einigen Forschern als mittelpaläolithisch, von anderen als Übergangsindustrie und von wieder anderen als jungpaläolithisch angesehen wird. Besonders prominente Beispiele sind das Châtelperronien und die Blattspitzengruppen.

Vielleicht ist der Begriff Übergangsinventar etwas unglücklich und irreführend, da er den Übergang von einem Zustand in einen anderen impliziert. Wie sich zeigen wird, ist dies jedoch in den meisten Fällen nicht gegeben; zwar deutet sich in vielen Fällen eine direkte Entwicklung dieser Inventare aus mittelpaläolithischen Erscheinungen an, eine Weiterentwicklung hin zu voll jungpaläolithischen Inventaren lässt sich jedoch nur selten aufzeigen. Wir möchten den Begriff dennoch verwenden in dem Sinne, dass die Inventare den Übergang bilden von etwas, das es in dieser Form beim Neandertaler eigentlich noch nicht gibt, hin zu etwas, das beim modernen Menschen wesentlich deutlicher und umfassender zu beobachten ist.

Im Zusammenhang mit Erscheinungen, die beim Neandertaler noch nicht und beim modernen Menschen regelhaft zu beobachten sind, spielt auch der Begriff der kulturellen Modernität eine Rolle. Selbstverständlich ist die Entwicklung der menschlichen Kultur seit ihren frühesten Anfängen immer wieder durch Erfindungen und Neuentwicklungen gekennzeichnet, die aus Sicht des jeweiligen Zeitabschnitts unter den Begriff der kulturellen Modernität fallen. Ohne dass dieser Begriff bisher konkret gefallen wäre, sind wir in den Kapiteln 5 und 6 bereits entsprechenden Merkmalen begegnet, doch erscheint es uns angebracht, ihn erst jetzt zu definieren, da jetzt die Kultur des anatomisch modernen Menschen thematisiert wird und wir im Folgenden unter Merkmalen kultureller Modernität im engeren Sinne nur solche Erscheinungen verstehen, die im Jungpaläolithikum erstmals auftreten oder im Mittelpaläolithikum und sogar vorher allenfalls in Ansätzen erkennbar sind. In diesem Sinne handelt es sich bei Merkmalen kultureller Modernität um auffallende Innovationen, darunter zunächst eine umfassende standardisierte Klingenproduktion mit entsprechender Kernpräparation, zahlreiche neue Werkzeugformen bei den Steingeräten und ein sehr breites Spektrum an Werkzeugen aus organischen Materialien sowie vor allem auch eine breite Palette an Kombinationsgeräten (Bolus 2004b).

Wesentlich spektakulärere Ausdrucksformen sind jedoch die schon im frühen Jungpaläolithikum überaus zahlreichen und mannigfaltigen Schmuckobjekte, der geradezu überreiche Gebrauch von Farbpigmenten sowie vor allem Kunstgegenstände und Musikinstrumente. Hier werden Bereiche berührt, die untrennbar mit fortgeschrittenen sozialen und geistigen Entwicklungen der Menschen zusammenhängen und „neue" Organisationsformen und Verhaltensweisen sowie Ausdrucks- und Übermittlungsmöglichkeiten symbolischer Inhalte betreffen.

Wenn wir uns jetzt noch einmal unter diesen Aspekten die Überlieferung beim Neandertaler anschauen, so stellen wir fest, dass einige dieser Elemente wie die Produktion von Klingen, die Herstellung von Kombinationsgeräten, die Herstellung von Geräten aus organischen Materialien und die Farbstoffverwendung bei ihm in Ansätzen zu finden sind. Das Vorhandensein von Schmuckobjekten ist, vom Châtelperronien abgesehen, fraglich; eindeutige Kunstgegenstände und Musikinstrumente des Neandertalers kennen wir gar nicht. Es scheint, dass der Neandertaler trotz seiner Fertigkeiten und Fähigkeiten mehr oder weniger über die gesamte Dauer seiner Existenz ein Menschenmodell mit beschränkter kultureller Modernität war.

Doch zurück zu den Übergangsindustrien. Sie sind in vielen Teilen Europas entdeckt worden und weisen oft ein relativ eng umrissenes Verbreitungsgebiet auf, so dass an dieser Stelle nur die wichtigsten und charakteristischsten kurz vorgestellt werden können (vgl. Bolus 2004b). Wegen der möglichen Einwanderung anatomisch moderner Menschen nach Europa vom Nahen Osten über Südosteuropa wollen wir unsere Spurensuche dort beginnen, zumal auch die bislang ältesten Fossilien anatomisch moderner Europäer von dort stammen.

Eine Übergangsindustrie aus der Temnata-Höhle in Bulgarien Das Übergangsinventar aus der Temnata-Höhle im nördlichen Bulgarien wurde bereits in Kapitel 6 im Zusammenhang mit einem gravierten Stein erwähnt, der vielleicht als einer der sehr wenigen Belege für vor-jungpaläolithische Kunstäußerungen im weiteren Sinne in Europa angesehen werden darf. Es liegt innerhalb einer umfangreichen Schichtenfolge und ist mindestens 38.700 Jahre alt. Einige Kerne belegen einen zeitweiligen Wechsel vom Abbau nach der mittelpaläolithischen Levallois-Methode hin zu Klingenabbau in „jungpaläolithischer" Weise. Das Werkzeugspektrum umfasst zwar eher mittelpaläolithische Typen wie Schaber und Levalloisspitzen, daneben aber in nennenswerter Anzahl auch eher jungpaläolithische Typen wie Klingenkratzer und Stichel (Abb. 38). Den Bearbeitern zufolge ist das Übergangsinventar nicht das Ergebnis einer lokalen Entwicklung aus dem an anderer Stelle in der Höhle gefundenen Mittelpaläolithikum, doch steht das Inventar in jedem Falle in mittelpaläolithischer Tradition.

Eine Übergangsindustrie in der Vindija-Höhle in Kroatien?

Immer wieder wird die kroatische Vindija-Höhle als mögliche Begegnungsstätte zwischen Neandertalern und anatomisch modernen Menschen in Betracht gezogen. Gestützt wird dies vor allem auf die Schicht G_1, die außer wenigen uncharakteristischen Steinartefakten zwar Knochenspitzen geliefert hat – darunter eine mit gespaltener Basis, also eine Leitform des frühen Aurignacien – aber trotzdem nicht als voll jungpaläolithisch angesprochen werden kann, wie es in der einschlägigen Literatur zum Teil geschieht. Aus der Schicht stammen mehrere Neandertalerreste, die mit einem Alter von etwa 28.000 bis 29.000 Jahren zu den spätesten Neandertalern überhaupt gehören. Trotzdem darf das gemeinsame Vorkommen von Neandertalern und jungpaläo-

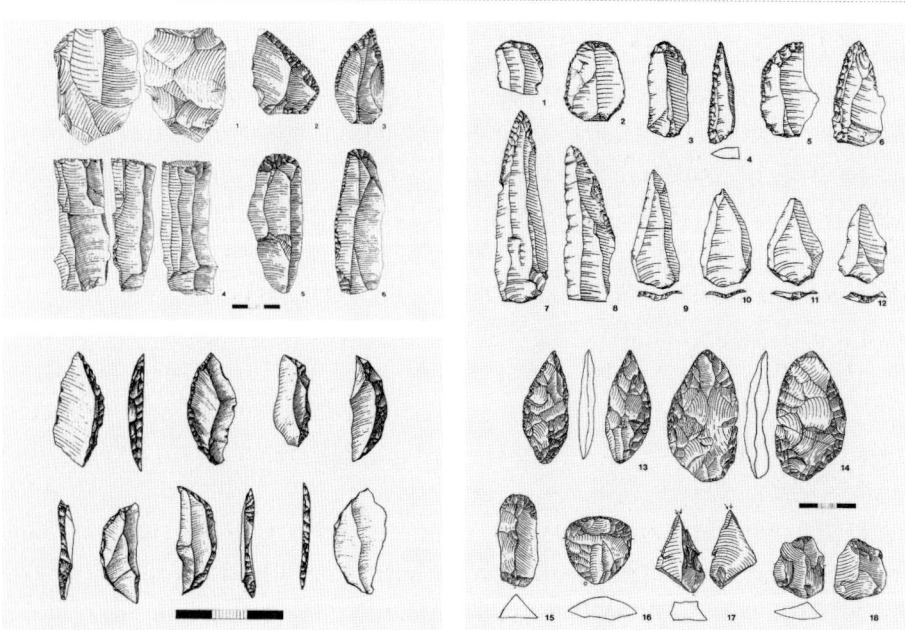

ABB. 39 (LINKS OBEN): KERNE UND STEINWERKZEUGE AUS DEM ÜBERGANGSINVENTAR DER TEMNATA-HÖHLE IN BULGARIEN.
ABB. 40 (LINKS UNTEN): RÜCKENGESTUMPFTE SPITZEN AUS DEM ULUZZIEN DER GROTTA DEL CAVALLO (ITALIEN).
ABB. 41: 1–12 STEINARTEFAKTE AUS DER BOHUNICIEN-SCHICHT DER MÄHRISCHEN FUNDSTELLE STRÁNSKA SKÁLA III, 13–18 STEINARTEFAKTE AUS DER MÄHRISCHEN FUNDSTELLE VEDROVICE V ALS BEISPIEL FÜR EIN INVENTAR DER BLATTSPITZENGRUPPEN.

lithischen Knochenspitzen in einer Schicht nicht überbewertet werden, denn zu den Ausgrabungen der 1970er und 1980er Jahre liegt keine Grabungsdokumentation vor, und es gibt für die Fundstücke keine genaue Herkunftsangabe innerhalb der acht bis zwanzig Zentimeter mächtigen Schicht G_1, so dass nach Mitteilung von Jakov Radovčić, der seinerzeit als Student an der Grabung teilnahm, nicht sicher ist, ob alle innerhalb der Schicht geborgenen Objekte tatsächlich unmittelbar gleichzeitig sind.

Das Bohunicien Das Verbreitungsgebiet des Bohunicien ist regional sehr eng begrenzt; es findet sich fast ausschließlich in Mähren. Der Verbreitungsschwerpunkt liegt dabei in der Gegend um Brünn (Brno) mit dem namengebenden Fundplatz Brno-Bohunice und der benachbarten Fundstelle Stránska skála; Ausläufer, zum Beispiel in Polen, Rumänien und Bulgarien, sind selten. Radiokohlenstoffdaten für die mährischen Fundstellen liegen zwischen 36.000 und 43.000 Jahren vor heute, stets jedoch mit möglichen großen Abweichungen von über 1000 Jahren (Svoboda u.a. 1996). Das Bohunicien, das sich wahrscheinlich aus dem lokalen mittelpaläolithischen Moustérien entwickelt hat, ist ein ziemlich eigenständiger Komplex und wird in der Grundformproduktion durch die häufige Verwendung der Levallois-Methode charakterisiert; es finden sich jedoch auch „jungpaläolithische" Konzepte der Klingengewinnung. Sehr typisch sind neben Klingen zahlreiche Levallois-Spitzen, oft von schlanker, langgestreckter Form (Abb. 41.1–12), die in dieser Häufigkeit und Ausprägung in europäischen Inventaren eher selten sind. Wegen ihrer Häufigkeit in mittelpaläolithischen und frühestjungpaläolithischen Inventaren im Vorderen Orient wie auch in Nord- und Zentralasien werden immer wieder Beziehungen der Träger des Bohunicien in diese Regionen postuliert. Eindeutige Werkzeuge aus organischen Materialien fehlen völlig.

Die Blattspitzengruppen Die Blattspitzengruppen haben von allen Übergangsinventaren die weiteste geographische Verbreitung: Sie finden sich vor allem in Mittel- und Osteuropa sowie in Südosteuropa einschließlich der Türkei und werden im östlichen und südöstlichen Mitteleuropa meist als Szeletien bezeichnet. Gerade bei den Blattspitzengruppen resultiert ein gewisses Maß an Verwirrung aus der Tatsache, dass sie in der deutschen Forschungstradition in der Regel als mittelpaläolithisch eingestuft werden, vor allem im östlichen Mitteleuropa und in Osteuropa dagegen als frühjungpaläolithisch. Wir möchten sie hier in die Übergangsindustrien einreihen, da sie alle oben genannten Merkmale aufweisen. Die vielen in der Fachliteratur vorgenommenen Untergliederungen bleiben unberücksichtigt, und wir benutzen trotz der zweifellos vorhandenen zeitlichen Tiefe und der regionalen Unterschiede den neutralen Begriff „Blattspitzengruppen" (vgl. Bolus und Rück 2000).

Besonders reiche Vorkommen sind unter anderem aus Mähren, aus der Slowakei, aus Polen, Ungarn und Bulgarien bekannt. Weiter westlich reicht die Verbreitung, in ihrer Dichte abnehmend, die Donau entlang nach Bayern. Wenige Exemplare aus Baden-Württemberg, darunter die besonders charakteristischen Stücke aus dem Haldenstein (Tafel 16), markieren die südwestliche Verbreitungsgrenze in Deutschland und gleichzeitig ganz Europa. Weiter westlich finden sich außer einigen deutschen Vorkommen nur noch wenige Funde aus den Benelux-Staaten sowie aus dem südlichen Großbritannien.

Am östlichen Ende Europas liegt ein Schwerpunkt mit Blattspitzenfunden auf der Krim, und in der russischen Lösssteppe treten verschiedene Formengruppen mit Blattspitzen auf, die sich zum Teil durch ihre charakteristische dreieckige Form von anderen Blattspitzen abheben. Solche Stücke sind neuerdings mehrfach sogar bis an den Rand des mittleren Ural nachgewiesen.

Nachweise für die Anwendung der Levallois-Methode sind in den Blattspitzeninventaren nicht häufig, aber auch Klingen finden sich eher selten. Dafür treten häufig beidflächig retuschierte Werkzeuge auf, unter denen wiederum natürlich die Blattspitzen dominieren. Weiterhin finden sich als eher mittelpaläolithische Werkzeugtypen zahlreiche Schaber und gezähnte Stücke, als eher jungpaläolithische Typen vor allem Kratzer und Stichel (Abb. 41. 13–18). Werkzeuge aus organischen Materialien fehlen mit Ausnahme weniger Stücke wie zum Beispiel dem Bruchstück einer Knochenspitze aus der Obłazowa-Höhle in den polnischen Karpaten.

Die zeitliche Stellung der Blattspitzengruppen ist nicht besonders klar. Der vielleicht bestdatierte Fundplatz ist Vedrovice V in Mähren mit Radiokohlenstoffdaten zwischen etwa 35.000 und knapp 40.000 Jahren vor heute (Valoch 1993). Mit einiger Wahrscheinlichkeit ist die Entwicklung der Blattspitzengruppen mindestens zum Teil zeitlich parallel mit der Entwicklung des Jungpaläolithikums verlaufen. Wenn auch Kontakte durchaus vorstellbar sind, so ist nicht davon auszugehen, dass das frühe Jungpaläolithikum aus den Blattspitzengruppen hervorgegangen ist.

Die Wurzeln der Blattspitzengruppen werden oft in den mittelpaläolithischen Keilmessergruppen gesucht, die wohl überwiegend in den zweiten Teil der letzten Eiszeit zwischen etwa 85.000 und etwa 45.000 Jahren vor heute gehören (vgl. Valoch 1993; Jöris 2004), doch ist dies keineswegs sicher. Auch der Träger der Blattspitzenindustrien lässt sich aus Mangel an Menschenfossilien nicht sicher ermitteln; wenige Zähne weisen eher auf den Neandertaler hin.

Industrien mit rückengestumpften Spitzen Eine ganze Reihe von Übergangsindustrien ist durch das Vorkommen kleiner rückengestumpfter Spitzen charakterisiert. Auch wenn sie geographisch an ganz unterschiedlichen Stellen in Europa auftreten, zum Beispiel in Frankreich, in Spanien, in Polen, in Italien, in Rumänien und in Griechenland, sollen sie hier gemeinsam behandelt werden.

Zunächst ist das Uluzzien zu nennen, das nur in Teilen Italiens auftritt. Wichtigste Merkmale dieser Industrie sind vor allem die oft sehr kleinen gebogenen Rückenspitzen und rückengestumpften segmentförmigen Spitzen (Abb. 40). Selten treten Werkzeuge aus organischen Materialien auf, darunter Projektilspitzen wie zum Beispiel in der Grotta del Cavallo. Schmuckobjekte sind gleichermaßen selten. Die überaus spärlichen Menschenreste aus dem Uluzzien erlauben keine klare anthropologische Ansprache, weisen aber, wie im Falle der Grotta del Cavallo, eher auf den Neandertaler hin.

Verlässliche Datierungen für das Uluzzien liegen kaum vor, für die Mehrheit der Fundplätze zeichnet sich jedoch ein ungefährer Ansatz zwischen etwa 33.000 und etwa 31.500 Jahren vor heute ab, und es deutet sich an, dass spätes Mittelpaläolithikum (Moustérien), Uluzzien und frühes Jungpaläolithikum (Protoaurignacien bzw. Aurignacien) in Italien zum Teil zeitlich parallel existierten, wenn auch in unterschiedlichen Regionen. Das Verhältnis des Uluzzien zum lokalen Mittelpaläolithikum wird von den italienischen Fachkollegen unterschiedlich beurteilt, eine Verbindung zum frühen Jungpaläolithikum wird aber offensichtlich nicht gesehen. Stattdessen werden häufig Analogien zum jetzt zu besprechenden westeuropäischen Châtelperronien herausgestellt.

Die vielleicht meistdiskutierte Übergangsindustrie in Europa, das Châtelperronien, auch Castelperronien genannt, war zwischen etwa 43.000 und 31.000 Jahren vor heute in einigen Regionen Frankreichs, vor allem im Südwesten, sowie im nördlichen Spanien verbreitet (Baffier 1999). Besonders charakteristisch sind gebogene Rückenspitzen, so genannte Châtelperron-Spitzen, die in ihrer Größe sehr variabel sind, aber durchaus beachtliche Längen von über sechs Zentimeter erreichen können. Einige der kleineren Châtelperron-Spitzen sind den Spitzen aus dem italienischen Uluzzien ähnlich. Daneben finden sich als „jungpaläolithische" Elemente Kratzer und Stichel, als eher „mittelpaläolithische" Elemente auch gekerbte und gebuchtete Stücke sowie Schaber. Werkzeuge aus organischen Materialien liegen in der Grotte du Renne in Arcy-sur-Cure im nördlichen Burgund in großer Vielfalt vor, und wir finden hier auch eine ganze Reihe von Schmuckobjekten wie gekerbte oder durchlochte Zähne (Abb. 42).

Aus der Grotte du Renne stammt auch einer der wenigen einigermaßen klaren Behausungsgrundrisse der Neandertaler (Abb. 43). Wir hatten ja bereits in Kapitel 5 gesehen, dass es mehr oder weniger sichere mittelpaläolithische Behausungsrundrisse in Europa allenfalls aus der Spätphase der Neandertaler gibt. Aufgrund der zahlreichen „progressiven" Elemente war das Châtelperronien lange Zeit mit dem anatomisch modernen Menschen in Verbindung gebracht

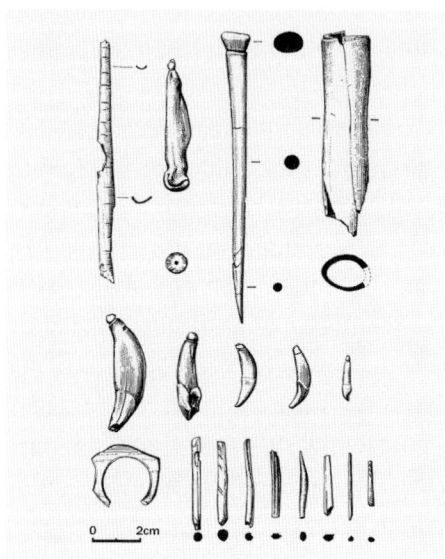
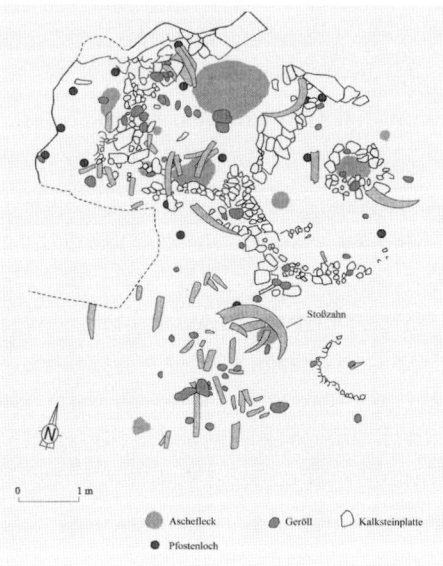

ABB. 42: KNOCHENWERKZEUGE UND SCHMUCK AUS DEM CHÂTELPERRONIEN DER GROTTE DU RENNE IN ARCY-SUR-CURE (FRANKREICH).
ABB. 43: BEHAUSUNGSGRUNDRISS AUS DEM CHÂTELPERRONIEN DER GROTTE DU RENNE IN ARCY-SUR-CURE (FRANKREICH).

worden. Einige isolierte Menschenzähne aus verschiedenen Châtelperronien-Horizonten der Grotte du Renne schienen zwar eher einem archaischen Hominiden anzugehören, waren aber letztlich für eine endgültige Zuordnung nicht aussagekräftig genug. Erst später konnte ein menschliches Schädelfragment aus der Höhle einem knapp 34.000 Jahre alten Neandertaler zugeordnet werden. Da 1979 in einer Fundschicht des Châtelperronien in Saint-Césaire größere Teile eines etwa 34.000 bis 36.000 Jahre alten Neandertalerskelettes entdeckt worden waren, gilt mittlerweile der Neandertaler als Träger dieser Übergangsindustrie.

Das Vorkommen zahlreicher Schmuckobjekte und Werkzeuge aus organischen Materialien im Châtelperronien wird immer wieder sehr hervorgehoben und als Beleg für mehr oder weniger voll ausgeprägte kulturelle Modernität beim Neandertaler gewertet. Es kann jedoch nicht genug betont werden, dass der weitaus überwiegende Teil dieser Stücke aus einer einzigen Höhle, nämlich der Grotte du Renne, stammt und dass das Vorkommen hier letztlich nicht verallgemeinert werden darf. Ansonsten kennen wir aus dem Châtelperronien von der Fundstelle Quinçay etwa ein halbes Dutzend Zahnanhänger, einige vergleichbare Stücke aus der Fundstelle Roche-au-Loup. Ansonsten ist die Situation kaum anders als bei den voll mittelpaläolithischen Industrien.

Am Rande sei erwähnt, dass in letzter Zeit Zweifel daran geäußert wurden, dass die Neandertalerreste aus der Grotte du Renne und aus Saint-Césaire wirklich zu den Châtelperronien-Horizonten gehören. Mit diesen beiden Fundstellen steht und fällt jedoch der scheinbar klare Beleg dafür, dass Neandertaler für das Châtelperronien verantwortlich sind. Dennoch wollen wir bis zum Beweis des Gegenteils weiterhin davon ausgehen.

Immer wieder wurde für einige Fundstellen – Roc de Combe und Le Piage in Frankreich sowie El Pendo in Spanien – berichtet, dass dort Châtelperronien und Aurignacien interstratifiziert seien, das heißt, dass Aurignacienschichten zwischen solchen des Châtelperronien eingeschlossen seien. Hieraus wurde abgeleitet, dass sich Neandertaler als Träger des Châtelperronien und anatomisch moderne Menschen als Träger des Aurignacien zumindest zeitlich alternierend an derselben Stelle aufhielten und dass sie sich wahrscheinlich auch begegneten. An den genannten Fundstellen ist nach neuen Analysen die vermeintliche Interstratifikation jedoch wahrscheinlich nur durch Unklarheiten in den Grabungsdokumentationen oder Fehler bei Schichtzuweisungen vorgetäuscht worden, und es hat in Wirklichkeit an keiner Stelle ein Châtelperronien oberhalb eines Aurignacien gelegen. Auch der aufgrund neu ermittelter Radiokohlenstoffdaten jüngst diskutierte Fall der für das Châtelperronien namengebenden Fundstelle Grotte des Fées de Châtelperron ist wenig überzeugend.

Wir wollen die Vorstellung der Übergangsinventare damit abschließen und ein kurzes Fazit ziehen. Bei den Steinartefakten beobachten wir ein Nebeneinander von eher mittelpaläolithischen und eher jungpaläolithischen Formen. Werkzeuge aus organischen Materialien treten gelegentlich auf, sie bleiben jedoch die Ausnahme. Das gilt in noch größerem Maße für Schmuckgegenstände. Lediglich für das Châtelperronien sind organische Werkzeuge und Schmuck häufiger belegt, doch ist auch hier, wie gerade dargelegt, Vorsicht vor einer zu weitreichenden Interpretation geboten. Suchen wir nach künstlerischen Äußerungen in den Übergangsinventaren, so können wir mit einer gewissen Berechtigung lediglich den gravierten Stein aus der Temnata-Höhle nennen.

Als Träger des Châtelperronien muss bis zum Beweis des Gegenteils der Neandertaler gelten; ansonsten ist die Fossilbasis außerordentlich dürftig oder gar nicht vorhanden. Die wenigen vagen Hinweise aus dem Uluzzien und den Blattspitzengruppen deuten ebenfalls eher auf den Neandertaler, und wir möchten hier bis auf Weiteres davon ausgehen, dass Neandertaler die Übergangsinventare hergestellt haben. Das hieße in der Konsequenz, dass auch die sehr späten Neandertaler, die zu einer Zeit lebten, als sich in Europa auch schon anatomisch moderne Menschen aufhielten, nur in beschränktem Maße kulturell modern waren. Diese Einschränkung betrifft weniger die technischen Fähigkeiten als vielmehr den Bereich des Ausdrucks und der Übermittlung symbolischer Inhalte.

Akkulturation? Was sagen uns nun die Übergangsindustrien über mögliche Begegnungen zwischen Neandertalern und anatomisch modernen Menschen? Ein Begriff, der bei dieser Fragestellung von Bedeutung ist, ist derjenige der Akkulturation. Man versteht hierunter das einseitige oder auch gegenseitige Übernehmen von Elementen der jeweils anderen Kultur beim Zusammentreffen verschiedener Gruppen.

Die Frage ist nun, ob sich solche Akkulturationsprozesse im archäologischen Fundmaterial aus dem Zeitraum nachweisen lassen, in welchem sowohl Neandertaler als auch anatomisch moderne Menschen in Europa gelebt haben. Finden sich also Elemente der Kultur der frühen anatomisch modernen Europäer in Inventaren der Neandertaler oder Elemente aus der Kultur der späten Neandertaler beim frühen anatomisch modernen Menschen, oder lässt sich gar ein gegenseitiger Austausch nachweisen?

Kandidaten, die hier immer wieder ins Feld geführt werden, sind insbesondere das Châtelperronien und das Uluzzien (vgl. Mellars 1996). Die „modernen" Elemente in diesen Industrien werden oft als Ergebnis von Akkulturationsprozessen bei Begegnungen zwischen Neandertalern als Trägern des lokalen Mittelpaläolithikums und von außerhalb gekommenen modernen Menschen als Trägern des frühen Jungpaläolithikums gewertet. Wenn auch die Einschränkungen und Bedenken dargelegt wurden, so lässt sich der Fall der Grotte du Renne in Arcy-sur-Cure hier nicht schweigend übergehen. Allem Anschein nach hatten die Neandertaler die grundsätzliche technische Fähigkeit, Werkzeuge aus Stein und Knochen in ähnlicher Art herzustellen wie die frühen anatomisch modernen Europäer, sie taten es jedoch nur äußerst selten. Demgegenüber ist es aber schon auffallend, dass hier, an einer ganz konkreten Stelle im nördlichen Burgund, Neandertaler plötzlich in größerem Umfang beginnen, mannigfaltige Werkzeuge aus organischen Materialien sowie Schmuck herzustellen, und das ausgerechnet zu einer Zeit, als die Menschenform Neandertaler ihren Zenit bereits überschritten hat und andererseits schon moderne Menschen in Europa leben. Darüber hinaus liegen die frühen Aurignacienfundplätze der Schwäbischen Alb mit ihren einzigartigen Elfenbeinfigürchen, ihren unzähligen Schmuckobjekten und ihren variationsreichen Werkzeugen aus organischen Materialien nur wenige hundert Kilometer entfernt und damit in einem Radius, der durchaus von den Menschen in kurzer Zeit zu bewältigen war (vgl. Floss 2005). Möglicherweise haben wir hier also tatsächlich einen Hinweis auf Begegnungen zwischen beiden Menschenformen und damit einhergehender Akkulturation. Wir möchten annehmen, dass solche Begegnungen häufiger und an ganz verschiedenen Stellen vorkamen, beweisen können wir dies jedoch gegenwärtig noch nicht.

8 Das Ende einer Erfolgsgeschichte oder: Warum starben die Neandertaler aus?

Wir haben bis hierhin den Entwicklungsweg der Neandertaler über gut 200.000 Jahre hinweg verfolgt, sogar über etwa 300.000 Jahre, wenn wir ihre Vorfahren – späte *Homo heidelbergensis*-Formen und Präneandertaler – hinzunehmen. Der Neandertaler hat sich dabei als äußerst erfolgreich agierende Menschenform erwiesen: er war ein geschickter und einfallsreicher Werkzeughersteller, ein erfolgreicher Großwildjäger, er plante seine Handlungen lange im Voraus, war in der Lage, auch ungünstigere Klimabedingungen zu meistern, konnte artikuliert sprechen, war ein soziales Wesen, denn er kümmerte sich um seine Mitmenschen, und zumindest in seiner Spätphase bestattete er seine verstorbenen Angehörigen.

Trotz allem starb der Neandertaler allem Anschein nach vor knapp 30.000 Jahren aus, ohne in den heute lebenden Menschen Spuren zu hinterlassen. Dieses Aussterben der Neandertaler ist ein Phänomen, das sowohl die Fachwelt als auch die breite Öffentlichkeit in hohem Maße interessiert. So wird auch in seriösen Beiträgen populärwissenschaftlicher Zeitschriften immer wieder die Frage gestellt: „Ist der Neandertaler wirklich ausgestorben?" (wörtlich z.B. Narkott 2005), und es wird auch gefragt, inwieweit es bei Begegnungen zwischen Neandertalern und anatomisch modernen Menschen möglicherweise zu Vermischungen und Genfluss (vgl. z.B. Bräuer 2003; Smith u.a. 2005) kam und so zumindest etwas vom Neandertaler weitergegeben wurde.

Es ist in jedem Falle bemerkenswert, dass ein über so lange Zeiträume existierendes „Erfolgsmodell" so spurlos verschwunden sein soll, während der anatomisch moderne Mensch, der vor vielleicht 40.000 Jahren erstmals Europa betreten hatte, sehr schnell seinen Siegeszug antrat und in offenbar sehr kurzer Zeit die einzige auf der Erde existierende Menschenform wurde.

Warum gibt es also heute keine Neandertaler mehr? Wahrscheinlich werden wir die Gründe in ihrer Gesamtheit nie genau kennen, doch gibt es eine ganze Reihe verschiedener Szenarien, die zum Teil auf einer Kombination mehrerer Gründe aufbauen und die es Wert sind, an dieser Stelle vorgestellt zu werden (zusammenfassend z.B. Ewe 2005; Kuckenburg 2005).

KLIMA UND UMWELT?

Die meisten Erklärungsansätze kreisen mittelbar oder unmittelbar um klimatische Gründe, die den Neandertaler im Verlaufe des Sauerstoffisotopen-Stadiums 3 (OIS 3) ins Hintertreffen gebracht haben sollen. Dagegen ist jedoch einzuwenden, dass die Neandertaler im Verlaufe ihrer langen Geschichte sehr unterschiedliche Klima- und Umweltbedingungen gemeistert haben und dass sie letztlich recht gut an das europäische Klima angepasst gewesen sind. Eigentlich sollte es im Gegenteil eher der Neuankömmling, der anatomisch moderne Mensch sein, der sich in Europa den größeren Schwierigkeiten ausgesetzt sah, da er schließlich, wie wir sahen, wahrscheinlich aus Afrika gekommen ist und damit aus Klimaten, die sich deutlich von denjenigen unterschieden, mit denen er sich in seiner neuen Heimat konfrontiert sah. Demnach sollten also die in Europa alteingesessenen Neandertaler zumindest in dieser Hinsicht einen eindeutigen Vorteil gegenüber den Einwanderern gehabt haben. Und trotzdem können wir das Klimaargument nicht ohne Wweiteres beiseite schieben.

Wir haben bereits in Kapitel 4 darauf hingewiesen, dass in der Zeit des Verschwindens der Neandertaler – das heißt in der zweiten Hälfte des Weichsel- oder Würmglazials – der „normale" Verlauf in der Abfolge von Kalt- und Warmphasen kräftig gestört war; das Klima schlug im Zeitraum zwischen etwa 60.000 und 25.000 Jahren vor heute – während des gesamten OIS 3 – gewissermaßen Kapriolen.

Schauen wir uns das im Zusammenhang des bisher letzten Interglazial-/Glazial-Zyklus einmal genauer an (Abb. 44). Für das Eem-Interglazial und die erste Hälfte des Weichsel-/Würmglazials beobachten wir einen relativ „ruhigen" Klimaverlauf. Zwar sehen wir hier zahlreiche leichte Schwankungen in der mittleren Jahrestemperatur, doch von wenigen Ausnahmen abgesehen, die zudem mehrere zehntausend Jahre auseinander liegen, ist das Klima weitgehend stabil. Vor etwa 75.000 Jahren beginnt sich dieses Bild zu verändern. Kältere und wärmere Phasen wechseln einander deutlich schneller ab, und die Änderungen in der mittleren Jahrestemperatur sind zum Teil erheblich: innerhalb von nur etwa tausend bis zweitausend Jahren kann sie um mehr als 10 °C absinken, um dann nahezu ebenso schnell wieder erheblich anzusteigen. Vor etwa 60.000 Jahren begann sich dieser Zyklus noch einmal zu beschleunigen. In sehr rascher Folge wechselten sich nun, oftmals abrupt, Kalt- und Warmphasen ab. Dieser Prozess wiederholte sich mehr als ein Dutzend Mal, wobei die Kaltphasen (Stadiale) zunehmend ausgeprägter waren, während sich die dazwischen liegenden Warmphasen (Interstadiale) eher durch unterschiedliche Dauer voneinander abhoben (Müller und Schönfelder 2005).

So weit die Klimaentwicklung, wie sie sich vor allem aus den Eis- und Tiefseebohrkernen rekonstruieren lässt. Wie reagierte jedoch die Umwelt auf diese Schwankungen? Wir sehen, dass in Mitteleuropa die Vegetation in der Zeit zwischen etwa 70.000 und 50.500 Jahren vor heute auch in den interstadialen Phasen eine offene Tundrensteppe war und dass sich erst vor etwa 50.000 Jahren wieder eine Strauchtundra mit niederen Gehölzen ausbreitete; größere Baum-bestände existierten aber auch jetzt nicht. Bereits wenige tausend Jahre später haben wir wieder eine offene Tundrensteppe, und die Kälte- und Wärme-schwankungen wechseln einander so schnell ab, dass die Vegetation nicht in der Lage ist zu reagieren. Der deutlichste Ausschlag hin zu günstigeren Bedingungen beginnt sich vor etwa 40.000 Jahren abzuzeichnen, also zu der Zeit, als vielleicht erstmals anatomisch moderne Menschen Europa betraten. Diese Phase ist jedoch nur von kurzer Dauer, und vor etwa 30.000 Jahren setzt ein erneuter Tiefstand ein, der mit wenigen kurzen und wenig ausgeprägten Unterbrechungen bis vor etwa 17.000 Jahren andauert. Erst jetzt „erholt" sich die Vegetation stetig, und relativ bald haben wir in Mitteleuropa nun wieder Nadel- und schließlich auch Laubbaumbestände. Um diese Zeit war aber der Neandertaler längst verschwun-den, und wir wollen deswegen diese Zeit nicht weiter betrachten.

Wie erging es nun dem Neandertaler in dieser klimatisch außerordentlich wech-selhaften Zeit? Es gibt nicht wenige Forscher, die davon ausgehen, er sei zwar

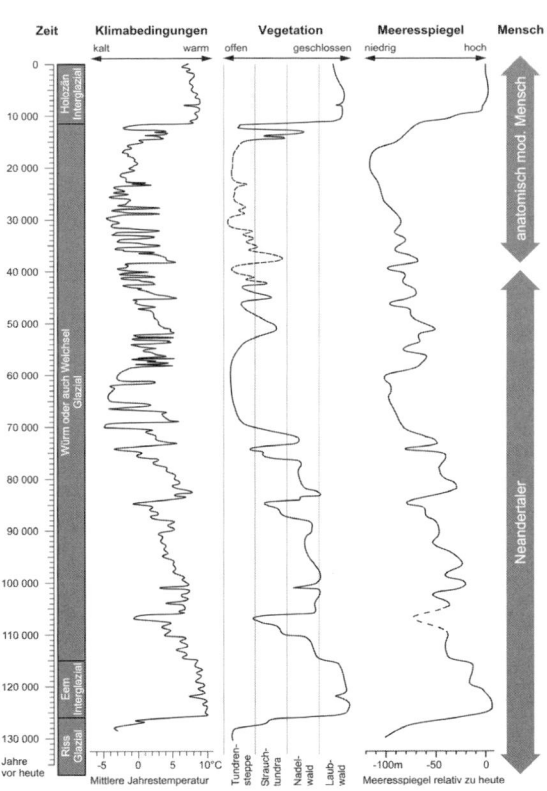

ABB. 44: DIE KLIMA- UND UMWELTBEDINGUNGEN IM JUNGPLEISTOZÄN, INSBESONDERE IN DER ZEIT DES ÜBERGANGS VOM NEANDERTALER ZUM ANATOMISCH MODERNEN MENSCHEN.

grundsätzlich in der Lage gewesen, unter sehr unterschiedlichen Klimabedingungen zu leben, wenn er genügend Zeit hatte, auf Veränderungen zu reagieren, er habe aber die zahlreichen raschen und abrupten Klimawechsel nicht auf Dauer meistern können, und sein Aussterben sei damit letztlich klimatisch bedingt. Erneut müssen wir dabei anmerken, dass natürlich auch der frühe anatomisch moderne Mensch in Europa diesem Klima ausgesetzt war und sich mit den wechselnden Bedingungen arrangieren musste. Wie bereits angedeutet, muss dies für ihn eigentlich umso härter gewesen sein, als er aufgrund seiner Herkunft wärmere Klimate gewöhnt war.

Das Klimaargument stets mit bedenkend, sollten wir nach zusätzlichen Faktoren suchen, die in Kombination und auch Wechselwirkung mit den Klimabedingungen den Neandertaler auf die Verliererstraße brachten.

Für Clive Finlayson (2004) war das Aussterben der Neandertaler Folge einer Kombination aus den raschen Klimawechseln und dem sich allmählich aufbauenden Effekt wiederholter starker Bevölkerungsrückgänge. Nach dem von ihm entwickelten Szenario ist auf das Eem folgend über eine Zeitspanne von 100.000 Jahren bei ungünstigen Klimabedingungen die Bevölkerungszahl rapide gefallen, und die überlebenden Neandertaler haben sich in klimagünstigere Refugien – zum Beispiel die Iberische Halbinsel, Südfrankreich oder auch die Krim – zurückgezogen. Unter verbesserten Klima- und Umweltbedingungen sind sie dann wieder in nördlichere Breiten vorgedrungen, und die Bevölkerungszahl hat sich etwas erholt, ohne den alten Stand wieder zu erreichen. Wurden die Bedingungen wieder schlechter, zogen sich die in ihrer Zahl reduzierten Neandertaler wieder in südlichere Gefilde zurück und kehrten bei besseren Bedingungen erneut nach Norden zurück. Wegen der abrupten und schnell aufeinander folgenden Klimaänderungen im Verlaufe des OIS 3 sank die Zahl der Neandertaler stetig, und es bestand keine Chance mehr für eine Bevölkerungszunahme.

Gleichzeitig sind seit etwa 40.000 Jahren vor heute die anatomisch modernen Menschen nach und nach in die ureigenen Siedlungsgebiete der Neandertaler eingedrungen. Wir haben gerade gesagt, dass die erstmalige Einwanderung zeitlich sehr wahrscheinlich mit einem stärker ausgeprägten Interstadial, also einer Wärmephase zusammenfällt. Auch wenn dies nicht ohne weiteres zu verstehen ist, waren die modernen Menschen vielleicht doch besser in der Lage, auf die in schneller Frequenz auftretenden Klima- und Umweltveränderungen zu reagieren als die Neandertaler. Die eingeborene Bevölkerung könnte dadurch gezwungen gewesen sein, sich immer mehr in randliche Gebiete Europas zurückzuziehen, und auch bei verbesserten Klimabedingungen konnten sie nicht mehr in dem Maße in nördlichere Breiten zurückkehren, da ihre angestammten Plätze inzwischen durch anatomisch moderne Menschen belegt waren. Dies hätte weit reichende Konsequenzen gehabt: Während die modernen Menschen in den geschützteren und siedlungsbegünstigten

Flachlandtälern gelebt hätten, wären die Neandertaler gezwungen gewesen, vor allem die weniger siedlungsbegünstigten höheren Lagen zu besiedeln. Kamen nun noch ungünstigere Klimabedingungen hinzu, hätte das eine enorme Stresssituation für die Neandertaler bedeutet: zunehmende Kindersterblichkeit, sinkende Lebenserwartung. Über Zeiträume mehrerer Jahrhunderte oder gar Jahrtausende hinweg hätte auch das einen stetigen Bevölkerungsrückgang bei den Neandertalern zur Folge gehabt. Computersimulationen können diese Hypothese stützen, und es lässt sich mit ihnen zeigen, dass eine gegenüber den modernen Menschen um zwei Prozent höhere Sterblichkeitsrate bei den Neandertalern innerhalb von etwa tausend Jahren zu ihrem Aussterben geführt haben könnte.

Dieses in vielerlei Hinsicht so geheimnisvolle Aussterben der Neandertaler ist auch einer der Forschungsschwerpunkte im so genannten „Stage 3 Project". Es handelt sich dabei um ein interdisziplinäres Projekt unter der Federführung von Tjeerd van Andel und William Davies, das es sich zum Ziel gesetzt hat, einerseits die Klima- und Umweltentwicklung in Europa während des Sauerstoffisotopen-Stadiums 3 im Detail aufzuzeigen und andererseits zu untersuchen, inwieweit die menschliche Evolutionsgeschichte und die Kulturentwicklung in dieser Phase die Klima- und Umweltentwicklung widerspiegeln (van Andel und Davies 2003). Da das OIS 3 den Zeitraum zwischen 60.000 und 24.000 Jahren vor heute umfasst, fallen die Zeit der späten Neandertaler, die erstmalige Anwesenheit anatomisch moderner Menschen in Europa und die Ablösung des Neandertalers durch den modernen Menschen genau in den Untersuchungszeitraum. Wir wollen hier deswegen auch den Ansatz des Stage 3-Projektes vorstellen, der letztlich demjenigen Clive Finlaysons sehr ähnlich ist. Die Wissenschaftler des Stage 3-Projekts sehen wie Finlayson das Aussterben als Folge einer Kombination mehrerer Faktoren. Für sie sind es vor allem die starken und rasch aufeinander folgenden Klimaschwankungen mit zum Teil starker Kälte in Verbindung mit verknappten Ressourcen und mangelndem technischem Geschick der Neandertaler.

Die schnellen und heftigen Klimawechsel haben nach diesem Szenario einen dramatischen Einfluss auf die Tier- und Pflanzenwelt gehabt. Als integraler Bestandteil der Biosphäre waren natürlich sowohl die Neandertaler als auch die anatomisch modernen Träger des Aurignacien davon betroffen. Nach den Ergebnissen des Stage 3-Projects sind die Wintertemperaturen vor 30.000 Jahren bis auf zehn Grad unter Null gesunken. Die Forscher stellen heraus, dass die Wanderbewegungen der Menschengruppen nach Süden genau parallel zu dem Vordringen der Eisdecke von Norden her verliefen. Sowohl die Neandertaler als auch die frühen modernen Menschen des Aurignacien mussten sich schließlich in letzte Refugien in Südwestfrankreich und an der Küste des Schwarzen Meeres zurückziehen. Die Wissenschaftler des Stage 3-Projects gehen nun so weit anzunehmen, dass in der Folge nicht nur die Neandertaler ausgestorben sind, sondern auch die

modernen Aurignacien-Menschen. Der Weg wurde damit frei für die fortschritt-
licheren Menschen des mittleren Jungpaläolithikums oder Gravettien, das an
einigen Stellen, so zum Beispiel auf der Schwäbischen Alb und in Niederösterreich, bereits vor etwa 30.000 Jahren erstmals auftritt.

Wie Untersuchungen von Leslie Aiello und Peter Wheeler im Rahmen des Stage
3-Projekts zeigen, war der Neandertaler im Übrigen keineswegs so kälteadaptiert,
wie das von einigen Wissenschaftlern immer wieder angeführt wird. Auch wir
haben dieser Meinung in Kapitel 4 bereits widersprochen. Es scheint im Gegenteil
sogar so zu sein, dass der Neandertaler zwar bis zu einem gewissen Grade mit
ungünstigeren Klimabedingungen umzugehen lernte, sich aber an längere und
stärkere Kältephasen, die zudem noch rasch aufeinander folgten, nicht anpas-
sen konnte. Der anatomisch moderne Mensch scheint dagegen spätestens mit
dem Einsetzten des Gravettien vor etwa 30.000 Jahren diese Fähigkeit entwickelt
zu haben, wodurch er dem Neandertaler gegenüber klar im Vorteil war.

Diese Ansicht scheint uns wesentlich plausibler als die gelegentlich geäußerte
Auffassung, gerade kurzfristig relativ stark ansteigende Temperaturen, wie sie
tatsächlich vor 27.000 bis 28.000 Jahren in den Klimakurven zu verzeichnen sind
(vgl. Abb. 44) hätten schließlich zum Aussterben der Neandertaler geführt, da
sie besser an eine kältere Umwelt angepasst gewesen seien und daher die mit der
Erwärmung einhergehenden Umweltveränderungen nicht mehr meistern konnten, während die modernen Menschen im Gegenzug davon profitierten.

EINSEITIGE ERNÄHRUNG?

Verschiedene weitere Aussagen ergeben sich aus den Forschungen des Stage
3-Projekts. Wir haben in Kapitel 5 ausgeführt, dass der Neandertaler in seiner
Ernährung sehr stark auf Großwild spezialisiert war, eine Spezialisierung, die
ihm eventuell zum Verhängnis wurde. Auch das Großwild stand natürlich unter
dem Einfluss der extremen Klimaveränderungen, und das Ausbleiben oder der
starke Rückgang der einen oder anderen Großwildart hätte den Neandertaler
durchaus in seinem Überleben bedrohen können, wie Michael Richards und seine
Kollegen feststellten. Doch nicht nur das: Vor etwa 30.000 Jahren starb eine
ganze Reihe von Großsäugerarten komplett aus. So erlagen zum Beispiel typische waldbewohnende Riesen wie der Waldelefant und das Waldnashorn, die
sich in Refugien bis in diese Zeit hatten retten können, dem ständigen Stress
und verschwanden für immer. Es ist nun kein weiter Schritt, in den Neandertalern letztlich nur eine weitere Großsäugerart zu sehen, die dieses Schicksal mit
den Tieren teilte – wie übrigens offenbar auch ein Großteil der anatomisch modernen Aurignacien-Menschen in Mitteleuropa um diese Zeit (vgl. Serangeli 2006).

GERINGE BEVÖLKERUNGSDICHTE
UND FORTPFLANZUNGSRATE?

Verlassen wir damit die Interpretationsversuche, die in erster Linie mit klimatischen und ökologischen Gründen argumentieren. Einen demographischen Ansatz verfolgen Jean-Pierre Bocquet-Appel und Pierre-Yves Demars (2000). Ihrer Meinung nach wiesen die Neandertaler zu allen Zeiten nur eine geringe Bevölkerungsdichte auf und mussten, um nicht auszusterben, Individuen zwischen verschiedenen Gruppen austauschen. So bildete sich ein zwar sehr lockeres, aber riesiges demographisches Netz. Die anatomisch modernen Menschen konnten demgegenüber durch eine erhöhte Reproduktionsrate und damit eine deutlich erhöhte Bevölkerungsdichte immer größere Gruppen aufbauen, die für sich allein lebens- und fortpflanzungsfähig und gleichzeitig biologisch und kulturell abgeschlossen waren. Sehr ähnlich lautet eine Theorie, die ebenfalls von größeren Gruppen bei den modernen Menschen sowie von stärkeren regionalen Gruppenzusammengehörigkeiten ausgeht. Dies habe den modernen Menschen gegenüber den wesentlich kleineren und isolierter lebenden lokalen Neandertalergruppen einen entscheidenden Vorteil verschafft.

Schließlich soll auch noch einmal die bereits in Kapitel 2 angeführte Argumentation von Friedemann Schrenk und Stephanie Müller (2005: 76) aufgegriffen werden, die davon ausgeht, dass selbst zur Blütezeit der klassischen Neandertaler im Durchschnitt nur ein Neandertaler auf einer Fläche von 20 bis 200 Quadratkilometern lebte. Selbst wenn mehrere tausend Neandertaler gleichzeitig lebten, waren die einzelnen Gruppen letztlich klein, und wenn uns rezente Jäger und Sammler-Kulturen zeigen, dass mindestens 250 fortpflanzungsfähige Erwachsene nötig sind, um das Fortleben einer Population zu gewährleisten, müssen wir von Geschlechtskontakten zwischen verschiedenen Neandertalergruppen ausgehen. Selbst für sich genommen geringe Abnahmen in der Anzahl der Neandertaler konnten auf diese Weise katastrophale Folgen haben.

Für Schrenk und Müller spielt ganz allgemein die Fortpflanzungsrate eine entscheidende Rolle für den Evolutionserfolg von Menschenpopulationen. Sie geben an, dass bei einer angenommenen Populationsdichte von 10.000 Menschen pro Jahr nur zwei Neandertaler mehr gestorben als geboren sein mussten, um diese Menschenform innerhalb relativ kurzer Zeit aussterben zu lassen. Sie sehen den Neandertaler schlicht als „Fortpflanzungsmuffel". Er beschwor dadurch eine so genannte *bottleneck*-Situation herauf, das heißt einen Bevölkerungsengpass, wie man ihn mehrfach in der Geschichte der Menschheit beobachtet und der leicht zum Aussterben einer kompletten Population führen kann. Eine längere Schwangerschaftsdauer bei Neandertalerfrauen gegenüber anatomisch modernen Frauen, die in diesem Zusammenhang gelegentlich vermutet und als Grund für eine etwas geringere Fortpflanzungsrate gesehen wird, lässt sich nicht belegen.

Vielleicht spielen auch allgemeine Aspekte der Fruchtbarkeit (Fertilität) eine Rolle, und die Fertilitätsrate war bei modernen Menschen ganz einfach höher als bei den Neandertalern, so dass sie allein auf diese Weise bereits recht schnell ein Übergewicht bekamen.

NEUE KRANKHEITEN?

Bisher unbekannte Krankheiten, die die modernen Menschen mitgebracht haben und gegen die die Neandertaler nicht immun waren, werden ebenfalls immer wieder als Grund für deren Aussterben angeführt. Für fehlende Immunität gegen neue, eingeschleppte Krankheiten mit verheerenden Folgen für die Infizierten gibt es mehrfach Belege aus historischen Zeiten, zum Beispiel bei den Inuit oder Eskimos, die bereits an einem ganz normalen Schnupfen sterben können, da sie keinerlei Abwehrkräfte gegen diese bei uns alltägliche Krankheit besitzen. Ein solches Massensterben durch eine Epidemie müsste sich nach Meinung von Schrenk und Müller (2005: 114) jedoch im Fossilbefund nachweisen lassen, was nicht der Fall ist.

MANGELNDES TECHNISCHES GESCHICK?

Wir wollen noch einmal einen Aspekt aufgreifen, der bereits in der Argumentation des Stage 3-Projektes eine Rolle gespielt hat: mangelndes technisches Geschick der Neandertaler. Kapitel 5 hat den Neandertaler als sehr geschickten Werkzeugmacher gezeigt, der über eine ganze Reihe effektiver Steingeräte verfügte, die er für ganz unterschiedliche Zwecke einsetzen konnte, wie nicht zuletzt die Residuenanalysen und Gebrauchsspurenuntersuchungen erwiesen haben. Dass sich das ebenfalls sehr mannigfaltige Steinwerkzeugspektrum des modernen Menschen von dem der Neandertaler deutlich unterscheidet, ist nicht zu übersehen. Es ist aber nicht ohne Weiteres einzusehen, dass die Steingeräte des modernen Menschen besser und effektiver gewesen sein sollen als die der Neandertaler. Wir haben auch gesehen, dass wir aus Neandertaler-Zusammenhängen kaum Geräte aus organischen Materialien kennen, die uns bereits der frühe anatomisch moderne Europäer in Form von Werkzeugen aus Knochen, Geweih und Elfenbein so zahlreich hinterlassen hat. Zwar dürfen wir in dem Zusammenhang die Rolle des Werkstoffes Holz im Mittelpaläolithikum nicht unterschätzen, wie uns zum Beispiel die eemzeitliche Lanze von Lehringen als Jagdwaffe der Neandertaler beweist, doch wenn wir uns die ausgesprochen seltenen mittelpaläolithischen Geschossspitzen aus Knochen vor Augen halten, beruhte aber dennoch die Jagd bei den Neandertalern offensichtlich wesentlich stärker auf der Verwendung steinerner Projektile, als dies im Jungpaläolithikum der Fall war. Auch hier leuchtet es aber nicht wirklich ein, warum eine vor allem auf steinerne Projektile aufgebaute Jagdtechnologie schlechter und weniger effektiv sein sollte als eine auf Projektilen aus organischen Materialien basierende. Unserer Meinung nach können mangelnde technische Fähigkeiten der Neandertaler allein, wenn es sie überhaupt gab, nicht ihr Verschwinden erklären.

Eine Tatsache, die allerdings nicht außer Acht gelassen werden darf, ist die gegenüber den anatomisch modernen Menschen verschiedene geistige Welt der Neandertaler. Wie wir gesehen haben, finden wir bei den Neandertalern allenfalls Ansätze für eine Speicherung und Übermittlung symbolischer Inhalte. Bereits bei den frühen anatomisch modernen Europäern gehört dies zum alltäglichen Verhaltensrepertoire. Ohne genauer angeben zu können, warum dies die Neandertaler ins Hintertreffen geraten ließ, scheint es doch eine Rolle bei ihrem Verschwinden gespielt zu haben. Zumindest spiegeln sich in den Unterschieden wahrscheinlich verschiedene soziokulturelle Strukturen und ein unterschiedliches Identitätsverständnis bei den verschiedenen Menschenformen. In denselben Zusammenhang könnten auch die weiter oben erwähnten grundlegenden Unterschiede in der Gruppenorganisation gehören.

UND DIE ROLLE DER ANATOMISCH MODERNEN MENSCHEN …?

Natürlich müssen wir uns auch mit der Rolle befassen, die der anatomisch moderne Mensch beim Aussterben der Neandertaler gespielt haben könnte. Wir möchten dabei gleich betonen, dass es für eine aktive und planmäßige Ausrottung der Neandertaler durch anatomisch moderne Menschen keinerlei archäologische Belege gibt, so dass wir diese Meinung im Gegensatz zu anderen hier geschilderten Szenarien gar nicht erst ernsthaft ins Auge fassen wollen.

Trotzdem sollten wir eine mögliche Beteiligung des modernen Menschen nicht völlig außer Acht lassen. Auch heutzutage beobachten wir in völkerkundlichen Zusammenhängen immer wieder einen Prozess, der in der Ökologie als Konkurrenzausschluss bekannt ist. Dieser kommt immer dann in Gang, wenn zwei Populationen, die in ihren Bedürfnissen sehr ähnlich und auf dieselben begrenzten Ressourcen angewiesen sind, ein und dieselbe ökologische Nische zu besetzen versuchen. Dies ist auf längere Sicht nicht möglich, und eine der Populationen wird mit der Zeit aussterben oder von der anderen komplett verdrängt. Der amerikanische Anthropologe James O'Connell beobachtet seit längerer Zeit einen solchen Vorgang in Tansania in Ostafrika. Im Gebiet südlich des Eyasi-Sees wandern seit einigen Jahrzehnten Populationen einer Viehzüchter-Gemeinschaft in das Gebiet der dort seit Jahrtausenden, wahrscheinlich sogar Jahrzehntausenden nomadisch lebenden Hadza, einem Buschmannvolk, ein. Die Hadza werden in ihren Lebensräumen immer mehr eingeengt, und O'Connell geht davon aus, dass sie eines Tages völlig verschwinden werden. Der Wissenschaftler vermutet, dass sich ein ähnliches Szenario vor etwa 30.000 bis 40.000 Jahren abgespielt haben könnte, und hält es für möglich, das Verschwinden der Neandertaler auf Verdrängung durch Konkurrenzausschluss zurückzuführen.

Nun handelt es sich im Falle der Neandertaler und der modernen Menschen nicht um das Aufeinandertreffen eines Jäger und Sammler-Volkes mit einem Viehzüchtervolk, und Kritiker der geschilderten Meinung lehnen den Ansatz aus diesem Grunde ab. O'Connell kann jedoch auch subrezente Beispiele aus Australien und Nordamerika anführen, in denen beim Aufeinandertreffen zweier Jäger und Sammler-Populationen eine verdrängt wurde und schließlich ausstarb. In beiden Fällen lässt sich zeigen, dass die Einwanderer einen entscheidenden Überlebensvorteil dadurch bekamen, dass sie in der Lage waren, zahlreichere und mannigfaltigere Nahrungsquellen zu erschließen als die Ureinwohner, also die schließlich Verdrängten.

Übertragen auf unseren Fall bedeutet dies, dass die Neandertaler in letzter Konsequenz tatsächlich ihrem zu einseitigen Speisezettel zum Opfer gefallen wären. Wir haben in Kapitel 5 aufgezeigt, dass die Neandertaler zwar bei weitem nicht ausschließlich, jedoch in überwiegendem Maße ihre Ernährung auf die Großwildjagd aufbauten. Fische, kleinere Säugetiere, Vögel und anderes wurden nur gelegentlich verzehrt. Der frühe anatomisch moderne Mensch ernährte sich dagegen von einer wesentlich breiteren Palette an tierischer und wohl auch pflanzlicher Nahrung, seine Ernährung war wesentlich abwechslungsreicher.

Natürlich spielte auch bei den modernen Menschen die Großwildjagd eine sehr bedeutende Rolle. Hier kommt nun aber zum Tragen, was wir gerade über die Verdrängungsprozesse durch Konkurrenzausschluss gesagt haben. Neandertaler und moderne Menschen standen in Konkurrenz bei der Jagd um die gleichen Nahrungsressourcen, nämlich das Großwild. Sobald das Angebot an Großwild zurückging, geriet der Neandertaler unter Nahrungsstress, da er nur in bescheidenem Rahmen andere Nahrungsquellen nutzen konnte. Der moderne Mensch hingegen war – vielleicht durch ausgefeiltere Fangtechniken – in der Lage, durch Nutzung sonstiger Nahrungsquellen solche Großwild-Engpässe zu überbrücken. Damit waren sie auch in der Lage, neue Regionen für die Besiedlung zu erschließen, in denen der Neandertaler nicht siedeln konnte. Daraus resultierte eine stetig steigende Kopfzahl der modernen Menschen, während die Zahl der Neandertaler stagnierte oder nach und nach abnahm. Im Laufe von mehreren hundert oder tausend Jahren kann das ausgereicht haben, um die Neandertaler schließlich völlig zu verdrängen. Der moderne Mensch hätte in diesem Falle, wenn auch nicht in der Form eines Massakers, doch entscheidend zum Verschwinden der Neandertaler beigetragen.

ASSIMILATION?

Anfang 2005 wurde ein anderes, bereits in den 1980er Jahren und zum Teil schon früher diskutiertes Modell in erweiterter und veränderter Form publiziert, das sehr plausibel klingt. Fred Smith und seine Co-Autoren (Smith u.a. 2005) gehen davon aus, dass es bei der Einwanderung anatomisch moderner Menschen immer wieder zu Begegnungen mit Neandertalern und in deren Verlauf auch immer wieder zu Vermischungen beider Menschenformen, das heißt zu Genfluss, gekommen ist. Im Gegensatz zu der in Kapitel 2 erwähnten Richtung innerhalb des Out of Africa-Modells, die Vermischungen – wenn überhaupt – nur ausgesprochen selten annimmt, geht dieses Assimilations-Modell zwar ebenfalls von einem Ursprung der anatomisch modernen Menschen in Afrika aus, Vermischungen mit Neandertalern kommen bei Begegnungen aber häufiger als nur zufällig vor. Inwieweit sich die Annahme häufigerer Vermischungen mit dem Ansatz verträgt, in den Neandertalern und den modernen Menschen unterschiedliche Arten zu sehen, bliebe zu diskutieren.

Keineswegs widerspricht das Assimilations-Modell einer relativ geringen oder immer weiter schwindenden Bevölkerungsdichte bei den Neandertalern, wie es andere Modelle voraussetzen. Auch die mit klimatischen Gründen argumentierenden Ansätze stehen nicht im Widerspruch dazu. Ein entscheidender Unterschied besteht aber darin, dass die Neandertaler nach dem Assimilations-Modell eben nicht völlig verdrängt, ausgestorben oder durch moderne Menschen ersetzt worden sind, sondern dass sie in den vordringenden anatomisch modernen Populationen aufgegangen sind, also assimiliert wurden. Genetische Unterschiede oder genetische Beiträge zum Genbestand der Neuankömmlinge müssen im Genpool der heutigen Menschen nach mehreren Zehntausenden von Jahren nicht mehr zwangsläufig nachweisbar sein. David Serre und Kollegen zeigen, dass selbst ein Beitrag der Neandertaler zum Genpool der frühen anatomisch modernen Menschen von maximal 25 Prozent bei der gegenwärtigen Datenbasis nicht ausgeschlossen werden kann (Serre u.a. 2004). Nach dem Assimilations-Modell wäre der Neandertaler heutzutage als Menschenform zwar verschwunden, im klassischen Sinne des Wortes aber nicht völlig ausgestorben.

DIE GESCHICHTE IST WEITERGEGANGEN …

Es ist deutlich geworden, dass wir bei der Suche nach Gründen für das Verschwinden der Neandertaler nach wie vor auf mehr oder weniger wahrscheinliche Modelle und Spekulationen angewiesen sind. Letztlich wird es sich nicht auf einen einzelnen Grund zurückführen lassen, und eine Kombination und ein Zusammenwirken mehrerer oder gar vieler Faktoren, wie in mehreren Modellen vorausgesetzt, ist am wahrscheinlichsten. Besonders das zuletzt beschriebene Assimilations-Modell ist in diesem Sinne mit anderen Ansätzen kompatibel und gewinnt dadurch einen hohen Grad an Plausibilität. Wir sind damit am Ende der Geschichte einer sich über lange Zeiträume erfolgreich behauptenden, dennoch heute nicht mehr existierenden Menschenform angelangt. Wir haben die Entwicklung der Neandertaler über gut 200.000 Jahre verfolgt, dabei zahlreiche Facetten aus ihrem Leben und Sterben berührt und über den aktuellen Forschungsstand informiert.

Wir haben aber auch eine Brücke über 150 Jahre Forschungsgeschichte zum namengebenden Neandertaler-Fossil gespannt und demonstriert, wie aktuell der Neandertaler als eigenständige Menschenform auch nach so vielen Jahren Forschung noch ist und auch weiterhin sein wird. Es ist uns hoffentlich gelungen zu zeigen, dass die Bilder, die den Neandertaler als grobes und unziviliertes Wesen zeichnen, jeglicher Grundlage entbehren. Es ist aber hoffentlich ebenso deutlich geworden, dass der Neandertaler eben kein anatomisch moderner Mensch war. Die gelegentlichen zwanghaften Versuche, ihn um jeden Preis zu „modernisieren", stellen genauso ein Extrem dar wie die früheren „Brutalisierungen" und werden dieser Menschenform genauso wenig gerecht. Der Neandertaler war ein vollwertiger Mensch mit unzähligen Fähigkeiten, er war zum Beispiel ein geschickter Jäger und Sammler, ein versierter Werkzeughersteller und Werkzeugbenutzer – und er war ein soziales Wesen. Die Neandertaler waren keinesfalls „schlechter" oder minderwertiger als die modernen Menschen. Es lässt sich aber auch nicht übersehen, dass sie ganz eindeutig anders waren: Sie handelten anders, dachten anders und speicherten oder übermittelten Informationen nicht in der Weise moderner Menschen in Zeichen und Symbolen. Juan Luis Arsuaga (2003: 320) drückt es so aus: „Sie waren, wenn man so will, realistischer, was sie jedoch nicht herabsetzt."

Wir möchten uns der prägnanten Schlussfolgerung anschließen, die er in seinem Buch „Der Schmuck des Neandertalers" wenig später gibt: „Neandertaler und moderne Menschen sind zwei sich unterscheidende menschliche Modelle, die beide äußerst wirksame Antworten der Evolution auf identische Herausforderungen des Lebens darstellen" (Arsuaga 2003: 333). Dennoch bleibt die Tatsache bestehen, dass vor vielleicht knapp 30.000 Jahre der letzte Neandertaler die Bühne des Lebens für immer verlassen hat – zumindest als eigenständige Menschenform. Denn wenn wir uns dem Assimilations-Modell anschließen, ist der Neandertaler im biologischen Sinne gar nicht völlig ausgestorben, und sein Erbe lebt zumindest teilweise in uns fort. Und wer kann schon entscheiden, ob nicht ein Teil der Fähigkeiten, die dem modernen Menschen schließlich als einziger Menschenform das Überleben sicherten, erst in Kontakt- oder gar Konkurrenzsituationen mit Neandertalern entwickelt oder weiterentwickelt wurden und der moderne Mensch auf diese Weise den Neandertalern wesentlich mehr verdankt, als es den Anschein hat (Tafel 15)? Zumindest sollte uns ein tiefer Einblick in das Kommen und Gehen des Neandertalers Anlass geben, auch über uns selbst nachzudenken.

FUNDSTELLENLISTE

Liste der in Abb. 19 und 20 kartierten Fundstellen mit Fossilien von Präneandertalern (**P**), Frühen Neandertalern (**F**) und Klassischen Neandertalern (**K**). Unsichere Zuweisungen sind durch ein Fragezeichen gekennzeichnet. Bei den Namen der Fundstellen sind Zusätze wie „Grotte de", „Riparo" oder Ähnliche meist ausgelassen.

ASERBEIDSCHAN
Azych (auch Azykh) **F ?**

BELGIEN
Couvin **K**
Engis **K**
Fonds-de-Forêt **K**
La Naulette **K**
Scladina (auch Sclayn) **K**
Spy **K**
Trou Walou (auch Grotte Walou) **K**

BULGARIEN
Bacho Kiro **K ?**

DEUTSCHLAND
Balver Höhle **K**
Hohlenstein-Stadel **K**
Hunas **F**
Klausennische **K ?**
Neandertal **K**
Ochtendung (Wannen) **F**
Reilingen **P**
Salzgitter-Lebenstedt **K**
Sarstedt **K**
Sesselfelsgrotte **K**
Steinheim **P**
Taubach **F**
Warendorf-Neuwarendorf **K**
Weimar-Ehringsdorf **F**

FRANKREICH
Angles-sur-l'Anglin **K**
Arcy-sur-Cure/Grotte de l'Hyene **K**
Arcy-sur-Cure/Grotte du Loup **K**
Arcy-sur-Cure/Grotte du Renne **K**
Artenac **K**
Aven de Vergranne **F**
La Balauzière **K**
Bau de l'Aubesier **F**
Biache-Saint-Vaast **F**
Caminero **K**
Castaigne **K**
Castel-Merle (auch Abri des Merveilles) **K**
La Cave/Vilhonneur **K ?**
La Chaise/Bourgeois-Delaunay **F**
La Chaise/Suard **F**
La Chapelle-aux-Saints (auch Bouffia Bonneval) **K**
Châteauneuf-sur-Charente (Melon + Haute-roche) **K**
Combe-Grenal **K**
La Crouzade **K**
La Ferrassie **K**
Fontéchevade **F ?**
Font-qui-Pisse **K**
Genay **K**
Hortus **K**
Jaurens **K**
Lazaret **F**
Macassargues (auch La Verrerie) **K**
Malarnaud **K**
Marillac (auch Les Pradelles) **K**
La Masque **K**
Monsempron **K**
Montgaudier **K**

Montmaurin/La Niche **F**
Moula-Guercy **K**
Le Moustier **K**
Orgnac 3 **F**
Pech-de-l'Azé **K**
Petit-Puymoyen **K**
Peyrards (auch Baume des Peyrards) **K**
Le Placard **K**
Le Portel **K**
Pradayrol **F ?**
Putride **K**
La Quina **K**
Régourdou **K**
René Simard **K**
Rigabe **K**
Roc-de-Marsal **K**
Rochelot **K**
Rochers-de-Villeneuve **K**
Saint-Césaire **K**
Soulabé-las-Maretas **K**
Vergisson **K**

GEORGIEN
Cuckvati (auch Bronze Cave) **K**
Djruchula (auch Dzhruchula) **K**
Ortvale Klde **K**
Sakazia **K**

GIBRALTAR (BRIT. KRONKOLONIE)
Genista **K ?**
Devil's Tower **K**
Forbes' Quarry **K**

GRIECHENLAND
Lakonis **K**
Petralona **P**

GROSSBRITANNIEN
Pontnewydd **F**
Saint Brelade (auch La Cotte-de-S.-B.) **K**
Swanscombe **P**

IRAK
Shanidar **K**

ISRAEL
Amud **K**
Kebara **K**
Shovakh (auch Me'arat Shovakh) **K**
Tabun **K**

ITALIEN
Altamura (Grotta di Lamalunga) **F**
Archi **K**
Grotta del Bambino (auch G. delle tre porte) **K**
Buca del Tasso **K**
Calascio **K**
Casal de' Pazzi (auch Rebibbia-C. de' P.) **F**
Grotta del Cavallo **K ?**
Circeo/Grotta Breuil **K**
Circeo/Grotta del Fossellone **K**
Circeo/Grotta Guattari **K**
Fate **K**
Fenera (auch Monte Fenera) **K**
Fumane **K**
Grimaldi/Grotta del Principe **F ?**
Jannì di San Calogero di Nicotera **K**
Maglie **K**
Melpignano **K**
Mezzena **K**
Molare (auch Il Molare a Scario) **K**
Grotta del Poggio **F**
Saccopastore **K**
San Bernardino **K**
Santa Croce di Bisceglie **K**
Sedia del Diavolo **F ?**
Taddeo **K**
Tagliente **K**

KROATIEN
Krapina **F (+ K ?)**
Vindija **K**

PORTUGAL
Columbeira/Gruta Nova **K**
Figueira Brava **K**
Oliveira **K ?**
Pesada (Gruta da Aroeira) **F ?**
Salemas **K ?**

RUMÄNIEN
Ohaba Ponor (auch Bordul Mare) **K**

RUSSLAND
Barakai (auch Barakaevskaja) **K**
Denisova Cave **K**
Mezmaiskaja **K**
Okladnikov Cave **K**

SCHWEIZ
Cotencher **K**
Saint-Brais II **K**

SLOWAKEI
Dzeravá Skála (auch Pálffy) **K ?**
Gánovce **F**
Šala **K**

SPANIEN
Agut **K**
Atapuerca/Galería **P ?**
Atapuerca/Sima de los Huesos **P**
Axlor **K**
Bañolas (auch Bañoles) **K**
Carigüela (auch Carihuela) **K**
Los Casares **K ?**
El Castillo **K ?**
Cova Negra **F**
Cueva Negra del Estrecho del Quípar **K**
La Flecha **K**
Gabasa (auch Los Moros de Gabasa) **K**
Cova del Gegant **K**
Horá **K**
Lezetxiki **F**
Mollet I **F**
El Salt **K**
El Sidrón **K**
Sima des las Palomas del Cabezo Gordo **K**
Tossal de la Font **K**
Valdegoba **K**
Zafarraya **K**

SYRIEN
Dederiyeh **K**

TADSCHIKISTAN
Khudji **K ?**

TSCHECHISCHE REPUBLIK
Kůlna **K**
Šipka **K**
Švédův stůl (u.a. Ochoz) **K**

UKRAINE
Kiik-Koba **K**
Zaskal'naya (auch Ak-Kaya) **K**

UNGARN
Remete Felsö **K ?**
Subalyuk **K**

USBEKISTAN
Anghilak **K ?**
Obi-Rakhmat **K**
Teshik-Tash **K**

GLOSSAR

ABSCHLAG Von einem Stein-↗ Kern abgetrennte ↗ Grundform von mindestens 10 mm Größe, deren Länge weniger als die doppelte Breite beträgt.

ANTHROPOLOGIE Wissenschaft, die sich mit dem Menschen und seiner Entwicklung befasst.

ARTEFAKT Jeder vom Menschen hergestellte Gegenstand sowie jeder dabei auftretende Herstellungsabfall.

AURIGNACIEN In weiten Teilen Europas verbreiteter Kulturkomplex am Beginn des ↗ Jungpaläolithikums vor etwa 40.000 bis 28.000 Jahren. Wird in der Regel mit dem anatomisch modernen Menschen in Verbindung gebracht.

BLATTSPITZE Flache, meist auf beiden Seiten sorgfältig bearbeitete Steinspitze.

BLATTSPITZENGRUPPE ↗ Übergangsindustrie zwischen ↗ Mittel- und ↗ Jungpaläolithikum, die durch das regelhafte Vorkommen von ↗ Blattspitzen gekennzeichnet und vor allem in Mittel- und Osteuropa verbreitet ist; im östlichen Mitteleuropa meist als ↗ Szeleti en bezeichnet.

CHÂTELPERRONIEN ↗ Übergangsindustrie zwischen ↗ Mittel- und ↗ Jungpaläolithikum, die u.a. durch Steinspitzen mit gebogenem Rücken (Châtelperronspitzen) gekennzeichnet und nur in Teilen Frankreichs sowie im nördlichen Spanien verbreitet ist.

DNA/DNS Abkürzung für engl. desoxyribonucleic acid und dt. Desoxyribonukleinsäure. Substanz, die die primäre Erbinformation enthält.

DORSALFLÄCHE Oberseite eines Stein-↗ Artefaktes.

EISBOHRKERN In den Eisdecken der Arktis und Antarktis gewonnene Bohrkerne, die Aufschluss über die Klimaentwicklung der letzten Jahrzehntausende bzw. Jahrhunderttausende geben.

EEM-INTERGLAZIAL Nach einem niederländischen Fluss benannte, bisher letzte ↗ Warmzeit vor etwa 127.000 bis 115.000 Jahren (auch Riß-Würm-Interglazial).

FRÜHE NEANDERTALER Neandertaler aus der Zeit vor der ↗ Würm- oder ↗ Weichseleiszeit, die unmittelbar aus den ↗ Präneandertalern hervorgegangen sind und noch nicht alle Merkmale der ↗ Klassischen Neandertaler aufweisen.

GENFLUSS Austausch von Genen zwischen Bevölkerungen durch Vermischungen.

GENPOOL Gesamtheit der Gene in einer Bevölkerung zu einer bestimmten Zeit.

GLAZIAL Synonym für Eiszeit oder ↗ Kaltzeit.

GRUNDFORM Hier die bei der Steinbearbeitung gewonnenen ↗ Artefakte, die zur weiteren Verwendung bzw. Weiterbearbeitung geeignet sind, darunter ↗ Abschläge, ↗ Klingen und ↗ Lamellen.

GÜNZ-EISZEIT In der alpinen Gliederung nach Penck und Brückner die älteste der vier klassischen Eiszeiten des ↗ Pleistozäns; benannt nach einem rechten Nebenfluss der Donau.

HOLOZÄN Zweiter, wesentlich kürzerer Teil des ↗ Quartärs; folgte vor etwa 11.500 Jahren auf das ↗ Pleistozän und dauert bis heute an. Oft als Synonym für ‚Nacheiszeit‘ gebraucht. Wahrscheinlich Teil eines zur Zeit bestehenden ↗ Interglazials.

HOMO ANTECESSOR Vor allem von den spanischen ↗ Paläoanthropologen verwendete Bezeichnung für die bisher ältesten menschlichen Fossilien in Europa aus der Gran Dolina in Atapuerca bei Burgos, die der Form ↗ Homo erectus bzw. ↗ Homo heidelbergensis angehören.

HOMO ERECTUS Urmenschenform. Wahrscheinlich die erste Menschenform, die vor etwa 2 Millionen Jahren Afrika verließ und neben Asien auch Europa besiedelte. Der Begriff Homo erectus wird heute von vielen ↗ Paläoanthropologen nur noch für die asiatischen und späten afrikanischen Funde verwendet. Für die frühen afrikanischen Funde hat sich die Bezeichnung Homo ergaster eingebürgert, für die europäischen Funde die Bezeichnung ↗ Homo heidelbergensis.

HOMO HEIDELBERGENSIS Bezeichnung für die europäischen Funde des ↗ Homo erectus, benannt nach dem Fund eines Unterkiefers in Mauer bei Heidelberg.

INTERGLAZIAL Zwischeneiszeit; ↗ Warmzeit zwischen zwei Eiszeiten bzw. ↗ Glazialen.

INTERSTADIAL Wärmere Phase innerhalb einer Eiszeit.

INTERSTRATIFIKATION Hier innerhalb einer Schichtenfolge oder ↗ Stratigraphie Einschluss einer bestimmten von Menschen hergestellten Industrie zwischen Schichten einer anderen Industrie. Beispiel ist das gelegentlich angenommene Auftreten einer Schicht des ↗ Châtelperronien zwischen Schichten des frühen ↗ Jungpaläolithikums bzw. ↗ Aurignacien.

INVENTAR Hier Gesamtheit der in einer Fundschicht vorkommenden materiellen Hinterlassenschaften der Menschen.

ISOTOP Modifikation des Atoms eines chemischen Elements, das sich nur durch die Anzahl der Neutronen im Atomkern unterscheidet, während die chemischen Eigenschaften unverändert bleiben. Radioaktive Isotope wie z.B. der ↗ Radiokohlenstoff zerfallen mit einer ganz spezifischen Halbwertszeit und eignen sich dadurch für Altersbestimmungen.

JUNGPALÄOLITHIKUM Jüngere Altsteinzeit zwischen etwa 40.000 und 14.000 Jahren vor heute.

JUNGPLEISTOZÄN Letzte Phase des jüngsten Eiszeitalters oder ↗ Pleistozäns. Beginnt vor etwa 127.000 Jahren mit dem ↗ Eem-Interglazial und endet vor etwa 11.500 Jahren mit dem Ende der letzten Eiszeit und dem Übergang zum ↗ Holozän.

KALTZEIT Synonym für Eiszeit oder ↗ Glazial.

KEILMESSER Beidflächig retuschierte Werkzeugform des Neandertalers mit einer scharfen Längskante und gegenüberliegendem, oft natürlichem Rücken sowie keilförmigem Querschnitt.

KEILMESSERGRUPPEN Formengruppe aus dem ↗ Mittelpaläolithikum, die u.a. durch das regelhafte Vorkommen von ↗ Keilmessern gekennzeichnet ist. Früher wurde meist der Begriff ↗ Micoquien verwendet.

KERN Hier bei der Steinbearbeitung mehr oder weniger sorgfältig vorbereitetes Rohstück zur Gewinnung von ↗ Grundformen. Am Beginn der Grundformproduktion steht der Vollkern, am Ende der Restkern.

KLASSISCHE NEANDERTALER Neandertaler der ↗ Würm- oder ↗ Weichseleiszeit.

KLINGE Von einem Stein-↗ Kern abgetrennte ↗ Grundform, die mindestens 10 mm breit ist, über annähernd parallele Längskanten verfügt, und deren Länge mindestens doppelt so groß wie die Breite ist.

LAMELLE ↗ Grundform bei der Steinartefaktproduktion, deren Merkmale der einer ↗ Klinge entsprechen, deren Breite aber weniger als 10 mm beträgt.

LEVALLOIS-METHODE Für das ↗ Mittelpaläolithikum und den Neandertaler typische Methode zur Präparation von Stein-↗ Kernen; benannt nach einem Vorort von Paris.

MICOQUIEN Formengruppe des Neandertalers, benannt nach der südwestfranzösischen Fundstelle La Micoque; heutzutage meist als ↗ Keilmessergruppen bezeichnet.

MINDEL-EISZEIT In der alpinen Gliederung nach Penck und Brückner die zweitälteste der vier klassischen Eiszeiten des ↗ Pleistozäns; benannt nach einem rechten Nebenfluss der Donau.

MITOCHONDRIEN Zellorgane, in denen durch Atmung die Energiegewinnung der Zelle vonstatten geht; gewissermaßen die ‚Kraftwerke‘ einer Zelle.

MITTELPALÄOLITHIKUM Mittlere Altsteinzeit zwischen etwa 300.000 und 30.000 vor heute; im Wesentlichen die Kulturstufe des Neandertalers.

MOUSTÉRIEN Formengruppe des Neandertalers, benannt nach der südwestfranzösischen Fundstelle Le Moustier. Oft zu vereinfachend als Synonym für die Kultur der Neandertaler gebraucht.

MOUSTÉRIEN DE TRADITION ACHEULÉENNE Hauptsächlich in Südwestfrankreich verbreitete Formengruppe des Neandertalers vor allem aus der Spätphase des ↗ Mittelpaläolithikums. Charakteristisch sind vor allem sorgfältig gearbeitete breitdreieckige oder herzförmige Faustkeile.

MTDNA Mitochondriale ↗ DNA, also Erbsubstanz aus den ↗ Mitochondrien.

OIS Sauerstoffisotopen-Stufe (nach engl. oxygen isotope stage).

PALÄOANTHROPOLOGE Wissenschaftler, der sich mit fossilen Menschenfunden befasst und den Ursprung sowie die Entwicklung der Menschheit erforscht.

PALÄOLITHIKUM Altsteinzeit.

PLEISTOZÄN Jüngstes Eiszeitalter; umfasst den größten Teil des ↗ Quartärs bis an den Beginn des ↗ Holozäns, d.h. den Zeitraum zwischen etwa 2,4 Millionen und 11.500 Jahren vor heute.

POLLENANALYSE Hier Untersuchungsmethode, die darauf beruht, dass auch in urgeschichtlichen Fundstellen Blütenstaub (Pollen) erhalten ist. Möglichkeit zur Umweltrekonstruktion.

POPULATION Hier Gesamtheit der Individuen einer Art in einem bestimmten Raum.

POSTKRANIALES SKELETT Skelett unterhalb des Kopfes.

PRÄNEANDERTALER Hier Bezeichnung für Menschenfossilien, die grundsätzlich ↗ Homo heidelbergensis ähnlich sind, aber bereits deutliche Merkmale des Neandertalers aufweisen. Direkte Vorfahren der ↗ Frühen Neandertaler.

QUARTÄR Jüngstes, noch andauerndes Erdzeitalter; umfasst das ↗ Pleistozän und das ↗ Holozän.

RADIOKOHLENSTOFF Radioaktives Kohlenstoff-↗ Isotop ^{14}C. Kann zur Altersbestimmung verwendet werden, da in einer so genannten Halbwertszeit von etwa 5730 Jahren jeweils die Hälfte einer vorhandenen Menge radioaktiven Kohlenstoffs zerfällt.

RETROMOLARE LÜCKE Im Unterkiefer von Neandertalern vorkommende Lücke zwischen dem dritten Backenzahn und dem aufsteigenden Unterkieferast.

RETUSCHE Hier von Menschen angebrachte Modifikation an den Kanten von Stein-↗ Artefakten, seltener auch an Knochen.

RETUSCHEUR Werkzeug aus Stein oder organischem Material zur Anbringung von ↗ Retuschen an den Kanten von Stein-↗ Artefakten, seltener auch an Knochen.

RISS-EISZEIT In der alpinen Gliederung nach Penck und Brückner die dritte der vier klassischen Eiszeiten des ↗ Pleistozäns; benannt nach einem rechten Nebenfluss der Donau.

SAALE-EISZEIT Eiszeitkomplex der nordeuropäischen Gliederung, benannt nach dem Fluss in Sachsen und Thüringen; erstreckte sich zwischen etwa 300.000 und 127.000 Jahren vor heute.

SCHÄDELKALOTTE Schädeldach ohne Basis und Gesichtsschädel.

SEKUNDÄRBESTATTUNG Besondere Behandlung von Verstorbenen, bei der die Skelettreste oder auch nur Skelettteile eines oder mehrerer Toter aus ihrem ursprünglichen primären Grabzusammenhang entfernt, z.T. modifiziert und dann erneut bestattet werden.

SPEZIES Lat. für Art. Eine Gruppe von ↗ Populationen gleicher oder ähnlicher Lebewesen, die sich miteinander paaren und fortpflanzungsfähige Nachkommen hervorbringen können. Fortpflanzung zwischen Angehörigen verschiedener Spezies ist dagegen nur bedingt möglich.

STADIAL Kältere Phase innerhalb einer Eiszeit.

STRATIGRAPHIE Hier Schichtenfolge. In der Urgeschichtsforschung bildet die stratigraphische Lage einer Fundschicht oft die sicherste Grundlage für eine zeitliche Einordnung. In einer ungestörten Stratigraphie werden die Schichten von unten nach oben zunehmend jünger.

SUBSPEZIES Lat. für Unterart. Systematische Einheit, die innerhalb einer ↗ Spezies Individuen mit auffallend ähnlichen Merkmalen zusammenfasst.

SZELETIEN Übergangsindustrie zwischen ↗ Mittel- und ↗ Jungpaläolithikum. Vor allem im östlichen Mitteleuropa verwendete Bezeichnung für Inventare der ↗ Blattspitzengruppe.

TAPHONOMISCHE PROZESSE Alle Mechanismen und Einwirkungen, die nach der Ablagerung eines Gegenstandes sein Aussehen oder seine Lage verändern.

TIEFSEEBOHRKERN In den Ablagerungen der Ozeane gewonnene Bohrkerne, die Aufschluss über die Klimaentwicklung der letzten Jahrzehntausende bzw. Jahrhunderttausende geben.

TYPUSEXEMPLAR Hier dasjenige menschliche Fossil, an welchem die Benennung der Menschenform Neandertaler vorgenommen wurde, d.h. der Fund von 1856 aus dem Neandertal.

TYPUSLOKALITÄT Hier der Fundort desjenigen menschlichen Fossils, an welchem die Benennung der Menschenform Neandertaler vorgenommen wurde, also das Neandertal.

ÜBERAUGENWÜLSTE Vorgewölbte Knochenbögen über den Augenhöhlen nicht-moderner Menschen (und auch Affen) wie z.B. der Neandertaler.

ULUZZIEN Übergangsindustrie zwischen ↗ Mittel- und ↗ Jungpaläolithikum, die ausschließlich in Teilen Italiens verbreitet ist.

URGESCHICHTE Die Menschheitsgeschichte von ihren Ursprüngen bis zum Einsetzen schriftlicher Überlieferung.

VENTRALFLÄCHE Unterseite eines Stein-↗ Artefaktes.

WARMZEIT Synonym für Zwischeneiszeit oder ↗ Interglazial

WEICHSEL-KALTZEIT Jüngste Eiszeit der nordeuropäischen Gliederung, benannt nach dem Fluss in Polen. Entspricht mehr oder weniger der ↗ Würm-Eiszeit der alpinen Gliederung.

WÜRM-EISZEIT In der alpinen Gliederung nach Penck und Brückner die jüngste der vier klassischen Eiszeiten des ↗ Pleistozäns; benannt nach einem Fluss in den bayerischen Voralpen. Entspricht mehr oder weniger der ↗ Weichsel-Kaltzeit der nordeuropäischen Gliederung.

LITERATUR

ADAM, K. D. 1973: Anfänge urgeschichtlichen Forschens in Südwestdeutschland. Quartär 23/24, 21–36.

ADAM, K. D. 1991: Der Urmensch von Steinheim an der Murr und seine Umwelt. Ein Lebensbild aus der Zeit vor einer viertel Million Jahren. Jahrbuch des Römisch-Germanischen Zentralmuseums Mainz 35/1988, 3 23.

ALBRECHT, G., Holdermann, C.-S., Kerig, T., Lechterbeck, J. und Serangeli, J. 1998: „Flöten" aus Bärenknochen – die frühesten Musikinstrumente? Archäologisches Korrespondenzblatt 28, 1–19.

ANDEL, T. H. v. und Davies, W. (Hrsg.) 2003: Neanderthals and modern humans in the European landscape during the last glaciation: archaeological results of the Stage 3 Project. Cambridge: McDonald Institute for Archaeological Research.

ARSUAGA, J. L. 2003: Der Schmuck des Neandertalers. Auf der Suche nach den Ursprüngen des menschlichen Bewusstseins. Hamburg, Wien: Europa Verlag.
[Es handelt sich um die deutsche Ausgabe eines spanischen Originals von 1999. Der Leser findet in dem allgemein verständlichen Buch interessante und wichtige Informationen, es enthält jedoch auch gravierende Fehler, die, zumindest in einigen Fällen, nicht auf den Autor zurückzugehen scheinen, sondern auf die oft unglückliche deutsche Übersetzung].

AUFFERMANN, B. und Orschiedt, J. 2002: Die Neandertaler. Eine Spurensuche. Sonderheft der Zeitschrift ‚Archäologie in Deutschland'. Stuttgart: Konrad Theiss Verlag.

AUFFERMANN, B. und Weniger, G.-C. (Hrsg.) (1997): Zeitreise. Ein Gang durch die Menschheitsgeschichte. Texte und Bilder aus dem Neanderthal Museum. Mettmann: Neanderthal Museum.

BAFFIER, D. 1999: Les derniers Néandertaliens. Le Châtelperronien. Paris: la maison des roches.

BAILEY, S. 2004: A morphometric analysis of maxillary molar crowns of Middle-Late Pleistocene hominins. Journal of Human Evolution 47, 183–198.

BARTON, N. 2000: Mousterian Hearths and Shellfish: Late Neanderthal Activities on Gibraltar. In: C. B. Stringer, R. N. E. Barton und J. C. Finlayson (Hrsg.), Neanderthals on the Edge. Oxford: Oxbow Books, 211–220.

BAR-YOSEF, O. und Vandermeersch, B. 1993: Koexistenz von Neandertaler und modernem *Homo sapiens*. Spektrum der Wissenschaft 6/1993, 32–39.

BEAUVAL, C., Maureille, B., Lacrampe-Cuyaubère, F., Serre, D., Peressinotto, D., Bordes, J.-G., Cochard, D., Couchoud, I., Dubrasquet, D., Laroulandie, V., Lenoble, A., Mallye, J.-B., Pasty, S., Primault, J., Rohland, N., Pääbo, S. und Trinkaus, E. 2005: A late Neandertal femur from Les Rochers-de-Villeneuve, France. Proceedings of the National Academy of Sciences of the U.S.A. 102, 7085–7090.

BERGER, T. D. und Trinkaus, E. 1995: Patterns of Trauma among the Neandertals. Journal of Archaeological Science 22, 841–852.

BERMÚDEZ DE CASTRO, J. M., Arsuaga, J. L., Carbonell, E. und Rodríguez, J. (Hrsg.) 1999: Atapuerca. Nuestros antecesores. Junta de Castilla y León.

BOCQUET-APPEL, J.-P. und Demars, P. Y. 2000: Neanderthal contraction and modern human colonization of Europe. Antiquity 74, 544–552.

BOËDA, E. 1994: Le concept Levallois: variabilité des méthodes. Monographie du CRA 9. Paris: CNRS Éditions.

BOLUS, M. 2004a: Wer war der Neandertaler? In: N. J. Conard (Hrsg.), Woher kommt der Mensch? Tübingen: Attempto Verlag, 136–163.

BOLUS, M. 2004b: Der Übergang vom Mittel- zum Jungpaläolithikum in Europa. Eine Bestandsaufnahme unter besonderer Berücksichtigung Mitteleuropas. Germania 82,1–54.

BOLUS, M. 2005: Brachten es moderne Menschen mit? Die Anfänge des Jungpaläolithikums in Europa. In: N. J. Conard, S. Kölbl und W. Schürle (Hrsg.) 2005, 71–98.

BOLUS, M. und Rück, O. 2000: Eine Blattspitze aus Wittislingen, Lkr. Dillingen a. d. Donau (Bayern). Zur südwestlichen Verbreitungsgrenze spätmittelpaläolithischer Blattspitzeninventare. Archäologisches Korrespondenzblatt 30, 165–172.

BOSINSKI, G. 1967: Die mittelpaläolithischen Funde im westlichen Mitteleuropa. Fundamenta A4. Köln/Graz: Böhlau Verlag.

BOSINSKI, G. 1985: Der Neandertaler und seine Zeit. Kunst und Altertum am Rhein, Führer des Rheinischen Landesmuseums Bonn 118. Köln: Rheinland-Verlag.

BOSINSKI, G. 1992: Eiszeitjäger im Neuwieder Becken. Archäologie an Mittelrhein und Mosel 1, dritte, erweiterte und veränderte Auflage. Koblenz: Landesamt für Denkmalpflege Rheinland-Pfalz.

BOSINSKI, G., Kröger, K., Schäfer, J. und Turner, E. 1986: Altsteinzeitliche Siedlungsplätze auf den Osteifel-Vulkanen. Jahrbuch des Römisch-Germanischen Zentralmuseums Mainz 33/1986, 97–130.

BRAUER, G. 2003: Der Ursprung lag in Afrika. Spektrum der Wissenschaft 2/2003, 38–46.

BRÄUER, G. 2004: Das Out-of-Africa-Modell und die Kontroverse um den Ursprung des modernen Menschen. In: N. J. Conard (Hrsg.), Woher kommt der Mensch? Tübingen: Attempto Verlag, 164–187.

BROWN, P., Sutikna, T., Morwood, M. J., Soejono, R. P., Jatmiko, Wayhu Saptomo, E. und Rokus Awe Due 2004: A new small-bodied hominin from the Late Pleistocene of Flores, Indonesia. Nature 431, 1055–1061.

BUCKLAND, W. 1823: Reliquiae Diluvianae; or, observations on the organic remains contained in caves, fissures, and diluvial gravel, and on other geological phenomena, attesting the action of an universal deluge. London (second edition London 1824).

CANN, R. L., Stoneking, M. und Wilson, A. C. 1987: Mitochondrial DNA and Human Evolution. Nature 325, 31–36.

CARAMELLI, D., Lalueza-Fox, C., Vernesi, C., Lari, M., Casoli, A., Mallegni, F., Chiarelli, B., Dupanloup, I., Bertranpetit, J., Barbujani, G. und Bertorelle, G. 2003: Evidence for a genetic discontinuity between Neandertals and 24, 000-year-old anatomically modern Europeans. Proceedings of the National Academy of Sciences of the U.S.A. 100, 6593–6597.

CONARD, N. J. 1992: Tönchesberg and its position in the paleolithic prehistory of northern Europe. Römisch-Germanisches Zentralmuseum, Monographien Bd. 20. Bonn: Dr. Rudolf Habelt GmbH.

CONARD, N. J. (Hrsg.) 2001: Settlement Dynamics of the Middle Paleolithic and Middle Stone Age. Tübingen: Kerns Verlag.

CONARD, N. J. (Hrsg.) (2004): Settlement Dynamics of the Middle Paleolithic and Middle Stone Age II. Tübingen: Kerns Verlag.

CONARD, N. J. und Bolus, M. 2003a: Radiocarbon dating the appearance of modern humans and timing of cultural innovations in Europe: new results and new challenges. Journal of Human Evolution 44, 331–371.

CONARD, N. J. und Bolus, M. 2003b: Der mittelpaläolithische Fundplatz Wallertheim/Kreis Alzey-Worms. In: B. Heide (Hrsg.), Leben und Sterben in der Steinzeit. Mainz: Verlag Philipp von Zabern, 33–46.

Conard, N. J. und Wendorf, F. (Hrsg.) 1998: Middle Palaeolithic and Middle Stone Age Settlement Systems. UISPP, Proceedings of the XIII Congress, Forlí 1996, Bd. 6/I, 219–326.

Conard, N. J., Grootes, P. M. und Smith, F. H. 2004: Unexpectedly recent dates for human remains from Vogelherd. Nature 430, 198–201.

Conard, N. J., Kölbl, S. und Schürle, W. (Hrsg.) 2005: Vom Neandertaler zum modernen Menschen. Ostfildern: Jan Thorbecke Verlag.

Condemi, S. 1996: Does the human fossil specimen from Reilingen (Germany) belong to the *Homo erectus* or to the Neandertal lineage? Anthropologie (Brno) 34/1, 69–77.

Czarnetzki, A. 1989: Ein archaischer Hominidencalvariarest aus einer Kiesgrube in Reilingen, Rhein-Neckar-Kreis. Quartär 39/40, 191–201.

Darwin, C. 1859: On the Origin of Species by Means of Natural Selection, or the Preservation of Favoured Races in the Struggle for Life. London. (fourth edition, with additions and corrections London 1866).

Darwin, C. 1871: The Descent of Man, and Selection in Relation to Sex. Vol. I and II. London.

Dean, D., Hublin, J.-J., Holloway R. und Ziegler, R. 1998: On the phylogenetic position of the pre-Neandertal specimen from Reilingen, Germany. Journal of Human Evolution 34, 485–508.

Defleur, A. 1993: Les Sépultures Moustériennes. Paris: CNRS Editions.

Defleur, A., White, T., Valensi, P., Slimak, L. und Crégut-Bonnoure, É. 1999: Neanderthal Cannibalism at Moula-Guercy, Ardèche, France. Science 286, 128–131.

DeGusta, D. 2003: Aubesier 11 is not evidence of Neandertal conspecific care. Journal of Human Evolution 45, 831–834.

Delagnes, A. und Ropars, A. (Hrsg.) 1996: Paléolithique moyen en pays de Caux (Haute-Normandie). Le Pucheuil, Etoutteville: deux gisements de plein air en milieu lœssique. Documents d'archéologie française 56. Paris: Éditions de la Maison des Sciences de l'Homme.

Ewe, T. 2005: Der Untergang der Neandertaler. Bild der Wissenschaft 6/2005, 16–32.

Farizy, C., David, F. und Jaubert, J. 1994: Hommes et bisons du Paléolithique moyen à Mauran (Haute-Garonne). XXXe supplément à „Gallia Préhistoire", Paris: CNRS Éditions.

Féblot-Augustins, J. 1997: La circulation des matières premières au Paléolithique. 2 Bde. ERAUL 75. Liège: Université de Liège.

Fiedler, L. (1999): Repertoires und Gene. Der Wandel kultureller und biologischer Ausstattung des Menschen. Germania 77, 1–37.

Finlayson, C. 2004: Neanderthals and Modern Humans. An Ecological and Evolutionary Perspective. Cambridge: Cambridge University Press.

Floss, H. 1994: Rohmaterialversorgung im Paläolithikum des Mittelrheingebietes. Römisch-Germanisches Zentralmuseum, Monographien Bd. 21. Bonn: Dr. Rudolf Habelt GmbH.

Floss, H. 2005: Das Ende nach dem Höhepunkt. Überlegungen zum Verhältnis Neandertaler – anatomisch moderner Mensch auf Basis neuer Ergebnisse zum Paläolithikum in Burgund. In: N. J. Conard, S. Kölbl und W. Schürle (Hrsg.) 2005, 109–130.

Fuhlrott, J. C. 1859: Menschliche Ueberreste aus einer Felsengrotte des Düsselthals. Ein Beitrag zur Frage über die Existenz fossiler Menschen. Verhandlungen des naturhistorischen Vereines der preussischen Rheinlande und Westphalens 16, 131–153 + Tafel I.

Gabunia, L. K., Jöris, O., Justus, A., Lordkipanidze, D., Muscheližvili, A., Nioradze, M., Swisher III, C. C. und Vekua, A. K. 1999: Neue Hominidenfunde des altpaläolithischen Fundplatzes Dmanisi (Georgien, Kaukasus) im Kontext aktueller Grabungsergebnisse. Unter Mitarbeit von G. Bosinski, R. C. Ferring, G. M. Majsuradze und M. Tvalčrelidze. Archäologisches Korrespondenzblatt 29, 451–488.

Gaudzinski, S. 1999: Ein mittelpaläolithisches Rentierjägerlager bei Salzgitter-Lebenstedt. In: M. Boetzkes, I. Schweitzer und J. Vespermann (Hrsg.), EisZeit, Das große Abenteuer der Naturbeherrschung. Begleitbuch zur gleichnamigen Ausstellung im Roemer- und Pelizaeus-Museum Hildesheim. Stuttgart: Jan Thorbecke Verlag, 166–176.

Haidle, M. N. 2004: Menschenaffen? Affenmenschen? Menschen! Kognition und Sprache im Altpaläolithikum. In: N. J. Conard (Hrsg.), Woher kommt der Mensch? Tübingen: Attempto Verlag, 69–97.

Haidle, M. N. 2005: Familientreffen, Konkurrenzkampf oder Techtelmechtel? Begegnungen zwischen Neandertalern und anatomisch modernen Menschen. In: N. J. Conard, S. Kölbl und W. Schürle (Hrsg.) 2005, 99–108.

Hardy, B. L. 2004: Neandertal behaviour and stone tool function at the Middle Palaeolithic site of La Quina, France. Antiquity 78, 547–565.

Harvati, K. 2003: The Neandertal taxonomic position: models of intra- and inter-specific craniofacial variation. Journal of Human Evolution 44, 107–132.

Hawks, J. D. und Wolpoff, M. H. 2001: The Accretion Model of Neandertal Evolution. Evolution 55(7), 1474–1485.

Henke, W. 2004: Evolution und Verbreitung des Genus *Homo*. Aktuelle Befunde aus evolutionsökologischer Sicht. In: N. J. Conard (Hrsg.), Woher kommt der Mensch? Tübingen: Attempto Verlag, 98–135.

Henke, W. und Rothe, H. 1999a: Stammesgeschichte des Menschen. Eine Einführung. Berlin/Heidelberg: Springer-Verlag.

Henke, W. und Rothe, H. 1999b: Die phylogenetische Stellung des Neandertalers. Biologie in unserer Zeit 29/6, 320–329.

Henke, W., Kieser, N. und Schnaubelt, W. (1996): Die Neandertalerin. Botschafterin der Vorzeit. Gelsenkirchen/Schwelm: Edition Archaea.

Henry-Gambier, D. 2002: Les fossiles de Cro-Magnon (Les Eyzies-de-Tayac, Dordogne): nouvelles données sur leur position chronologique et leur attribution culturelle. Paléo 14, 201–204.

Husemann, D. 2005: Die Neandertaler. Genies der Eiszeit. Frankfurt/Main: Campus Verlag.

Huxley, T. H. 1863: Evidence as to Man's Place in Nature. London.

Jaubert, J., Lorblanchet, M., Laville, H., Slott-Moller, R., Turq, A. und Brugal, J.-P. 1990: Les chasseurs d'Aurochs de La Borde. Un site du Paléolithique moyen (Livernon, Lot). Documents d'archéologie française 27, Paris: Editions de la Maison des Sciences de l'Homme.

Jöris, O. 2003: Die aus der Kälte kamen ... von der Kultur Später Neandertaler in Mitteleuropa. Mitteilungen der Gesellschaft für Urgeschichte 11/2002, 5–32.

Jöris, O. 2004: Zur chronostratigraphischen Stellung der spätmittelpaläolithischen Keilmessergruppen. Der Versuch einer kulturgeographischen Abgrenzung einer mittelpaläolithischen Formengruppe in ihrem europäischen Kontext. Bericht der Römisch-Germanischen Kommission 84/2003, 49–153.

Jöris, O. 2005: Aus einer anderen Welt – Europa zur Zeit des Neandertalers. In: N. J. Conard, S. Kölbl und W. Schürle (Hrsg.), 43–66.

Kindler, L. 2005: Eine Höhle und ihre Gäste. Archäologie in Deutschland 2/2005, 26–27.

Klein, R. G. 1999: The Human Career. Human Biological and Cultural Origins. 2. Auflage. Chicago und London: The University of Chicago Press.

Koenigswald, W. von (2002): Lebendige Eiszeit. Klima und Tierwelt im Wandel. Stuttgart: Theiss.

Kolen, J. 1999: Hominids without homes: on the nature of Middle Palaeolithic settlement in Europe. In: W. Roebroeks und C. Gamble (Hrsg.), The Middle Palaeolithic Occupation of Europe. Leiden: University of Leiden, 139–175.

Krings, M., Stone, A., Schmitz, R. W., Krainitzki, H., Stoneking, M. und Pääbo, S. 1997: Neandertal DNA Sequences and the Origin of Modern Humans. Cell 90, 19–30.

Kuckenburg, M. (2005): Der Neandertaler. Auf den Spuren des ersten Europäers. Stuttgart: Klett-Cotta.

Kühn, H. 1976: Geschichte der Vorgeschichtsforschung. Berlin, New York.

Lamarck, J. B. de 1809: Philosophie zoologique. Paris.

Lebel, S. und Trinkaus, E. 2002: A Carious Neandertal Molar from the Bau de L'Aubesier, Vaucluse, France. Journal of Archaeological Science 29, 555–557.

Lebel, S., Trinkaus, E., Faure, M., Fernandez, P., Guérin, C., Richter, D., Mercier, N., Valladas, H. und Wagner, G. A. 2001: Comparative morphology and paleobiology of Middle Pleistocene human remains from the Bau de l'Aubesier, Vaucluse, France. Proceedings of the National Academy of Sciences of the U.S.A. 98, 11097–11102.

Le Tensorer, J.-M. 1993: Alt- und Mittelpaläolithikum. In: Die Schweiz vom Paläolithikum bis zum frühen Mittelalter I: Paläolithikum und Mesolithikum. Basel: Verlag Schweizerische Gesellschaft für Ur- und Frühgeschichte, 119–151.

Lev, E., Kislev, M. E. und Bar-Yosef, O. 2005: Mousterian vegetal food in Kebara Cave, Mt. Carmel. Journal of Archaeological Science 32, 475–484.

Lorblanchet, M. 1999: La naissance de l'art. Genèse de l'art préhistorique dans le monde. Paris: Éditions Errance.

Madella, M., Jones, M. K., Goldberg, P., Goren, Y. und Hovers, E. 2002: The Exploitation of Plant Resources by Neandertals in Amud Cave (Israel): The Evidence from Phytolith Studies. Journal of Archaeological Science 29, 703–719.

Mania, D. 1998: Die ersten Menschen in Europa. Sonderheft der Zeitschrift ,Archäologie in Deutschland'. Stuttgart: Theiss.

Mania, D. 2004a: In den Jagdgründen des Menschen vor 200 000 Jahren im Geiseltal. In: H. Meller (Hrsg.) 2004, 122–149.

Mania, D. 2004b: Königsaue – Jäger am Aschersleben See vor 80 000 Jahren. In: H. Meller (Hrsg.) 2004, 175–196.

Mania, D. und Toepfer, V. 1973: Königsaue. Gliederung, Ökologie und mittelpaläolithische Funde der letzten Eiszeit. Veröffentlichungen des Landesmuseums für Vorgeschichte in Halle 26. Berlin: VEB Verlag der Wissenschaften.

Marquet, J.-C. und Lorblanchet, M. 2003: A Neandertal face? The proto-figurine from La Roche-Cotard, Langeais (Indre-et-Loire, France). Antiquity 77, 661–670.

Mellars, P. 1996: The Neanderthal Legacy. An Archaeological Perspective from Western Europe. Princeton, New Jersey: Princeton University Press.

Meller, H. (Hrsg.) 2004: Paläolithikum und Mesolithikum. Kataloge zur Dauerausstellung im Landesmuseum für Vorgeschichte Halle Bd. 1. Halle (Saale): Landesamt für Denkmalpflege und Archäologie Sachsen-Anhalt – Landesmuseum für Vorgeschichte.

Morwood, M. J., Brown, P., Jatmiko, Sutikna, T., Wahyu Saptomo, E., Westaway, K. E., Rokus Awe Due, Roberts, R. G., Maeda, T., Wasisto, S. und Djubiantono, T. 2005: Further evidence for small-bodied hominins from the Late Pleistocene of Flores, Indonesia. Nature 437, 1012–1017.

Müller, U. C. und Schönfelder, A. 2005: Die Umweltbedingungen der Übergangszeit vom Neandertaler zum anatomisch modernen Menschen. In: N. J. Conard, S. Kölbl und W. Schürle (Hrsg.) 2005, 39–46.

Müller-Beck, H. 2005: Die Eiszeiten. Naturgeschichte und Menschheitsgeschichte.

C. H. Beck Wissen in der Beck'schen Reihe 2363. München: Verlag C. H. Beck.

Müller-Beck, H. und Schröter, P. 1975: Neue paläolithische und neolithische Funde aus den Weinberghöhlen bei Mauern, Kr. Neuburg/Donau. Grabung 1974. Archäologisches Korrespondenzblatt 5, 175–180.

Narkott, J. 2005: Ist der Neandertaler wirklich ausgestorben? National Geographic, deutsche Ausgabe 2/2005, 116–133.

Onac, B. P., Viehmann, I., Lundberg, J., Lauritzen, S.-E., Stringer, C. und Popită, V. 2005: U-Th ages constraining the Neanderthal footprint at Vârtop Cave, Romania. Quarternary Science Reviews 24, 1151–1157.

Orschiedt, J. 1999: Manipulationen an menschlichen Skelettresten. Taphonomische Prozesse, Sekundärbestattungen oder Kannibalismus? Urgeschichtliche Materialhefte 13. Tübingen: Mo Vince Verlag.

Orschiedt, J., Auffermann, B. und Weniger, G.-C. 1999: Familientreffen. Deutsche Neanderthaler 1856–1999. Katalog zur Sonderausstellung ‚Familientreffen' im Neanderthal Museum, 19.03.–02.05.1999. Mettmann: Neanderthal Museum.

Pääbo, S. 1993: Ancient DNA. Scientific American 11/1993, 60–66.

Pavlov, P., Svendsen, J. I. und Indrelid, S. 2001: Human presence in the European Arctic nearly 40,000 years ago. Nature 413, 64–67.

Pettitt, P. B. 2000: Neanderthal lifecycles: developmental and social phases in the lives of the last archaics. World Archaeology 31, 351–366.

Pfannenstiel, M. 1973: Der fossile Mensch in der Geschichte der Geologie. Quartär 23/24, 19.

Radovčić, J, Smith, F. H., Trinkaus, E. und Wolpoff, M. H. 1988: The Krapina Hominids: An Illustrated Catalog of Skeletal Collection. Zagreb: Mladost.

Ramirez Rozzi, F. V. und Bermudez de Castro, J. M. 2004: Surprisingly rapid growth in Neanderthals. Nature 428, 936–939.

Richter, J. 1997: Sesselfelsgrotte III: Der G-Schichten-Komplex der Sesselfelsgrotte – Zum Verständnis des Micoquien. Quartär-Bibliothek 7. Saarbrücken: Saarbrücker Druckerei und Verlag.

Roberts, M. B. und Parfitt, S. A. 1999: Boxgrove. A Middle Pleistocene hominid site at Eartham Quarry, Boxgrove, West Sussex. Mit Beiträgen von L. A. Austin u.a. English Heritage, Archaeological Report 17, London: English Heritage.

Ronen, A. 1995: Neandertaler und früher Homo sapiens im Nahen Osten. Jahrbuch des Römisch-Germanischen Zentralmuseums Mainz 37/1990, 3–7.

Sandgathe, D. M. und Hayden, B. 2003: Did Neanderthals eat inner bark? Antiquity 77, 709–718.

Sawyer, G. J. und Maley, B. 2005: Neanderthal Reconstructed. The Anatomical Record 283B, 23–31.

Schaaffhausen, H. 1853: Ueber Beständigkeit und Umwandlung der Arten. Verhandlungen des naturhistorischen Vereines der preussischen Rheinlande und Westphalens 10, 420–451.

Schaaffhausen, H. 1858: Zur Kenntniß der ältesten Rassenschädel. Müllers Archiv 5, 453–478.

Schmerling, P.-C. 1833: Recherches sur les ossemens fossiles découverts dans les cavernes de la province de Liège. Liège.

Schmitz, R. W. (Hrsg.) 2006: Neanderthal 1856–2006. Rheinische Ausgrabungen. Mainz.

Schmitz, R. W. und Thissen, J. 2000: Neandertal. Die Geschichte geht weiter. Heidelberg, Berlin: Spektrum Akademischer Verlag.

Schmitz, R. W., Serre, D., Bonani, G., Feine, S., Hillgruber, F., Krainitzki, H., Pääbo, S. und Smith, F. H. 2002: The Neandertal type site revisited: Interdisciplinary investigations of

skeletal remains from the Neander Valley, Germany. Proceedings of the National Academy of Sciences of the U.S.A. 99, 13342–13347 (zusätzlich ergänzende Informationen unter: www.pnas.org/cgi/content/full/192464099/DC 1/2).

Schrenk, F. 2004: Auf den Spuren der ersten Menschen. In: N. J. Conard (Hrsg.), Woher kommt der Mensch? Tübingen: Attempto Verlag, 9–31.

Schrenk, F, und Müller, S. (2005): Die Neandertaler. München: Verlag C. H. Beck.

Serangeli, J. (2006): Verbreitung der großen Jagfauna in Mittel- und Westeuropa im oberen Jungpleistozän. Ein kritischer Beitrag. Tübinger Arbeiten zur Urgeschichte 3. Rahden/Westf.: Verlag Marie Leidorf.

Serre, D., Langaney, A., Chech, M., Teschler-Nicola, M., Paunovic, M., Mennecier, P., Hofreiter, M., Possnert, G. und Pääbo, S. 2004: No Evidence of Neandertal mtDNA Contribution to Early Modern Humans. PLoS Biology 2(3), 313–317.

Smith, F. H., Janković, I. und Karavanić, I. 2005: The assimilation model, modern human origins in Europe, and the extinction of Neandertals. Quaternary International 137, 7–19.

Spengel, J. W. 1875: Schädel vom Neanderthal-Typus. Inaugural-Dissertation zur Erlangung der philosophischen Doctorwürde an der Universität zu Göttingen. Braunschweig.

Spoor, F., Hublin, J.-J., Braun, M. und Zonneveld, F. 2003: The bony labyrinth of Neanderthals. Journal of Human Evolution 44, 141–165.

Stiner, M. C. 1994: Honor among Thieves. A Zooarchaeological Study of Neandertal Ecology. Princeton, N. J.: Princeton University Press.

Stodiek, U. und Paulsen, H. 1996: „Mit dem Pfeil, dem Bogen…". Technik der steinzeitlichen Jagd. Begleitheft zur Ausstellung des Staatlichen Museums für Naturkunde und Vorgeschichte Oldenburg. Oldenburg: Isensee Verlag.

Stringer, C. B. und Gamble, C. (1993): In Search of the Neanderthals. New York: Thames and Hudson.

Svoboda, J., Ložek, V. und Vlček, E. 1996: Hunters between East and West. The Paleolithic of Moravia. New York/London: Plenum Press.

Thieme, H. 1999: Jagd auf Wildpferde vor 400.000 Jahren. Fundplätze aus der Zeit des Urmenschen (Homo erectus) im Tagebau Schöningen, Landkreis Helmstedt. In: M. Boetzkes, I. Schweitzer und J. Vespermann (Hrsg.), EisZeit, Das große Abenteuer der Naturbeherrschung. Begleitbuch zur gleichnamigen Ausstellung im Roemer- und Pelizaeus-Museum Hildesheim. Stuttgart: Jan Thorbecke Verlag, 122–136.

Thieme, H. und Veil, S. 1985: Neue Untersuchungen zum eemzeitlichen Elefanten-Jagdplatz Lehringen, Ldkr. Verden. Die Kunde N. F. 36, 11–58

Toussaint, M. 2001: Les hommes fossiles en Wallonie. De Philippe-Charles Schmerling à Julien Fraipont, l'émergence de la paléoanthropologie. Carnets du Patrimoine 33. Namur: Ministère de la Region wallonne.

Trinkaus, E. 1983: The Shanidar Neandertals. New York: Academic Press.

Trinkaus, E. 1995: Neanderthal Mortality Patterns. Journal of Archaeological Science 22, 121–142.

Trinkaus, E. 2005: Anatomical evidence for the antiquity of human footwear use. Journal of Archaeological Science 32, 1515–1526.

Trinkaus, E., Milota, S., Rodrigo, R., Mircea, G. und Moldovan, O. 2003: Early modern human cranial remains from Peştera cu Oase, Romania. Journal of Human Evolution 45, 245–253.

Tuffreau, A. 1979: Les débuts du Paléolithique moyen dans la France septentrionale. Bulletin de la Société Préhistorique Française 76, 140–142.

Turner, E. 2000: Miesenheim I. Excavations at a lower palaeolithic site in the Central Rhine-

land of Germany. Römisch-Germanisches Zentralmuseum, Monographien Bd. 44. Mainz/Bonn: Verlag des RGZM in Kommission bei Dr. Rudolf Habelt GmbH.

Valoch, K. 1993: Vedrovice V, eine Siedlung des Szeletien in Südmähren. Quartär 43/44, 7–93.

Veil, S. 2004: Funktion und Design am Stein. Steinmesser aus der Zeit der Neandertaler vom Jagdplatz Lichtenberg, Ldkr. Lüchow-Dannenberg. In: M. Fansa, F. Both und H. Hassmann (Hrsg.), Archäologie Land Niedersachsen. 400 000 Jahre Geschichte. Stuttgart: Konrad Theiss Verlag, 348–352.

Virchow, R. 1872: Untersuchung des Neanderthal-Schädels. Zeitschrift für Ethnologie 4, 157–165.

Virchow, R. 1901: Über den prähistorischen Menschen und über die Grenzen zwischen Species und Varietät. Correspondenzblatt der Deutschen Gesellschaft für Anthropologie, Ethnologie und Urgeschichte 32/10, 83–89, 91.

Vlček, E. 1993: Fossile Menschenfunde von Weimar-Ehringsdorf. Mit Beiträgen von W. Steiner, D. Mania, R. Feustel, H. Grimm und R. Saban. Weimarer Monographien zur Ur- und Frühgeschichte 30. Stuttgart: Konrad Theiss Verlag.

Vollbrecht, J. 1997: Untersuchungen zum Altpaläolithikum im Rheinland. Universitätsforschungen zur prähistorischen Archäologie 38. Bonn: Dr. Rudolf Habelt GmbH.

Wagner, E. 1983: Das Mittelpaläolithikum der Großen Grotte bei Blaubeuren (Württemberg). Forschungen und Berichte zur Vor- und Frühgeschichte in Baden-Württemberg 16. Stuttgart: Konrad Theiss Verlag.

Wagner, G. A. und Beinhauer, K. W. (Hrsg.) 1997: Homo heidelbergensis von Mauer. Das Auftreten des Menschen in Europa. Heidelberg: HVA.

Weber, T. 2004: Ein Waldelefantenfund der letzten Zwischenwarmzeit aus dem Tagebau Gröbern bei Bitterfeld. In: H. Meller (Hrsg.) 2004, 151–162.

Wetzel, R. und Bosinski, G. 1969: Die Bocksteinschmiede im Lonetal (Markung Rammingen, Kreis Ulm). 2 Bde. Stuttgart: Verlag Müller & Gräff.

White, T. D., Asfaw, B., DeGusta, D., Gilbert, H., Richards, G. D., Suwa, G. und Howell, F. C. 2003: Pleistocene Homo sapiens from Middle Awash, Ethiopia. Nature 423, 742–747.

Wiessner, P. 1983: Style and Social Information in Kalahari San Projectile Points. American Antiquity 48, 253–276.

Wild, E. M., Teschler-Nicola, M., Kutschera, W., Steier, P., Trinkaus, E. und Wanek, W. 2005: Direct dating of Early Upper Palaeolithic human remains from Mladeč. Nature 435, 332–335.

Worm, N. 2002: Syndrom X oder Ein Mammut auf den Teller! Mit Steinzeitdiät aus der Wohlstandsfalle. Vierte, erweiterte, Auflage. Lünen: systemed Verlag.

Wuketits, F. M. 1988: Evolutionstheorien. Darmstadt.

Zängl-Kumpf, U. 1990: Hermann Schaaffhausen (1816–1893). Die Entwicklung einer neuen physischen Anthropologie im 19. Jahrhundert. Frankfurt/M.

Zilhão, J. und Trinkaus, E. (Hrsg.) 2002: Portrait of the Artist as a Child. The Gravettian Human Skeleton from the Abrigo do Lagar Velho and its Archeological Context. Trabalhos de Arqueologia 22. Lisboa: Instituto Português de Arqueologia.

Zollikofer, C. P. und Ponce de León, M. 2005: Virtual Reconstruction. A Primer in Computer-Assisted Paleontology and Biomedicine. New York: John Wiley & Sons.

Zollikofer, C. P. E., Ponce de León, M., Vandermeersch, B. und Lévéque, F. 2002: Evidence for interpersonal violence in the St. Césaire Neanderthal. Proceedings of the National Academy of Sciences of the U.S.A. 99, 6444–6448.

ABBILDUNGS-NACHWEISE

ABB. 1: Fraas, O. 1866: Vor der Sündfluth! Eine Geschichte der Urwelt. Stuttgart.

ABB. 2: Buckland 1824.

ABB. 3: Lyell, C. 1863: The Geological Evidences of the Antiquity of Man with Remarks on Theories of the Origin of Species by Variation. London.

ABB. 4: Bongard, J. H. 1835: Wanderung zur Neandershöhle. – Eine topographische Skizze der Gegend von Erkrath an der Düssel. Düsseldorf.

ABB. 5: Foto: Archiv Neanderthal Museum, Mettmann.

ABB. 6: Bosinski 1985, nach G. Wandel, Bonn.

ABB. 7: Archiv Projekt Neandertal. Foto: H. Jensen, Universität Tübingen nach Abguss in der Abt. Ältere Urgeschichte und Quartärökologie der Universität Tübingen.

ABB. 8: Foto: Archiv Löbbecke-Museum, Düsseldorf.

ABB. 9: Archiv Projekt Neandertal.

ABB. 10: Archiv Projekt Neandertal. Foto R. W. Schmitz.

ABB. 11: Archiv Projekt Neandertal. Foto R. W. Schmitz.

ABB. 12: Archiv Projekt Neandertal. Foto R. W. Schmitz.

ABB. 13: Archiv Projekt Neandertal. Foto R. W. Schmitz.

ABB. 14: Archiv Projekt Neandertal. Foto R. W. Schmitz.

ABB. 15: Archiv Projekt Neandertal. Foto: H. Jensen, Universität Tübingen.

ABB. 16: Archiv Projekt Neandertal. Foto: M. Lingnau, Universität Tübingen.

ABB. 17: Archiv Projekt Neandertal. Foto: M. Lingnau, Universität Tübingen.

ABB. 18: Jöris 2005, Abb. 3 (nach J. R. Petit, J. Jouzel, D. Raynaud, N. I. Barkov, J.-M. Barnola, I. Basile, M. Bender, J. Chapellaz, M. Davis, G. Delaygue, M. Delmotte, V. M. Kotlyakov, M. Legrand, V. Y. Lipenkov, C. Lorius, L. Pépin, C. Ritz, E. Saltzman und M. Stievenard, Climate and atmospheric history of the past 420,000 years from the Vostok ice core, Antarctica. Nature 399, 1999, 429–436; mit Ergänzungen nach M. A. Geyh und H. Müller, Numerical ^{230}Th/U dating and a palynological review of the Holsteinian/Hoxnian Interglacial. Quaternary Science Reviews 24, 2005, 1861–1872).

ABB. 19: M. Bolus; GIS-Kartierungen durch J. Serangeli.

ABB. 20: M. Bolus; GIS-Kartierungen durch J. Serangeli.

ABB. 21: Archiv des Autors.

ABB. 22: Bosinski 1985, Tafel 10.

ABB. 23: Bosinski 1985, Abb. 9.

ABB. 24: © M. Ponce de Léon/Ch. Zollikofer, Zürich und Museum für Vor- und Frühgeschichte, Berlin.

ABB. 25: a. Verändert nach Henke und Rothe 1999a, Abb. 9.4. b. Henke und Rothe 1999b, Abb. 5 (Zeichnung S. Nash; mit freundlicher Genehmigung von J. G. Fleagle.)

ABB. 26: Landesamt für Denkmalpflege und Archäologie Sachsen-Anhalt – Landesmuseum für Vorgeschichte Halle (Saale) (nach Weber 2004, Abb. 10.4).

ABB. 27: Von Koenigswald 2002, Abb. 31.

ABB. 28: Landesamt für Denkmalpflege und Archäologie Sachsen-Anhalt – Landesmuseum für Vorgeschichte Halle (Saale). Foto: J. Liptak (nach Meller 2004, Abb. 6.3).

ABB. 29: Von Koenigswald 2002, Abb. 176.

ABB. 30: Archiv Projekt Neandertal. Zeichnung: S. Feine, Universität Tübingen.

ABB. 31: Archiv Projekt Neandertal. Zeichnung: S. Feine, Universität Tübingen.

ABB. 32: Verändert nach Delagnes und Ropars 1996.

ABB. 33: Verändert nach Bosinski 1967.

ABB. 34: K. H. Jacob-Friesen, Eiszeitliche Elefantenjäger in der Lüneburger Heide. Jahrbuch des Römisch-Germanischen Zentralmuseums Mainz 3, 1956, 1–22, Tafel 1b.

ABB. 35: Verändert nach Trinkaus 1983, Fig. 75 und 76.

ABB. 36: Verändert nach Bosinski 1985, Abb. 33.

ABB. 37: Schmitz und Thissen 2000, 190 (verändert nach Stringer und Gamble, 1993).

ABB. 38: Verändert nach N. J. Conard, Sind sich Neandertaler und moderne Menschen auf der Schwäbischen Alb begegnet? In: N. J. Conard, S. Kölbl und W. Schürle (Hrsg.), 131–152, Abb. 2.

ABB. 39: Verändert nach B. Ginter, J. K. Kozłowski, H. Laville, N. Sirakov und R. E. M. Hedges, Transition in the Balkans: News from the Temnata Cave, Bulgaria. In: E. Carbonell und M. Vaquero (Hrsg.), The Last Neandertals, the First Anatomically Modern Humans. Cultural Change and Human Evolution: the Crisis at 40 ka BP. Rovira i Virgili 1996, 169–200.

ABB. 40: Verändert nach A. Palma di Cesnola, L'Uluzzien: faciès italien du Leptolithique archaïque. L'Anthropologie 93, 1989, 783–811.

ABB. 41: 1–12 verändert nach J. Svoboda, Early Upper Paleolithic Industries in Moravia: A Review of Recent Evidence. In: M. Otte (Hrsg.), L'Homme de Néanderthal, Bd.8: La Mutation (Coordinateur: J. K. Kozłowski). E.R.A.U.L. 35. Liège: Université de Liège, 1988, 169–192. 13–18 verändert nach Valoch 1993.

ABB. 42: Verändert nach Arl. und A. Leroi-Gourhan, Chronologie des grottes d'Arcy-sur-Cure (Yonne). Gallia Préhistoire 7, 1964, 1–64, Abb. 8.

ABB. 43: Floss 2005, Abb. 2 (verändert nach N. Connet, Le Châtelperronien: Réflexions sur l'unité et l'identité techno-économique de l'industrie lithique. L'apport de l'analyse diachronique des industries lithiques des couches Châtelperroniennes de la Grotte du Renne à Arcy-sur-Cure (Yonne). Unpublizierte Dissertation Université Lille I, Fig. 10).

ABB. 44: Müller und Schönfelder 2005, Abb. 1.

ABBILDUNGS-NACHWEISE DER TAFELABBILDUNGEN

TAFEL 1: Staatliches Museum für Naturkunde Stuttgart. Foto: H. Lumpe.

TAFEL 2: Archiv Projekt Neandertal. Foto: R. W. Schmitz.

TAFEL 3: Archiv Projekt Neandertal. Foto: St. Taubmann, Rheinisches Landesmuseum Bonn.

TAFEL 4: Archiv Projekt Neandertal. Foto: F. Willer, Rheinisches Landesmuseum Bonn.

TAFEL 5: Abt. Ältere Urgeschichte und Quartärökologie der Universität Tübingen. Foto: N. J. Conard.

TAFEL 6: Foto: E. Trinkaus.

TAFEL 7: Landesamt für Denkmalpflege und Archäologie Sachsen-Anhalt – Landesmuseum für Vorgeschichte Halle (Saale). Foto: J. Liptak (nach Meller 2004, 7).

TAFEL 8: Blaine Maley und Kenneth Mowbray.

TAFEL 9: Foto: H. Jensen nach Abguss in der Abt. Ältere Urgeschichte und Quartärökologie der Universität Tübingen.

TAFEL 10: Landesamt für Denkmalpflege und Archäologie Sachsen-Anhalt – Landesmuseum für Vorgeschichte Halle (Saale). Foto J. Liptak (nach H. Meller [Hrsg.], Geisteskraft. Alt- und Mittelpaläolithikum. Begleithefte zur Dauerausstellung im Landesmuseum für Vorgeschichte Halle 1, 2003, 41).

TAFEL 11: Abt. Ältere Urgeschichte und Quartärökologie der Universität Tübingen. Foto: H. Jensen.

TAFEL 12: Foto: E. Trinkaus.

TAFEL 13: Abt. Ältere Urgeschichte und Quartärökologie der Universität Tübingen. Foto: H. Jensen.

TAFEL 14: Haidle 2005, Abb. 1. Foto: H. Jensen nach Abguss in der Abt. Ältere Urgeschichte und Quartärökologie der Universität Tübingen.

TAFEL 15: Foto: J. Christen, rem. Mit freundlicher Genehmigung der Reiss-Engelhorn-Museen Mannheim.

TAFEL 16: Abt. Ältere Urgeschichte und Quartärökologie der Universität Tübingen. Foto: H. Jensen.

UMSCHLAGMOTIV: © Vito Cannella. Verwendet mit Genehmigung von Nèvraumont Publishing Company.